JN271918

上段左　ジャカルタ沖で柱状堆積物(コア)を採取する著者(髙田).
上段右　柱状堆積物採取前のコアラー．投入する瞬間はうまく採れるように念じる．
中段左　採取した柱状堆積物をスライスする作業．揺れながらの作業はなかなか難しい．
下段左　マニラの市内運河で表層堆積物を採取．プラスチックゴミがひっかってくることも．
下段右　タイの市内運河で採水する著者(水川).

上　段　カンボジアのゴミ埋立処分場．有機物が嫌気的環境下で分解されたことにより発生したメタンガスに着火，ゴミが燃焼し，煙が立ち込める(4章，9章)．

中段左　コルカタのゴミ埋立処分場の浸出水を採取する著者(高田)．マスクとゴム手袋は必須である(4章，9章)．

中段右　マレーシア市内で確認されたエンジンオイル流出現場．ずさんな管理が石油由来の汚染を引き起こす要因となる(6章)．

下　段　ガーナ首都近郊の電気・電子機器廃棄物の解体場．PCBのような過去に規制された汚染物質が先進国から途上国へ移動・拡散する原因となっている(2章)．

上　段　オオミズナギドリ(左)とその尾脂腺(右). 尾脂腺から分泌される油を使って汚染物質のモニタリングが可能となる(12章).

中段左　ムラサキイガイとミドリイガイ. それぞれ低温域と高温域の外来種であるが, 東京湾には両者が生息している(12章).

中段右　多摩川の下水処理場放流口付近でのコイの採取. 複数人で追いつめては網で捕獲する.

下　段　岸壁に生息するムラサキイガイの採取. 鋤簾(じょれん)を使って固着している岸壁からはがす(12章).

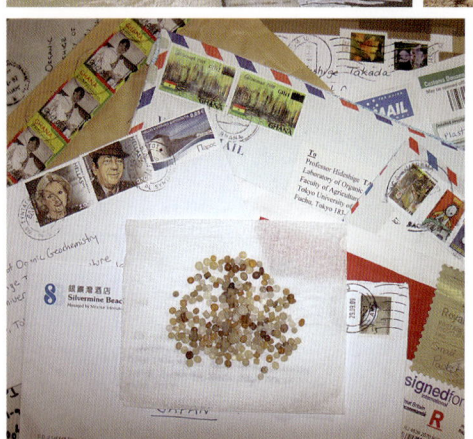

上段左	地下水（井戸水）の試料．難分解性で水溶性の高い物質は土壌を浸透して地下水に到達する（8章，11章）．
上段右	高速道路の道路排水の採取風景．雨が降ると高架の下の排水口に急行する（5章，8章，13章）．
中段左	下水処理場の放流口にて雨天時越流下水をとらえた瞬間．濁度の高い水が迫ってくる様子がわかる．
中段右	沖縄県西表島に漂着した大量のプラスチックゴミ（10章）．
下段	世界各地から届く海岸漂着プラスチック粒（レジンペレット）．それぞれの海域の汚染物質を吸着しており，簡便に行える世界規模の汚染物質モニタリングを可能とする（12章）．

環境汚染化学

有機汚染物質の動態から探る

水川薫子／高田秀重 著

丸善出版

まえがき

　本書は，東京農工大学農学部環境資源科学科の2年次の学生対象に行っている「環境汚染化学」という講義の内容をもとに書かれたものである．1997年に講義をもつことになり，「環境汚染化学」を担当することになった．しかし，「環境汚染化学」という講義で教えたい内容がまとまった教科書がなかったので，自分で資料を集め，講義資料をつくった．この分野の海外の教科書としては，Schwarzenbachらの"Environmental Organic Chemistry"という重厚な教科書がある．本書の1章はそれに沿った内容となっている．しかし，"Environmental Organic Chemistry"は理論的な内容が強く，個々の汚染物質の解説が少なく，各論については別の教科書に頼らなければならなかった．各論となると，教科書選定はさらに難しく，一冊の本でPCB，ダイオキシン類，石油汚染，合成洗剤，医薬品などをカバーしている本はなかった．Kennishらの"Practical handbook of estuarine and marine pollution"は汚染物質の発生源や石油汚染，PAH，有機塩素系化合物等について大変参考になったが，結局，物質ごとに専門書や学術論文や学会発表要旨をもとに講義資料をつくることにした．1年目の講義が終わると，それなりに分量のある講義資料ができた．しかし，既存の汚染物質に関する研究も日々進展しており，内分泌攪乱化学物質，臭素系難燃剤，フッ素系界面活性剤，抗生物質，海洋プラスチック汚染など新しい汚染物質に関する研究も講義に取り入れた．そのため1年目の講義では扱っていた分子マーカーは，別の講義（地球化学）で扱うようになった（本書では分子マーカーについては最後の章で扱っている）．

　本書は1章で，汚染物質の発生源の特性，汚染物質の動態と物性の関連づけについて述べている．これが環境汚染物質の化学のバックボーンである．ただ，骨ばかりでは理解しにくいので，2章から13章で個々の汚染物質やその応用について説明している．それらが単なる記載に終わらないように，1章と関連させるように書いたので，各章を読むさいにはつねに1章を参照していただき

たい．また，本書をはじめから順番に読んでいく場合には，13章まで読んだら，再度，1章を読み返していただきたい．それにより，個別的な現象それぞれの特殊性を認識し比較することから，そこに貫かれている一般則の理解に至るはずである．本来，最後に全体をまとめた章やそれらを数値的に扱うモデリングの章などをつくり，完結されるべきであり，環境汚染物質を研究する専門家には，本書はもの足りないかもしれない．今後，改訂版等，本書をもとにして，より包括的な教科書ができることを期待している．「環境汚染化学」の学問的体系がなかったところに体系づけの試みとして本書を読んでいただければ幸いである．

　環境汚染化学の講義を13年ほど続け講義資料もだいぶ安定してきた2011年の1月に，その年博士号を取得した本書の筆頭著者の水川薫子さんから，環境汚染化学の講義の内容で教科書を書きましょう，という提案をいただいた．僕は山積するデータの論文化のほうが先なので，自分で書くことはできない，ということで，僕が講義で話したことと講義資料をもとに水川さんが教科書を書くことになった．さらに，本にするとなると，データや記述の出典探し，確認など細々とした膨大な仕事を水川さんには担当していただいた．また，それぞれの章については，最新の研究を進めている研究室の卒業生に補足をお願いした．貴重なコメントをいただいた熊田英峰氏，磯部友彦氏，中田典秀氏，奥田知明氏，真名垣聡氏，遠藤智司氏，村上道夫氏，山下麗氏に感謝します．また，本書の企画段階で背中を押していただきました柴田康行先生，渡邉泉先生に感謝します．本書の編集にあたり，辛抱強く対応していただいた丸善出版株式会社の熊谷現氏に感謝します．本書には，論文として未発表の本研究室での研究データも収録されている．それらの貴重なデータを出していただいた研究室の卒業生の皆さんに感謝します．

　　2015年8月

著者を代表して
高　田　秀　重

目 次

第1部 概 論 ……………………………………………… 1

1 概 論　*1*

　1.1 増加する化学物質と物性に基づく環境動態把握の重要性　*1*
　1.2 汚染物質の定義と種類　*3*
　　1.2.1 汚染の定義　*3*
　　1.2.2 汚染物質と人為起源物質　*3*
　1.3 汚染物質の挙動を支配する要因　*4*
　1.4 発生源　*7*
　　1.4.1 点源汚染　*7*
　　1.4.2 面源汚染　*12*
　1.5 物理化学的性質と環境動態　*13*
　　1.5.1 揮発性　*13*
　　1.5.2 疎水性　*19*
　1.6 環境中での変化過程　*28*
　　1.6.1 微生物分解, 光分解　*28*
　　1.6.2 生体内における代謝　*29*
　1.7 化学物質の生物影響　*30*

第2部 事例編 ……………………………………………… 33

2 有機塩素化合物　*33*

　2.1 有機塩素化合物とは　*33*
　2.2 有機塩素系農薬　*38*
　　2.2.1 DDTs　*38*
　　2.2.2 HCH　*40*

2.2.3　その他の有機塩素系農薬　*42*

　2.3　PCB　*44*

　　　2.3.1　概　要　*44*

　　　2.3.2　毒　性　*47*

　　　2.3.3　汚染状況　*47*

　　　2.3.4　物理化学的性質　*47*

　2.4　有機塩素化合物の環境動態　*49*

　　　2.4.1　環境中の有機塩素化合物　*49*

　　　2.4.2　レガシー汚染と新たな負荷　*51*

　　　2.4.3　PCBの生物増幅　*54*

　　　2.4.4　大気経由の輸送　*55*

3　ダイオキシン類　*59*

　3.1　構　造　*59*

　3.2　毒　性　*61*

　3.3　発生源　*65*

　3.4　環境動態　*71*

　3.5　曝露量　*72*

4　臭素系難燃剤　*79*

　4.1　難燃剤の種類と性質　*79*

　4.2　臭素系難燃剤の規制状況　*82*

　4.3　PBDEの発生源　*83*

　4.4　環境中のPBDE　*86*

　4.5　PBDEの脱臭素化　*88*

5　多環芳香族炭化水素　*95*

　5.1　構造とその発生源　*95*

　5.2　毒　性　*97*

　5.3　物理化学的性質と環境動態　*99*

　　　5.3.1　大気中における動態　*101*

　　　5.3.2　水環境中における動態　*102*

　5.4　起源推定　*104*

5.4.1　熱帯アジア堆積物中の PAH とその起源　*105*
　　　5.4.2　大気中の PAH とその起源　*106*
　5.5　生物濃縮　*108*

6　石油汚染　*110*
　6.1　世界・日本で起こった石油流出事故とその影響　*110*
　6.2　石油汚染の発生源　*114*
　6.3　石油の成分と毒性　*115*
　6.4　石油成分の環境動態　*118*
　6.5　石油汚染の浄化　*122*

7　合成洗剤　*125*
　7.1　合成洗剤とは　*125*
　7.2　界面活性剤の種類　*126*
　7.3　LAS の環境動態　*129*
　　　7.3.1　物理化学的性質　*129*
　　　7.3.2　微生物分解経路　*130*
　　　7.3.3　微生物分解条件　*131*
　7.4　LAS の毒性　*133*
　7.5　合成洗剤由来の難分解成分　*136*

8　フッ素系界面活性剤　*140*
　8.1　フッ素系界面活性剤とは　*140*
　8.2　構造と物理化学的性質　*141*
　8.3　環境中の起源　*143*
　　　8.3.1　直接起源　*143*
　　　8.3.2　間接起源　*145*
　8.4　環境中における動態　*147*
　8.5　生物濃縮　*148*

9　内分泌攪乱化学物質　*153*
　9.1　内分泌攪乱化学物質とは　*153*

9.2　内分泌攪乱化学物質の種類と構造　*154*
　　　9.2.1　内分泌攪乱化学物質の種類　*154*
　　　9.2.2　アルキルフェノール　*156*
　　　9.2.3　ビスフェノール A　*158*
　　　9.2.4　フタル酸エステル　*158*
　9.3　内分泌攪乱作用の検出　*159*
　　　9.3.1　生物と内分泌攪乱化学物質　*159*
　　　9.3.2　環境中の内分泌攪乱化学物質と女性ホルモン　*160*
　9.4　環境中の内分泌攪乱化学物質　*163*
　　　9.4.1　環境動態　*163*
　　　9.4.2　歴史的変遷　*164*
　　　9.4.3　生物濃縮　*166*

10　プラスチック汚染　*168*
　10.1　プラスチックと添加剤　*168*
　10.2　ペットボトルキャップ　*170*
　10.3　プラスチックによる海洋汚染　*172*
　　　10.3.1　プラスチックゴミの海洋への広がり　*172*
　　　10.3.2　プラスチック中の化学物質　*174*
　　　10.3.3　プラスチック中の化学物質の生物への移行　*176*
　10.4　ゴミ埋立処分場の浸出水　*180*

11　合成医薬品・抗生物質類　*183*
　11.1　種類と構造　*184*
　11.2　合成医薬品・抗生物質類と下水処理場　*187*
　11.3　河川中における合成医薬品・抗生物質類　*188*
　11.4　毒　性　*190*
　11.5　熱帯アジアにおける合成医薬品・抗生物質類汚染　*192*
　11.6　環境中での変化　*194*
　　　11.6.1　光分解　*194*
　　　11.6.2　雨天時越流と微生物分解　*194*
　　　11.6.3　河口域における除去　*195*
　　　11.6.4　湾内における挙動　*197*
　　　11.6.5　地下水中における挙動　*199*

第3部　予防的対応 …………………………………………………… 203

12　モニタリング　*203*

- 12.1　International Mussel Watch　*204*
- 12.2　International Pellet Watch　*208*
- 12.3　尾腺ワックスモニタリング　*212*
- 12.4　イチョウを用いた自動車排出ガスモニタリング　*214*
- 12.5　トンボモニタリング　*218*

13　分子マーカーの環境汚染化学への応用　*221*

- 13.1　潜在的リスクの把握手段としての分子マーカー　*221*
- 13.2　疎水性の高い分子マーカー　*222*
  - 13.2.1　アルキルベンゼン　*222*
  - 13.2.2　コプロスタノール　*225*
  - 13.2.3　石油バイオマーカー　*228*
- 13.3　中程度の疎水性の分子マーカー　*231*
  - 13.3.1　ベンゾチアゾールアミン　*231*
  - 13.3.2　スチルベン型蛍光増白剤　*233*
- 13.4　水溶性分子マーカー　*234*
  - 13.4.1　合成医薬品・抗生物質　*234*
  - 13.4.2　合成甘味料　*237*

索　引　*241*

1

第 1 部　概　論

概　論

1.1　増加する化学物質と物性に基づく環境動態把握の重要性

　現在，世の中にどれくらいの化学物質が存在しているかご存知だろうか．
　新たに見つかった化学物質は，データベースに登録される仕組みがある．その主要なものの一つが Chemical Abstracts Service (CAS) であり，ここには化学合成によって人工的につくられたり，自然界から発見された化合物が登録されていく[1]．割合としては有機合成によってつくられるもののほうが多い．
　図 1.1 は 1965 年から 2015 年までの CAS に登録された無機化合物と有機化合物の総数の推移である．1965 年では約 21 万種だった登録数は，2014 年 10 月には 9,000 万種，2015 年 6 月半ばには 1 億種を超えた，この 8 ヵ月半で約 1,000 万種が増えたことから，平均すると 1 日に約 4 万個の化学物質が登録されていることになる．これは，約 2 秒間に 1 個のペースである．2006 年から 2007 年にかけての増加数は約 300 万個，すなわち約 10 秒間に 1 個のペースであり，新規化学物質の登録数はその速度を増している．実際に，CAS のホームページには無機・有機化合物の登録総数のカウンターが取り付けられているが，絶えることなく回転している．
　数秒に一つ新しい化学物質が誕生するということは，環境汚染の研究者にとっては大きな問題である．CAS に登録された化学物質のすべてが環境中に放出さ

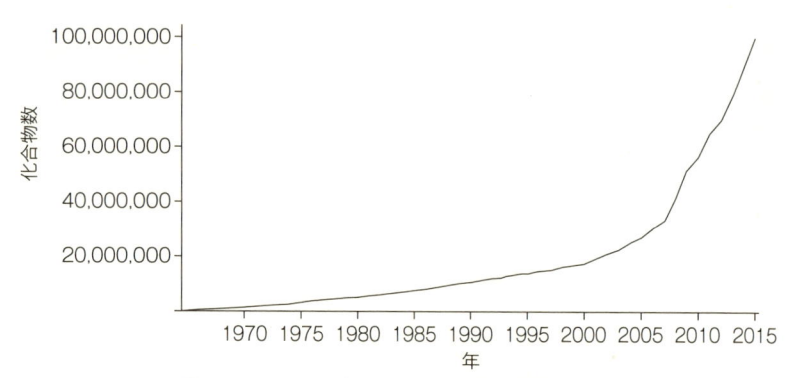

図 1.1 CAS に登録されている化合物数の変化
"CAS Assigns the 100 Millionth CAS Registry Number® to a Substance Designed to Treat Acute Myeloid Leukemia"をもとに作成．
https://www.cas.org/news/media-releases/100-millionth-substance

れるわけではないが，日々増加していく化学物質すべてについて分析法を開発し，その動態を把握することは事実上不可能であるからだ．一つの物質の分析法を開発するだけで1年以上かかる場合もある．

　そこで求められるのが，化学物質の物理化学的性質を用いた分布・動態の推定および予測である．化学物質の分布・動態はその物質の物理化学的な性質に大きく依存している．たとえば，揮発性の高い汚染物質は，大気中に移動し，発生源から離れたところまで運ばれる．また，水に溶けにくく油に溶けやすい汚染物質はヒトや野生動物の脂肪に蓄積する．このような汚染物質の物理化学的性質と分布・動態の関連を理解できれば，汚染物質の分布や動態を，直接測らなくても予測することができる．物性と動態の関連の理解がより定量的になれば，予測もより定量的になっていく．物性の測定は実験室でも比較的容易に行うことができるので，化学物質が実際に使用されて環境へ放出される以前に，その物質の分布や動態を予測することが可能である．さらに，現在では，分子式・構造式から物性を推定することも可能となってきており，工業的生産以前に，その物質の分布・動態，さらに生態系へのインパクトが予測可能になってきている．いずれにしても重要な点は，汚染物質の物理化学的性質と分布・動態の関連の定量的な理解，あるいは物性と動態の関連の一般的な法則を導くことである．一般則の導入には演繹的な方法と帰納的な方法があるが，本書では，帰納的なアプローチをとる．すなわち，既存の物質の分布・動態を物理化学的性質と関連づけて考察し，そこから浮かび上がる一般的な「法則」を捉えることを目指す．

本書の目的は，
① 代表的な人為起源有機化合物の構造・性質・分布・動態・影響の理解
② 人為起源有機化合物の環境動態を支配する法則の理解
③ 目的①・②から得た知識を活用した動態研究手法・モニタリング手法の理解
である．

本書は第1部で概論として，化学物質の物理化学的性質や，これまでの知見から確立されてきている一般的な法則について触れる．次に，第2部の代表的な人為起源有機化合物の各論では，各化合物がそれぞれどんな構造・性質をもっているか，どこに分布しやすいか，どうやって動くか，どのような影響があるかという項目について，考察していく．最後に第3部では，予防的対応としてモニタリング手法について紹介する．

おそらく第1部の概論を一読しただけでは本書の全貌はまだ見えてこないと思われるが，概論を基本として第2部の各論を読み進めていくことにより個々の事例の理解が深まり，全体を通して概論への理解へと帰納していくことを期待している．

1.2 汚染物質の定義と種類

1.2.1 汚染の定義

本書は環境汚染について述べる本であるので，まず「汚染」の定義を行う．日本語の「汚染」は，英語では「contamination」と「pollution」の二種類の単語で表される．contamination は，本来存在しないものが存在すること，また，もともとは少なかったものの存在量が増えることを意味する．それによって生物・生態系に対して影響があるかどうかは関係ない．pollution は，単に自然になかったものが存在したり，少なかったものが増えたりすることに加えて，生物に有害な影響があることが前提である．日本語ではどちらも汚染であるが，生物影響のあるなしは重要なポイントである．汚染の定義については Kennish (1997) に詳細に述べられている[2]．

1.2.2 汚染物質と人為起源物質

汚染物質も英語では contaminant と pollutant の二種類の単語となる．contaminant を人為起源物質，pollutant を汚染物質とよべば，日本語としても区別がつく．すなわち，人為起源物質のなかで生物影響を有するものが汚染物質である．本

書で取り扱う化学物質は，人為起源物質のなかの有機化合物，すなわち「人為起源有機化合物」である．人為起源有機化合物は英語では anthropogenic organic compound となる．anthropogenic は「人間が原因の」という意味の単語であり，単に「人工有機化合物」だけを指しているわけでない点に注意していただきたい．

人為起源有機化合物は二つのカテゴリーに分けられる．一つ目は工業的に合成された化学物質であり，人為起源有機化合物の多くがこれに該当する．代表例としてポリ塩化ビフェニル(polychlorinated biphenyl：PCB)，ジクロロジフェニルトリクロロエタン(dichlorodiphenyltrichloroethane：DDT)，直鎖アルキルベンゼンスルホン酸塩(linear alkylbenzenesulfonate：LAS)などがあげられる．

二つ目は，自然界にもとから存在するが，人間活動によって環境への負荷が増加している化学物質である．例として，まず石油がある．石油というと工業的なイメージがあるが，石油は数千万年前に海や湖の底に堆積した生物遺骸が地殻の中で続成作用によって自然につくられたものであり，地球上では自然に湧き出している場所もある．我々が利用している石油は，人為的に大量に汲み上げているものである．また，多環芳香族炭化水素(polycyclic aromatic hydrocarbon：PAH)もこれに含まれる．PAH は有機物の燃焼によって生成する化学物質であり，天然には山火事や森林火災などを起源として存在している．しかし，車の排出ガスや化石燃料の燃焼などの人間活動によっても環境中へ放出されている．同様に，ダイオキシンも天然に微量に存在していた物質であったが，ゴミ焼却等により人為的な負荷が増加している物質である．

1.3 汚染物質の挙動を支配する要因

図 1.2 は，ある物質「i」が水環境中でどのような挙動をとるか，たとえば東京湾のような内湾での汚染物質の挙動，を示した模式図である．

まず，物質 i が系に入る経路から見ていくと，下水 (sewage) は水域への汚染物質の重要な流入源である(①)．下水は下水処理を受けたもの，すなわち下水処理水と，処理を受けていない下水(生下水)の両方が含まれる．先進工業化国の都市域では下水処理水が主要であるが，経済的発展途上国などでは生下水も水域へ放流される場合がある．下水は直接内湾に放流されているものもある．また，河川には下水が放流される場合が多いため，下水に含まれている化学物質は河川水とともに水域へと流入する．i は大気からも水域へもたらされる．大気からの負荷

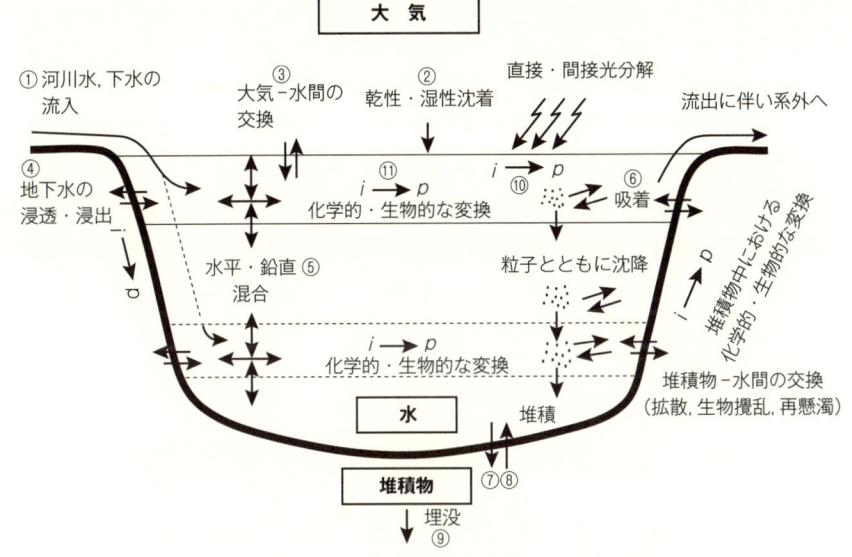

図1.2 環境中における有機化合物 i が受ける物理的，化学的，生物的プロセス
i：任意の物質，p：生成物．
R. P. Schwarzenbach *et al.*, "Environmental Organic Chemistry, 2nd edition", p. 7, John Wiley (2003).

は二通りの経路が存在する．一つは大気中の i が雨に溶け込んだり，塵に吸着して水域へと入ってくる経路である(②)．それぞれ湿性沈着(wet deposition)，乾性沈着(dry deposition)という．もう一つは，ガスとして大気中に存在している i が水に溶け込む過程である(③)．この過程は逆方向，すなわち，水に溶けているものが大気に放出される過程もあり，両者をまとめて，大気-水間の交換とよぶ．地下水中にも汚染物質は存在し，地下水の水域への浸み出し(exfiltration)，水域から地下への水の浸み込み(infiltration)によっても汚染物質は流入・流出する．

次に，物質 i の系内での動きに着目する．水中の物質 i は水の水平的な動き(水平混合)によって，平面的に広がっていく(⑤)．同時に水の鉛直的な動き(鉛直混合)によって，鉛直方向にも運ばれる(⑤)．物質 i の動き，とくに鉛直方向の動きは，物質 i の存在の状態によって異なる．汚染物質 i は環境水中では二つの状態で存在する．一つは水に溶けた状態(溶存態)，もう一つは懸濁粒子に吸着(sorption)した状態(吸着態)である(⑥)．粒子に吸着していたものが水へと脱着(desorption)する現象も生じる．溶存態と吸着態の割合は，物質の性質に依存してさまざまである．ほとんどすべてが水に溶けて存在する物質もあれば，その逆

で粒子に吸着したものがほぼ100%という物質もある．粒子中の汚染物質は，汚染物質が粒子の表面に存在するもの，すなわち吸着(adsorption)したものと，粒子の内部に浸透・吸収(absorption)されたものが存在する．両者を合わせて収着(sorption)というほうが化学的に正確であるが，本書では，両者を合わせたものを吸着と表現し，英訳としてsorptionを使う．懸濁粒子は最終的には水の底へ沈んでいき，この現象を沈降または堆積(sedimentation)とよぶ(⑦)．懸濁物質の沈降・堆積に伴い，吸着態の物質iも鉛直方向に輸送され，堆積物(sediment)にもたらされる．堆積物になった直後の懸濁粒子は再度水域へ戻ることもあるが(⑧)，懸濁粒子がどんどん降り積もっていくと埋積(burial)という状態になる(⑨)．堆積物の状態にもよるが，約30〜50 cm程度の深さになると生態系とは切り離された安定した状態となり，懸濁粒子に吸着した物質iはもはや水域へは戻ってこない．このような物質iの鉛直輸送と堆積は，吸着態の物質iについて起こる現象である．水に溶けている物質iは水塊内での拡散と水塊の移流により水平的・鉛直的に動くことができる(⑤)が，水が温度や塩分の関係で成層している場合は，水塊同士が混合しないので，溶存態の物質iは鉛直方向へは運ばれない．成層している水域では，粒子吸着態の物質iだけが鉛直方向，すなわち堆積物まで運ばれる．

　このように，水域ではさまざまな動きが生じているが，その動き方は化学物質によって異なる．本書は有機化合物に焦点を当てているが，ここで述べたような「どの物質がどんな媒体に乗って動くか」という点では無機物質についても適応できる話である．無機物質と有機化合物で大きく異なる点は分解にある．

　有機化合物は環境中に存在する間にいろいろな化学変化を受ける．光分解(photolysis)は，直接光が当たって結合が切られて壊れる直接光分解(direct photolysis)と，光がほかの物質に当たってできたラジカルが物質を壊す間接光分解(indirect photolysis)とが存在する(⑩)．また，化学的な分解や微生物分解などでも変性が生じる(⑪)．有機化合物は分解を経て無害化されることも，逆に毒性が増すこともある．また，この図には含まれていないが，生物へ取り込まれる過程も存在する．

　図1.2のように，化学物質がどこから環境中に入り，どの媒体によって，どのくらいの速度で，どの方向へ進みやすく，どのように分解されるか，という一つ一つの素過程の種類や特性を理解することにより，環境中での化学物質の汚染実態を把握できるようになる．そして，これらの素過程を定量的に数式で表現し，

それらを組み合わせていくこと(モデリング)が行われる．本書ではモデリングまでは踏み込まないが，素過程のより定量的な理解とそれに基づくモデル化については Schwalzenbach *et al*(2003) や河本(2006) などに詳述され[3,4]，それに基づく動態モデルが作成されている．日本でも国立環境研究所のリスク研究センターが作成した GIS 多媒体環境動体予測モデル(G-CIEMS) などが公開されている[5]．

以降の節ではこれらのさまざまな素過程を発生源，物理化学的性質に支配される輸送媒体との親和性，媒体の動態，分解に分けて考えていく．

1.4 発 生 源

この節では，水環境の汚染を考えるうえで重要な二種類の発生源である，点源(特定汚染源，point source)と面源(非特定汚染源，non-point source)について解説する．表 1.1 に点源と面源の種類をまとめた．

1.4.1 点 源 汚 染

点源汚染とはある特定の点から汚染物質が水域や大気へ放出される現象である．その汚染物質の放出源が，点源であり，工業排水や下水処理水などの排水口などが代表的である．

表 1.1 点源と面源

点源(point source)	
	工業排水(industrial wastewater)
	都市排水(municipal wastewater)
	生下水(raw wastewater)
	一次処理水(primary effluent)
	二次処理水(secondary effluent)
	下水汚泥(sewage sludge)
	雨天時越流下水(combined sewer overflow : CSO)
	海洋投棄(ocean dumping)
	ゴミ処分場浸出水(leachate from garbage dumping site)
面源(non-point source)	
	都市表面流出水(urban runoff)
	道路排水(street runoff)
	屋根排水(roof runoff)
	農地表面流出水(agricultural runoff)
	大気沈着(乾性・湿性)(atmospheric deposition(dry & wet))
	浄化槽排水・漏れ(septic-tank effluent & leackage)
	沿岸堆積物(coastal sediment)

排水の場合，先進工業化国で工業排水を環境中に放流するためには，ある程度の処理を行い環境基準を満たす必要があるため，近年では工業排水による汚染の事例は減ってきている．しかし，発展途上国ではいまだ工業排水への対策が不十分な場合が多いことが問題である．一方，先進工業化国・発展途上国問わず我々の生活と切り離せない発生源が，都市排水(municipal wastewater)である．都市排水とは，都市活動全般から出てくる排水(工業排水を除く)であり，家庭排水・商業施設からの排水・交通関係の排水の総称である．そのうち大部分を占めるのが，家庭排水，すなわち下水(sewage)である．本項では，下水を中心にいくつかの点源を紹介する．

a. 下水処理場

下水由来の点源の理解に重要なのが，下水処理場の仕組みである．図1.3は下水処理場の一般的な模式図である．我々が家庭で使用した排水は下水道を通り流下に伴って下水処理場へと運ばれるが，この未処理の下水を生下水(raw sewage)とよぶ．生下水は一次沈殿池に通され，生下水中の固形物を物理的に沈殿させる．下水処理場によっては，一次沈殿池に無機的な薬剤を投入して，沈殿を促進させる場所もある．

次に，一次沈殿池からの排水(一次処理水，primary effluent)は，曝気槽に送られ大量の空気で曝気される．一次処理水中に含まれる有機物は，好気的な微生物の餌となり分解を受ける一方で，微生物自身は増殖していく．その後，曝気され

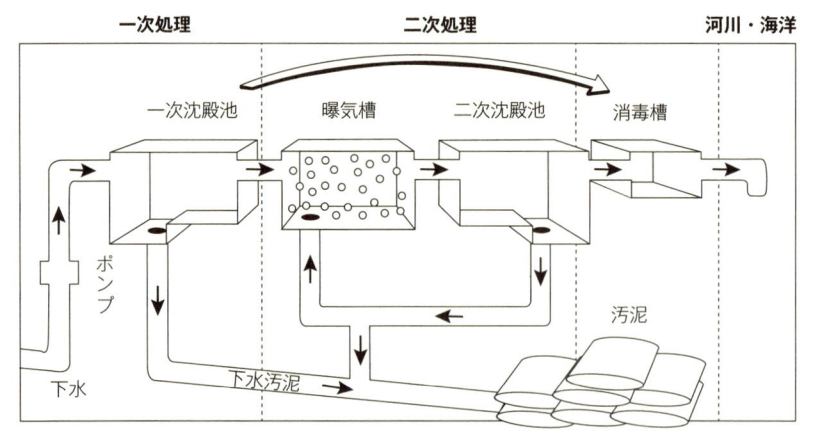

図1.3 下水処理場の仕組み
M. J. Kennish, "Practical Handbook of Estuarin and Marin Pollution", p. 53, CRC Press(1997).

1.4 発 生 源

た水を二次沈殿池にゆっくりと流して，増殖した微生物を一次処理同様に沈殿させる．ここで得られる沈殿物を活性汚泥(activated sludge)といい，その一部は曝気槽に返送されて微生物分解を起こすための種として活用される．また，一次処理・二次処理での沈殿物を合わせて下水汚泥(sewage sludge)とよぶ．この曝気・沈殿を受けた後の水(二次処理水, secondary effluent)は，消毒槽でウイルスなどを殺すために塩素(高度な手法としてオゾンを用いる所もある)で消毒した後に水域へと放流される．

以上が一般的な下水処理過程である．生下水に含まれる汚染物質のうち，粒子に吸着しやすい物質は沈殿，微生物分解しやすい物質は分解されて，下水処理の過程で除去される．しかし，汚泥中には下水中の「粒子に吸着しやすい」汚染物質が含まれているので，汚泥を適切に処理しないとこれがまた新たな汚染源となることを忘れてはならない．日本では，一般的に下水汚泥を乾燥させた後にダイオキシン類が発生しないような高い温度で焼却処分して，水域に出ないようにしている．本来，下水汚泥は窒素やリンを大量に含んでいるため，栄養塩の循環という観点からすると非常に有用な肥料であり，昔は東京でも下水汚泥を堆肥として利用していた．しかし，有害化学物質やウイルスなどの衛生問題が懸念され，近年はごく一部しか肥料としては使用されていない．将来的には下水に有害化学物質が入らないような仕組みをつくり，また病原性微生物を取り除く手段を開発することにより，下水汚泥の肥料としての利用，栄養塩の循環を進めていくことが望ましい．そのような循環型社会の形成を阻んでいるものの一つが，家庭における有害化学物質の使用である．また，沈殿・微生物分解を経た二次処理水中にも「水に溶けやすく」「微生物分解しにくい」物質が残っており，下水処理場はこれらの物質の恒常的な汚染源となっていることが近年注目されている．

一方，経済的発展途上国ではこういった下水処理場が普及しておらず，下水が直接水域に入ったり地下に浸透していったりすることにより，未処理の下水を負荷源とする環境汚染が深刻な問題になっている．しかし，下水道が普及している先進工業化国においても，一次処理しか行わない地域や，下水管の漏れ・雨天時越流 (1.4.1 項 b. 参照)によって未処理の下水が直接水域に入っていく地域が存在する．このように，下水処理場は，その施設の違いや国の違いを問わず，重要な点源となっているのである．

b. 雨天時越流

我々の家庭から出る排水は下水管を通り，通常ならば前述のような下水処理を

受けて水域に放流される．しかし，一部の地域ではそれが晴れた日に限定されている．下水と雨水が同じ管で流れる仕組みの「合流式下水道」の地域である．東京23区や大阪市をはじめ，古くから下水道が整備された地域では合流式下水道が採用されている．下水道には合流式下水道のほかに，下水と雨水を別々に流す「分流式下水道」がある．分流式下水道は1980年代以降から普及し，近年新たに整備された下水道はこれに該当する．マンホールに「合流」と書いてあれば合流式下水道，「雨水」「下水」(または「汚水」)と書いてあれば，分流式下水道と判断できる．

　下水道が設置された目的は，下水を浄化して放流すること，同時に雨水を速やかに海や川に流して都市を浸水から守ることであった．合流式下水道では，その二つの目的を一つの下水管路網で受けもたせる，すなわち雨水と下水とが同じ管を流れるため，大量の雨水が下水管を流れると，下水管や下水処理場があふれてしまうおそれがある．その対策として，下水管路網の途中の吐口やポンプ所(汲み上げ施設)，下水処理場内のバイパスから，雨水と下水を河川や海へ放流する．簡便な処理が行われることもあるが，多くの場合，雨水で希釈されている下水は未処理のまま水域へと直接放流される．これを雨天時越流下水(combined sewer overflow：CSO)という．図1.4に，雨天時越流の概念図を示した．雨天時越流は，

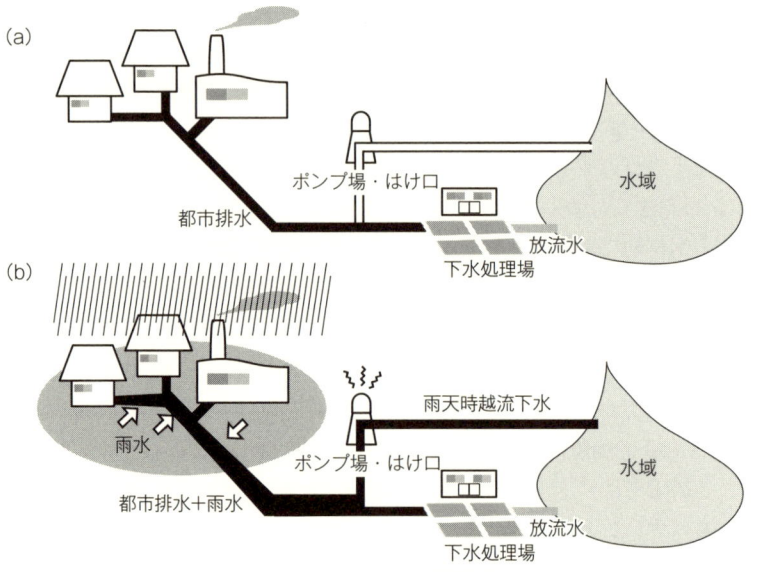

図1.4　雨天時越流の模式図
(a)晴天時，(b)雨天時．

下水処理場の容量にもよるが，5 mm/h の降雨でも起こる場所もある．5 mm/h 以上の降雨は東京では年に 50〜70 回ほど生じているため，東京都の下水道の普及率はほぼ 100% に達しているにもかかわらず，東京湾に未処理の下水が流れ出ることが年に 50〜70 回ほど発生しているのが現実である．生下水には，病原性微生物とともに大量の粒子とそれに吸着されている粒子吸着性の化学物質が含まれている．これらは，下水処理により取り除かれるものであるが，雨天時越流が起これば，川や沿岸海域へ直接負荷される．東京湾の泥の中で見つかる化学物質の多くの部分は雨天時越流下水に由来すると推察できる．降雨の時間的・空間的な変動に応じた，下水管路網内の雨水と下水の流し方のコントロール（リアルタイムコントロール），雨水貯留槽の設置などにより，雨天時越流下水の河川や海への寄与をできるだけ減らそうという対策も進んできているが，根本的な対策は現存する合流式下水道を分流式下水道にすべて置き換えることである．これには莫大な費用がかかるため，すぐに対策を講じるのは難しいのが現実である．雨天時越流は 21 世紀の都市の大きな汚染源の一つである．

c. 海洋投棄

1.4.1 項 a. にて，日本では下水汚泥は燃焼処理が一般的であると述べたが，決められた海域に専用の船で運搬し海へ投棄する処理方法も存在している．下水汚泥を船で外洋に運び，スクリューで攪拌しながら下水汚泥を投棄し，その後は希釈・拡散，微生物分解などの自然の作用に任せる方法である．過去には沿岸に投棄地点があったが，漁業・レクリエーションに汚泥の影響が出ることが懸念されてからは，外洋で行われるようになった．しかし，投棄された下水汚泥の一部が深海底にたまっている，深海生物に取り込まれている，等の事実が明らかになり，米国では 1990 年代前半以降外洋への汚泥の投棄は行われなくなった．日本では汚泥のごく一部ではあるが，外洋投棄が行われており，その他，韓国でも汚泥の外洋投棄はまだ実施されている．

汚泥はパイプラインによって，沖合に輸送され，海洋へ放出される場合もある．たとえば，カリフォルニア州では沖合 5〜10 km まで下水汚泥と一次処理水をパイプラインで輸送し，水温躍層のすぐ下の水中（水深約 60 m）に放流している．このようなパイプラインによる汚泥や下水の投棄は米国のほか，オーストラリア，南アフリカ共和国などで行われている．

d. ゴミ処分場

これまで下水に関係する点源汚染について述べてきたが，もちろん点源汚染は

下水に限ったものではない．我々が日常的に出す「ゴミ」も汚染源になっている．不燃ゴミは回収された後にゴミ処分場に運ばれるが，ここでは何か特別な処理がされるわけではなく，積んで埋め立てられる，または単に積まれているだけである．そこに雨が降ると，プラスチックなどに含まれるさまざまな化学物質が雨水に溶け出し，溜まり，さらにそこから浸み出してくる．この水をゴミ処分場浸出水とよび，プラスチックの添加剤等の有害化学物質が高濃度に含まれる．発展途上国ではゴミ処分場浸出水がそのまま，地下へ浸透し地下水を汚染したり，地表を流れて表流水を汚染する場合がある．先進工業化国では埋め立て地の底にゴムシートを敷いて地下へ浸出水が浸み込まないようにしたり，浸出水中の有害化学物質を処理施設を通して取り除いてから，河川等へ放流している．

1.4.2 面源汚染

　面源，または非特定汚染源は，環境への汚染負荷源が一点ではなくある地域の中で面的に広がっている汚染源を意味する．面源汚染は，地域内に面的に存在している汚染物質が降雨等で洗い流され，表面流出することにより生じる．都市に雨が降れば都市表面流出水（urban runoff），農地であれば農地表面流出水（agricultural runoff）となる．都市表面には，自動車の排出ガス，路上粉塵，屋根の上の塵などが存在しており，雨天時に道路排水（street runoff）や屋根排水（roof runoff）として水域に入ってくるものが汚染源となる．面的に広がっているうえに，空間的・時間的な変動が大きいため，点源以上に実態把握を行うのが困難である．

　面源には，一つ一つは点源であるもののある地域内に散在しているものも含まれる．その例が，下水道の整備されていない地域で家庭の排水を処理する浄化槽である．日本の下水道の普及率は2014年3月末時点では77%であり，浄化槽を利用する地域も一定の割合で存在している．浄化槽は下水処理場と比べると全般に汚染物質の除去効率も低く，管理も個人に委ねられるために漏れが生じる可能性も高いことから，面源汚染が発生しやすいのである．

　2011年3月の東日本大震災以降，我々は新たな面源汚染の存在を認識した．沿岸堆積物である．津波によって陸域に打ち上げられた沿岸の堆積物は，震災後に乾燥して粉塵となって被災地を舞った．屋根の上や小学校の屋上・校内にたまっている粉塵を採取し，汚染物質の分析を行ったところ，合成洗剤由来の直鎖アルキルベンゼン（linear alkylbenzene：LAB）が検出された．LABSは沿岸の海底堆積物中に下水由来として含まれている物質だが，そのLABが陸上で検出されたこ

とは，海底の堆積物中に蓄積されていたその他の有害化学物質も同様に粉塵に吸着され陸上に存在していることを意味している．これまでは，一度海底に入り堆積物になった汚染物質については，その付近に生息する生物への影響や濃縮のみが懸念されており，陸上へ戻ってきて，人に直接曝露されることは想定していなかった．米国では，2005年のハリケーン・カトリーナによる浸水被害以降，日本より一足早くこの問題に着手し始めていた．このように，21世紀に入ってから，津波や洪水で都市周辺の堆積物も面源汚染になり得ることが新たに気付かされたのである．

1.5 物理化学的性質と環境動態

汚染物質はたいていの場合単独で動くことができないため，水，大気，粒子などの媒体に乗って移動する．汚染物質を人とたとえるなら，媒体は乗り物にあたる．車，飛行機，船などの乗り物の動き方がそれぞれ異なるように，媒体の種類によってその動き方も変化する．また，移動中に受ける微生物分解・化学変化・光分解などの受け方も，どの媒体に依存しているかによって異なる．そして，汚染物質がどの媒体に乗るかは，その汚染物質の物理化学的性質によって決まってくる．すなわち，汚染物質の各媒体との親和力はその物理化学的性質が決めることになる．本節では，汚染物質と媒体との親和性を決める要素である物理化学的性質のなかでもとくに重要な揮発性(volatility)と疎水性(hydrophobicity)について解説していく．

1.5.1 揮 発 性

a. 揮発性と蒸気圧

揮発性とは，物質が揮発して蒸気として存在する性質のことだ．物質が大気中に蒸気として存在すると，大気中を速い速度で広がっていくことが可能であるが，固体や液体のままだとその場にとどまりやすい．そのため，気体として存在しやすいかどうかは，その汚染物質の広がりを考えるうえで非常に重要である．揮発性を定量的に表すパラメータとして，蒸気圧(vapor pressure：P)がある．蒸気圧は，その物質が気体が固体あるいは液体と平衡になっているときの気体の圧力である（図1.5(a)）．平衡となっていることを強調して飽和蒸気圧(P^0)と表現される場合もある．本書でも飽和蒸気圧を示すときの略号はP^0と表記する．文章の中で

14　1　概　　論

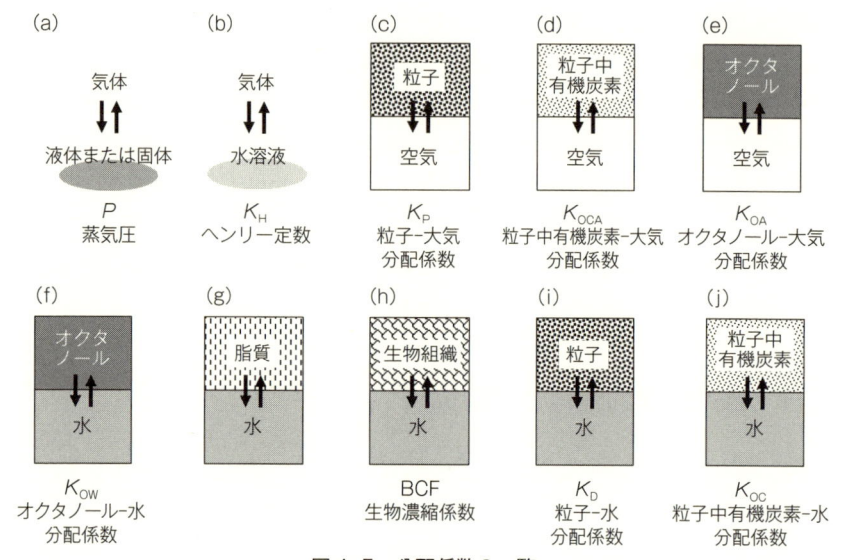

(a) 気体 ⇅ 液体または固体　P　蒸気圧

(b) 気体 ⇅ 水溶液　K_H　ヘンリー定数

(c) 粒子 ⇅ 空気　K_P　粒子-大気分配係数

(d) 粒子中有機炭素 ⇅ 空気　K_{OCA}　粒子中有機炭素-大気分配係数

(e) オクタノール ⇅ 空気　K_{OA}　オクタノール-大気分配係数

(f) オクタノール ⇅ 水　K_{OW}　オクタノール-水分配係数

(g) 脂質 ⇅ 水

(h) 生物組織 ⇅ 水　BCF　生物濃縮係数

(i) 粒子 ⇅ 水　K_D　粒子-水分配係数

(j) 粒子中有機炭素 ⇅ 水　K_{OC}　粒子中有機炭素-水分配係数

図1.5　分配係数の一覧

「蒸気圧」と表記する場合，特別な断りがなければ，飽和蒸気圧を意味する．なお，蒸気圧の単位は複数あるが，本書では Pa を用いている．

　図1.6は，横軸に 25 ℃のときの蒸気圧 P^0，縦軸に本書で紹介する汚染物質の一部を示したものである．蒸気圧は温度によって変化するため，ほかの物質と比較するには温度をそろえる必要がある．横軸の左に行くほど蒸気圧が低い，つまり，気化しにくい物質であることを意味している．逆に，横軸の右にある蒸気圧が高い物質は，揮発しやすく，長距離移動をしやすい物質である．たとえば，石油に含まれる炭化水素の一種のベンゼンは，蒸気圧が高く，揮発しやすい．石油の中には蒸気圧の高い成分も低い成分も含まれるが，ガソリンスタンドで給油した際にガソリン臭いと感じるのは，ベンゼンやその仲間の低分子の芳香族炭化水素が揮発しているためである．一方，ダイオキシン（図1.6に示す塩素数4〜8のPCDDとPCDF）は，蒸気圧が低く揮発しにくいため遠くまで運ばれず，発生源の近くにたまりやすい．

　蒸気圧は，化学物質単体が液体・固体で存在していたときに気体になる程度を示したものである．しかし，実際の環境中では化学物質が単体で存在していることは稀であり，水に溶解していたり粒子に吸着していたりする．ここでは，話を単純化して，水溶液と大気の間の分配を考え，ヘンリー定数（K_H）を導入する．

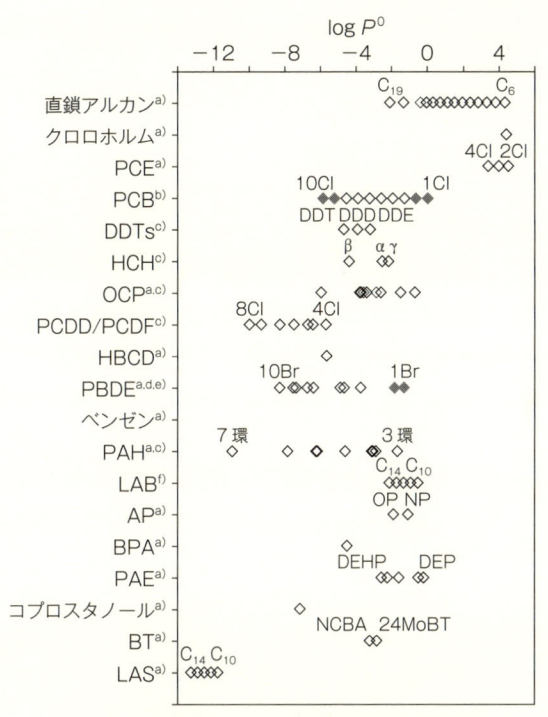

図 1.6 本書で取り扱う有機汚染物質の蒸気圧

PCE：ポリ塩化エチレン，PCB：ポリ塩化ビフェニル(環境中で主要な同族体を◇とする)，OCP：有機塩素系農薬(ストックホルム条約登録化合物．表 2.1 参照)，PCDD/PCDF：ダイオキシン，PBDE：ポリ臭素化ジフェニルエーテル(環境中で主要な同族異性体を◇とする)，PAH：多環芳香族炭化水素，LAB：直鎖アルキルベンゼン，AP：アルキルフェノール(NP：ノニルフェノール，OP：オクチルフェノール)，PAE：フタル酸エステル(DEP：フタル酸ジエチル，DEHP：フタル酸ジエチルヘキシル)，BT：ベンゾチアゾール(NCBA：N-シクロヘキシル-2-ベンゾチアゾールアミン，24MoBT：2-モルホリノベンゾチアゾール)，LAS：直鎖アルキルベンゼンスルホン酸塩．

a) U. S. Environmental Protection Agency, "EPI-suite™ ver.4.11" (2012). b) M. D. Erickson, "Analytical Chemistry of PCBs, 2nd edition", CRC Press (1997). c) R. P. Schwarzenbach et al., "Environmental Organic Chemistry, 2nd edition", Wiley-Interscience (2003). d) S. A. Tittlemier and G. T. Tomy, *Environ. Toxicol. Chem.*, **20**, 146 (2001). e) F. Wania and C. B. Dugani, *Environ. Toxicol. Chem.*, **22**, 1252 (2003). f) P. M. Sherblom, P. M. Gschwend and R. P. Eganhouse, *J. Chem. Eng. Data*, **37**, 394 (1992).

ヘンリー定数は水中の化学物質の気相への移行のしやすさを表したパラメーターであり，蒸気圧(P^0)を水中の化学物質濃度(C_w)で割ったものである($K_H = P^0/C_w$；図 1.5(b))．K_H の値が大きいほど水中から気相へと化学物質が移行しやすいことを意味している．ヘンリー定数は，蒸気圧だけでなく，水中の化学物質濃度にも支配されているので，蒸気圧が高い化学物質のヘンリー定数が高いとは一概に

はいえない．

b. global distillation

　蒸気圧とヘンリー定数は，温度に依存して変化する．気温が高くなると気相に分配しやすくなり，低くなると水相にとどまりやすくなる．これは，水を熱すると蒸発しやすくなることを例にあげると想像できるだろう．このような揮発性の温度依存性は化学物質の輸送にも影響を及ぼす．その例としてヘキサクロロシクロヘキサン(hexachlorocyclohexane：HCH)を紹介しよう．HCHは有機塩素系の農薬の一種で，日本をはじめとする先進工業化国での使用は規制されているが，一部の熱帯地方では近年まで使用されていた．図1.6ではHCHは相対的に中程度の蒸気圧をもつ化学物質として示されているが，このような化学物質は気温によって移動性が大きく左右される．図1.7は，赤道付近のインドネシアから中緯度地域の日本を経て，北極域であるベーリング海までの海水中α-HCH濃度を表したものである．縦軸がα-HCHの海水中濃度，横軸は緯度である．α-HCHの発生源は赤道付近に限られていたにもかかわらず，赤道域では低い濃度を示している．しかし緯度が高くなるにつれその濃度は増していき，北極域でもっとも高い濃度となっていた[6]．

　このような現象が起こるメカニズムは以下の通りである．発生源である赤道域は日射が強く水温が高いため，HCHのような蒸気圧がある程度高い化学物質は揮発し海水中から気相へ分配し，大気によって広い範囲に輸送される．地球上での大気の流れをきわめて大雑把にみると，赤道域から極域へ向かっているので，揮発したHCHは大気の流れに乗り，高緯度域へ運ばれていく．高緯度域では温度が下がり気相よりも水相へと分配が偏ってきて，大気中から海水へと再びHCHが溶け込み，海水中のHCHの濃度が高くなる．地球を大きな蒸留装置とみなすと，赤道域で加熱されて気化したHCHが極域で冷却されて凝縮すると考えることができる．まさに地球規模での蒸留であり，この現象はglobal distillationとよばれる[6]．数千kmにわたる動きが揮発性という物理化学的要因で支配されている，という端的な例である．実際には，地球上の大気の流れは自転等によりもっと複雑であり大気も一方的に赤道域から極域に運ばれているわけではないし，かつ季節変化もあり，化学物質の大気を通した輸送も複雑である．たとえば，熱帯域で揮発して大気の流れに乗り温帯域に運ばれてきたHCHは，冬季であれば気温・水温が低いので，温帯域で一度海水の方に分配する．暖かい季節になると再び揮発して，高緯度へ向かう風に乗ったものは高緯度域へ運ばれ，気温が下

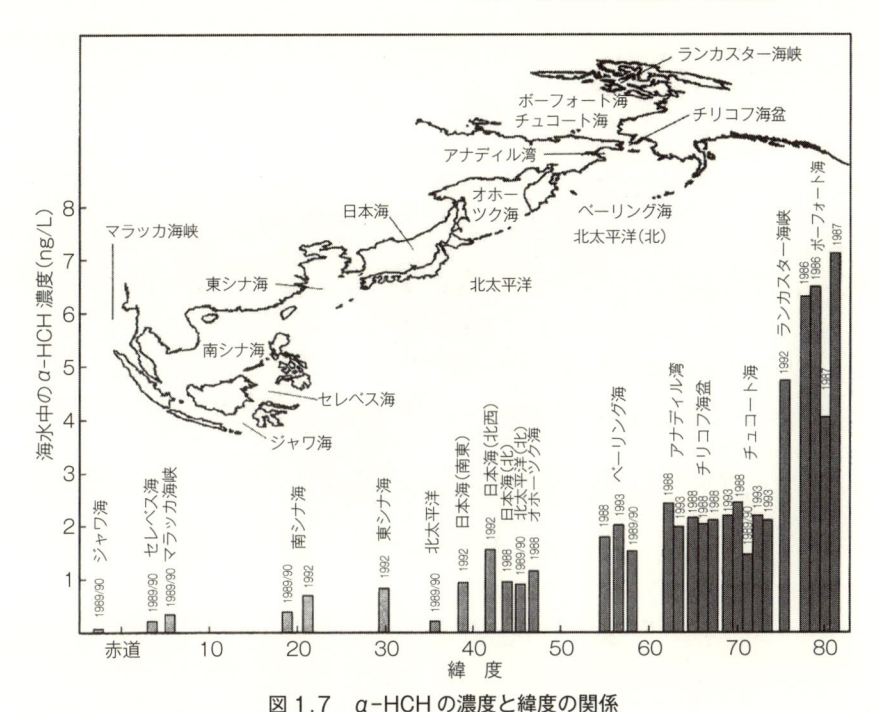

図 1.7　α-HCH の濃度と緯度の関係
F. Wania and D. Mackay, *Environ. Sci. Technol.*, **30**, 392A (1996).

がったところで海水へと分配される．このように実際には一気に赤道域から極域に運ばれるのではなく，何度も揮発，高緯度域に輸送，海水への分配を繰り返しながら，発生源と離れた高緯度域で汚染物質の濃度が高くなっていく．このような繰り返しは HCH 以外でも生じており，grass hopping 現象ともよばれている（図 1.8）．

　もちろん，すべての化学物質がこのような動きをするわけではない．化学物質が異なればその動き方も異なってくる．物質の動きは，蒸気圧によって表 1.2 のような四つの動きに大まかに分類することができる．

　高い蒸気圧をもつ物質は，気温の高低にかかわらずつねに気相に存在しているため，高い移動性をもつ．そのため，汚染は大気の流れに乗り地球規模に広がりやすい．次に，HCH のような相対的に中程度の蒸気圧をもつ物質は，global distillation により比較的高緯度まで輸送される．しかし，化学物質の蒸気圧がだんだん低くなってくると，移動性も低くなっていき，global distillation で輸送さ

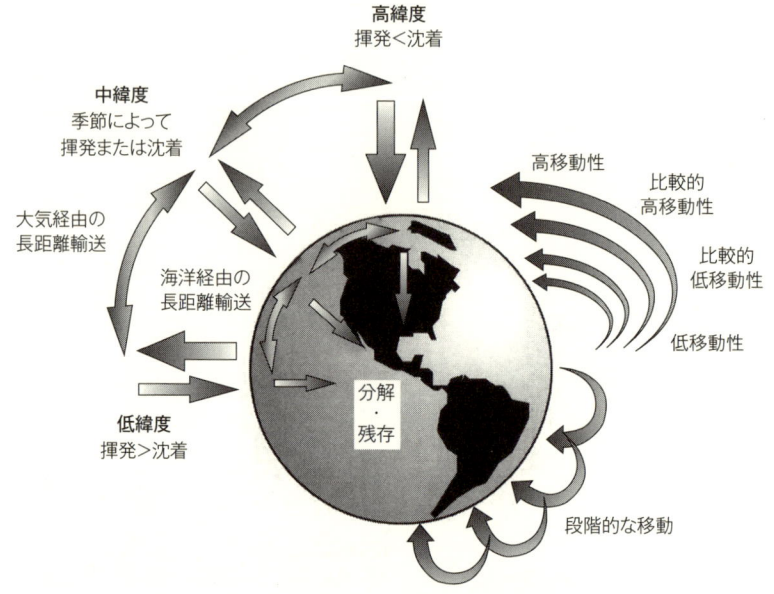

図 1.8 POPs の global distillation
F. Wania and D. Mackay, *Environ. Sci. Technol.*, **30**, 391A (1996).

表 1.2 POPs の移動性と物理化学的性質

輸送の挙動	低い移動性 発生源の近くに 急速に沈着	比較的低い移動性 中緯度に 沈着・蓄積	比較的高い移動性 極域に 沈着・蓄積	高い移動性 沈着しない 大気経由で 地球規模に拡散
$\log P^0$ 蒸気圧 (Pa)	-4	-2	0	
PCB ポリ塩化ビフェニル	8～10 塩素	4～8 塩素	1～4 塩素	1 塩素
PCDD/PCDF ダイオキシン	4～8 塩素	2～4 塩素	1 塩素	—
PAH 多環芳香族炭化水素	4 環以上	4 環	3 環	2 環
OCP 有機塩素系農薬	クロル デコン	DDTs トキサフェン マイレックス	クロル ヘプタ デン クロル Drin 類 HCH	クロロ ベンゼン	—

F. Wania and D. Mackay, *Environ. Sci. Technol.*, **30**, 394A (1996) をもとに作成.

れる範囲も中緯度域まで短くなってくる．熱帯域から大気輸送されてくるが，中緯度域の気温では分配がより海水に偏り，中緯度の海水中にとどまるようになるためである．そしてさらに蒸気圧が低い物質は，気相で運ばれにくいため発生源近くにとどまりやすく，その移動性も低い．1999年に埼玉県の廃棄物処分場付近でダイオキシンが高濃度で検出されて問題になったことがあるが，これは4〜8塩素のダイオキシンの移動性が低かったため，発生源付近に沈着したのである．

このように，物質の蒸気圧によって動き方が変わり，発生源と汚染源の関係が変化する．蒸気圧は，汚染がどこで問題になるかを判断するための重要なパラメータとなるのである．

1.5.2 疎 水 性

疎水性(hydrophobicity)という単語は馴染みがないかもしれないが，水(*hydro*)を嫌う(*phobic*)という意味である．水は極性が高い液体であるのに対して，油は無極性の液体で，両者は逆の性質をもっている．水を嫌うことは油を好むことと同義である．つまり，疎水性とは油に溶けやすい性質を意味する．ちなみに，水を好む性質は親水性(hydrophilicity)という．*philic*は好むという意味の接尾語である．

疎水性は性質を表す言葉だが，その程度を定量的に現すためのパラメータが，オクタノール-水分配係数(K_{OW})である．K_{OW}はもともとは薬学の分野で発達した概念であり，医薬品の体内での動態を検討するさいに，炭素数8の脂肪族アルコールであるオクタノールが人間の脂肪に近い有機溶媒として使用された．K_{OW}は，目的の化学物質をオクタノールと水の間で分配させたときの分配係数である．たとえば，分液漏斗にオクタノールと水を入れて，そこに目的の化学物質を添加し，よく振ったのちに静置し，オクタノール中の目的化学物質の濃度を水中の目的化学物質の濃度で割ることによって求められる(図1.5(f))．疎水性の高いものはオクタノール側に分配しやすく，K_{OW}も大きくなる．また，疎水性の低いものは水側に分配しやすくなるため，K_{OW}も小さくなる．通常は対数値で表した$\log K_{OW}$で表記する．図1.9に，本書で取り扱う物質のK_{OW}を示す．

a. 生物濃縮の概念

疎水性によって引き起こされる環境中での汚染物質の動態として重要になってくるのが，生物濃縮である．生物の体内に蓄積する過程はおもに疎水性に支配されている．生物濃縮は英語ではbioaccumulationと表される．しかし，この生物

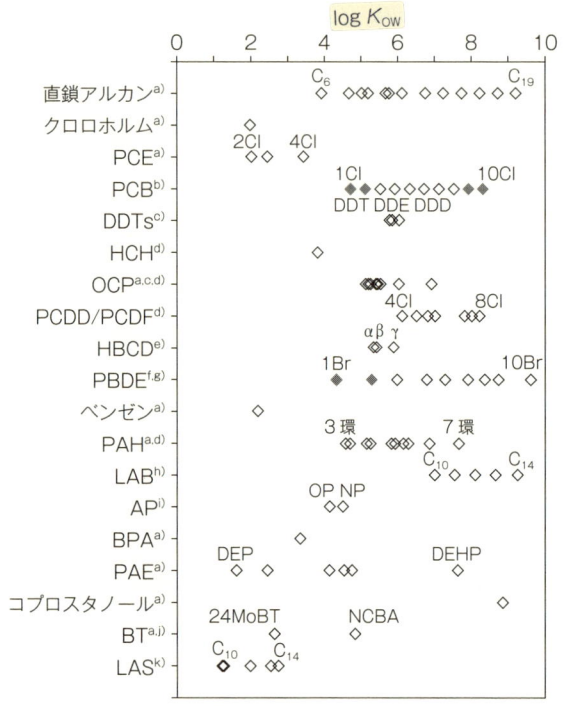

図 1.9 本書で取り扱う有機汚染物質のオクタノール-水分配係数
略称は図 1.6 を参照.

a) U. S. Environmental Protection Agency, "EPI-suite™ ver.4.11" (2012). b) M. D. Erickson, "Analytical Chemistry of PCBs, 2nd edition", CRC Press(1997). c) C. Travis and A. D. Ama, *Environ. Sci. Technol.*, **22**, 271(1988). d) R. P. Schwarzenbach *et al.*, "Environmental Organic Chemistry, 2nd edition", Wiley-Interscience(2003). e) S. J. Hayward, Y. D. Lei and F. Wania, *Environ. Toxicol. Chem.*, **25**, 2018(2006). f) S. Han *et al.*, *Anal. Chim. Acta*, **713**, 130(2012). g) L. Li *et al.*, *Chemosphere*, **72**, 1602(2008). h) P. M. Sherblom, P. M. Gschwend and R. P. Eganhouse, *J. Chem. Eng. Data*, **37**, 394(1992). i) M. Ahel and W. Giger, *Chemosphere*, **36**, 1471(1993). j) C. M. Reddy and J. G. Quinn, *Environ. Sci. Technol.*, **31**, 2847(1997). k) V. C. Hand and G. K. Williams, *Environ. Sci. Technol.*, **21**, 370(1987).

濃縮のなかには二つのプロセスが含まれる.そのプロセスを表したのが図 1.10 である.一つは bioconcentration といい,えらや体表面を通してまわりの水から生物組織へ汚染物質が濃縮されるプロセスである.もう一つは biomagnification で,生態系のなかで食物連鎖を通して濃度が増加していくことを意味している[3].このプロセスは餌生物の摂食を介して起こる複雑なプロセスである. biomagnification について,一般的に使われている適切な日本語訳はないが,本書

1.5 物理化学的性質と環境動態

生物増幅
$$BMF_i = \frac{C_{i\,organism}}{C_{i\,diet}}$$
餌からの取込

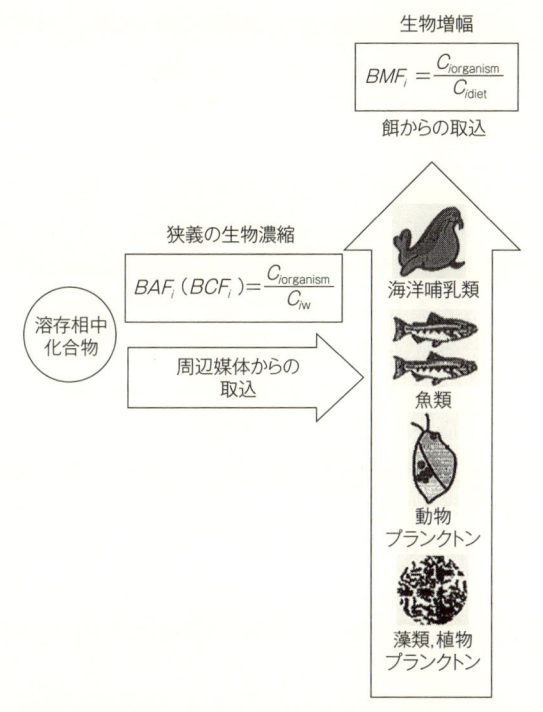

狭義の生物濃縮
$$BAF_i\,(BCF_i) = \frac{C_{i\,organism}}{C_{iw}}$$

溶存相中化合物

周辺媒体からの取込

海洋哺乳類

魚類

動物プランクトン

藻類, 植物プランクトン

図 1.10 狭義の生物濃縮(bioconcentration)と生物増幅(biomagnification)
R. P. Schwarzenbach, P. M. Gschwend and D. M. Imboden, "Environmental Organic Chemistry, 2nd edition", p. 345, Wiley (2003).

では「食物連鎖を通した汚染物質の濃度増幅」あるいは「生物増幅」と表す．また，bioaccumulation と bioconcentration の区別のために本書では前者を生物濃縮，後者を「狭義の生物濃縮」とよぶ．

b. 狭義の生物濃縮

狭義の生物濃縮(bioconcentration)が起こると，目的化学物質の水生生物中の濃度がその生物のまわりの水中での濃度よりも高くなる．水中では低濃度でも，汚染物質によっては生物濃縮によって数百倍，数万倍と濃縮していくこともある．

このような現象は，疎水性の高い物質が水より油へと偏りやすいように，水より脂質を多く含む組織へ，たとえば脂肪組織へと偏りやすいために生じる．一方，親水性の物質は脂質よりも水に偏りやすいため，生物濃縮されにくい．

ある物質がどのくらい生物濃縮されるかは，生物濃縮係数(bioconcentration

factor：BCF)で表される．BCF は，ある物質の生物中濃度を水中濃度で割ったものである*．BCF と K_{OW} の関係を端的に示したものが図 1.11 である．縦軸のBCF の値は，東京湾のムール貝と東京湾の海水中の 12 種類の化学物質の濃度から算出している．この図を見ると，K_{OW} が大きいと BCF が高く，反対に K_{OW} が小さいと BCF が低いことが読み取れるであろう．その理由は，オクタノールに偏りやすい物質ほど脂質すなわち生物組織へと偏りやすくなるため，と考えていくと容易に理解される．図 1.5(h) は生物濃縮の概念を非常に単純化したものであり，生物濃縮は水と脂肪，水と生体組織との分配平衡としてとらえている．K_{OW} が高い物質は，その物質のオクタノールへの分配が大きいことを意味しており(図 1.5(f))，オクタノールは生物の脂質に近い性質の油として用いられているためオクタノールを脂質に置き換えると脂質へ分配しやすいということになり(図 1.5(g))，さらに脂質を生物組織に置き換えると生物濃縮(bioconcentration)しやすい物質，BCF の高い物質ということになる(図 1.5(h))．もちろん，細かい議論をすると例外もあるが，一次近似的に考えると生物濃縮に関する多くの説明が K_{OW} によって可能となる．このように有機化合物の生物濃縮性を理解するうえで疎水性は重要な性質なのである．なお，生物中の濃度の表し方は，湿重量，

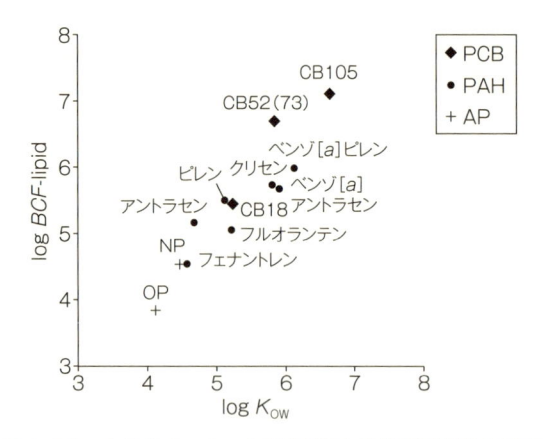

図 1.11 オクタノール−水分配係数と生物濃縮係数の関係

---

* 厳密には水から生物組織への汚染物質の濃縮，すなわち狭義の生物濃縮，だけが働いている場合に BCF は適用され，餌からの濃縮がある場合には，bioaccumulation factor(BAF) を適用すべきだということになる．しかし，これまでの研究の多くは，餌からの濃縮がある場合にも BCF が適用されている．そこで本書では餌経由での濃縮がある場合でも BCF を適用している．将来 BCF, BAF の適用の区別は行われる可能性がある．

乾重量，脂質重量あたりで算出する場合があるが，BCFとK_{OW}の相関は脂質重量あたりの濃度で取るほうがこの概念に適っている．生物濃縮の議論を行う場合の多くの研究では，BCFを算出する際は脂質重量あたりの濃度が用いられている．もちろん，研究者や研究の目的によっては湿重量や乾重量を用いることもある．

c. 生物増幅

生物増幅(biomagnification)とは．食物連鎖の高次の生物ほど汚染物質の濃度が高くなる現象である．多くの人が生物濃縮という言葉からイメージするものは，「ある種の化学物質は生物濃縮されるから水中の濃度が低くても危険」といったものではないだろうか？　これは，食物連鎖を通して低次なものから高次なものへ汚染物質の濃度が高くなるという生物増幅の概念を含んだものである．

実際にどのような濃度になっているかを示す例として，イカナゴ，タラ，アザラシの食物連鎖を図1.12に示す．括弧内の数字はこれらの生物中のDDTs，PCB，ヘキサクロロベンゼン(HCB)，HCHのK_{OW}のlog値を，生物の下の数字は脂質重量あたりの濃度を表している．小さい魚からアザラシに向けて，PCB，DDTsの生物中の濃度は栄養段階が一つ上がるごとに約1桁高くなっている[3]．このように，より高次の生物中の汚染物質濃度が高い，すなわち食物連鎖を通して汚染物質の濃度が増幅する現象が生物増幅である．

狭義の生物濃縮(bioconcentration)と違って，生物増幅についてはK_{OW}や疎水性

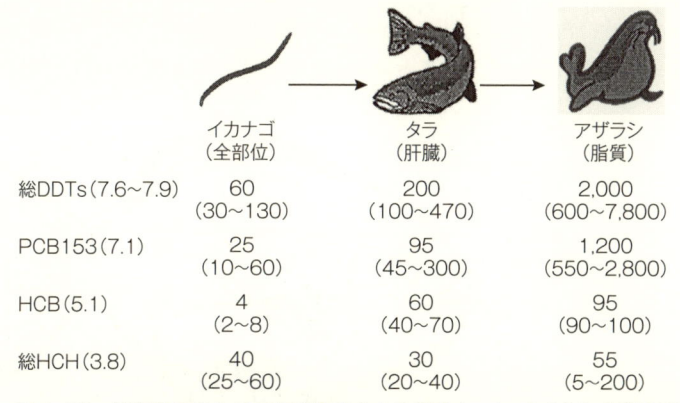

	イカナゴ （全部位）	タラ （肝臓）	アザラシ （脂質）
総DDTs(7.6〜7.9)	60 (30〜130)	200 (100〜470)	2,000 (600〜7,800)
PCB153(7.1)	25 (10〜60)	95 (45〜300)	1,200 (550〜2,800)
HCB(5.1)	4 (2〜8)	60 (40〜70)	95 (90〜100)
総HCH(3.8)	40 (25〜60)	30 (20〜40)	55 (5〜200)

図1.12　脂質重量あたりの有機塩素化合物濃度(ng/g-lipid)と食物連鎖
R.P. Schwarzenbach, P. M. Gschwend and D. M. Imboden, "Environmental Organic Chemistry, 2nd edition", p. 369, John Wiley (2003).

だけで単純化して説明することができない．同じ系に存在している生物は，栄養段階が異なっても，同じ化学物質濃度の水と接触している．水とオクタノールの分配，すなわち水と脂質の分配を考えると，分配が平衡に達していれば，生物中の濃度は食物連鎖の栄養段階や脂質含量に関係なく同じ濃度になるはずである．しかし，実際の環境中では，高次の生物になるほど化学物質濃度が上がっていく現象，生物増幅が起こっている．水の中に溶けているものと生物の単純な分配だけでは説明がつかないのである．

生物増幅は20年以上前から観測されているが，そのメカニズムについてはいろいろな解釈がある．その一つとしては，生物とそのまわりの水との分配が多くのプロセスを経る(図1.13)ので時間がかかるという説である．オクタノール−水分配係数は水とオクタノールが直接的に分配している単純な系であるが，実際の生物はより複雑な系をもっている．たとえば，魚の場合，汚染物質は周辺環境からえらや餌を介して生物中に取り込まれるが，それらが生体内の脂質に分配するまでにはいくつもの組織を経由して分配されていく．たとえば，餌から取り込まれる場合，消化液に溶出し，腸管から体内に吸収され，血液の流れに乗り，肝臓へ運ばれ，最終的に体脂肪に蓄積する．この分配にかかる時間が，栄養段階が低次の小さい魚は短いが，高次の栄養段階のより大型の生物では長くなる．そのため仮に水中の濃度が変化しても，生物中の濃度が水と平衡に達するには，大きな生物ほどより長い時間を要してしまう．

このことを頭に入れて，餌から化学物質が取り込まれる場合を考えてみよう．餌を食べるとき，汚染物質以外の有機物，つまり炭水化物，タンパク質，脂肪は脂質も含め消化されていく．すると脂質重量あたりの化学物質の濃度は，分母と

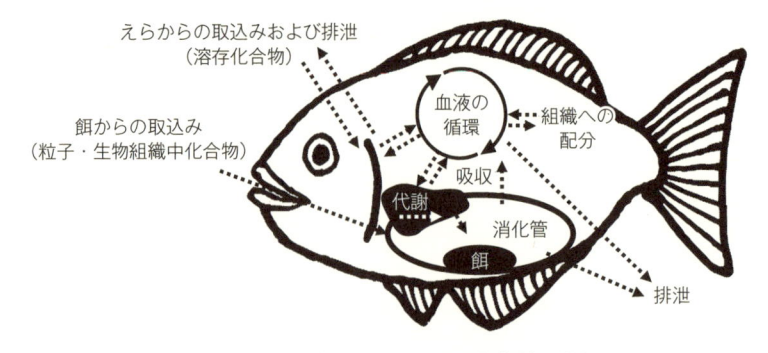

図1.13 生物体内における化学物質の動き

なる脂質の量が小さくなるために，餌を食べた時点よりも高くなる．周囲の水との関係では，平衡が崩れた状態になる．体内の化学物質濃度が平衡状態よりも高くなっているわけである．系は平衡に向かって動くので，汚染物質を体内から排出しようとする．しかし高次栄養段階に位置する生物は体の大きさが大きく体内の機構も複雑なので，体内から化学物質が排出されるにはいくつものステップを経るので，化学物質が排出されて，平衡に達するまでには時間がかかる．生物は，その間，すなわち化学物質が排出される前に，ほかの餌を食べ消化をするため，脂質中の化学物質濃度がさらに上がる．このように，生物体内の濃度が外界と平衡に達するになる前に新しい餌が来るため，生物体内はつねに「平衡化する前の」状態で維持されることになる．この平衡濃度よりも体内濃度が高い方向での平衡の崩れは，体内の分配に時間がかかる高次栄養段階のサイズが大きい生物ほど起こりやすくなる．こうしたメカニズムによって，生物増幅が起こると考えられる．

　たとえば，植物プランクトン，動物プランクトン，幼魚中の PCB の分析を行った研究例では，植物プランクトンと動物プランクトンの脂質重量あたりの濃度は同程度であった．植物プランクトンと動物プランクトンでは栄養段階としては動物プランクトンのほうが一段高いが，どちらも体サイズが小さく，体のつくりも単純であるため，周囲の水との分配平衡が達成されていると考えられる．一方，幼魚中の PCB 濃度は植物・動物プランクトンよりも高い濃度であった．魚の場合は，汚染物質が体外に排泄されて平衡状態になるのに時間がかかるため，生物の体組織中の化学物質濃度が水中との平衡より高いほうにずれたままの状態が続き，生物増幅が起こっているという上述の考え方で説明される．

　生物増幅を説明するもう一つの解釈としては，高次の栄養段階の生物が周囲の水環境ともはや平衡を維持するような交換プロセスをもたないために，濃縮していくというものである．たとえば，アザラシなどの海洋哺乳類や海鳥はつねに海水中で生活しているわけではなく，水から出て陸上や空中で生活することも多い生物である．このような生物は，海水と物質を交換する機会が少ないために平衡に達することができず，濃度が高い状態になっていると考えられる．

　図 1.12 において，PCB，DDT，HCB については明らかに生物増幅が起こっている一方で，HCH の生物増幅は顕著には起こっていない．これについても，まだ研究者の間で統一的な見解は存在しない．仮説として，化学物質が脂肪の中に取り込まれたとき，疎水性が大きい物質は脂質から動きにくく，疎水性が小さい物質は脂質から動きやすく平衡が起こりやすいのではないかと考えられている．

オクタノール−水分配係数が大きいほど生物増幅をしやすいということはほかにもいくつも報告例がある[7,8].

d. 粒子への分配

疎水性が支配するプロセスでもう一つ重要なのが，粒子への吸着である．化学物質が粒子にどれくらい吸着するか，という点に疎水性が関わってくる．

粒子は下水，河川水，海水，雨水等の環境水の中に必ず含まれている．汚染物質は環境水中では粒子に吸着した状態(粒子吸着態)か水に溶解した状態(溶存態)のどちらかで存在する*．粒子吸着態と溶存態の化学物質では環境中での動きが大きく異なる．難分解性の汚染物質であっても，粒子吸着態の物質は下水処理場で，汚泥への吸着と汚泥の沈殿により効率的に除去されて，下水処理場からの放出は少ない．それに対して水溶性の汚染物質は，難分解性であると，通常の下水処理では取り除かれずに，下水処理水として水環境へ負荷される．河川や海域でも，粒子は水中で沈降し，海や湖の底に堆積し，発生源近くにとどまる．一方，水溶性の汚染物質は水の流れに乗って広く運ばれる．粒子への吸着は環境への汚染物質の負荷や汚染の広がりを考えるうえで重要なプロセスである．また，後述するように，水中での分解(光分解や微生物分解)も粒子吸着態と溶存態では分解の程度が異なる．

有機の汚染物質は粒子に満遍なく吸着するわけではない．たとえば，河川水中の粒子の大半は鉱物で構成されているが，その一部に有機物が含まれており，その一部分こそが疎水性の有機汚染物質が吸着できる場所となる．水から粒子中有機物への吸着，粒子中有機物から水への溶出を，両者の間における分配ととらえてみよう．疎水性の高い物質は水よりも有機物に分配しやすいため，粒子に吸着しやすくなるのである．もちろん，粒子によって有機物の量や有機物の種類も異なるため，それに伴って分配の程度も大きく左右される．

粒子中有機物への吸着が疎水性による支配を大きく受けていることを端的に示したものが図 1.14 である．図 1.14 は 10 種類の化学物質について，横軸に疎水性のパラメータである K_{OW} を，縦軸に粒子中有機炭素−水分配係数(organic carbon−water partition coefficient：K_{OC})をとったものである．K_{OC} は粒子中有機物と水との分配を表すパラメータである(図 1.5(j))，ある化学物質の粒子重量あたり濃度を水中濃度で割ることにより粒子−水分配係数(K_D；図 1.5(i))を求め，さ

---

* より進んだ考えでは，コロイドに吸着していて溶存態とみなせる状態も含め，3 相の分配を考える概念もある．

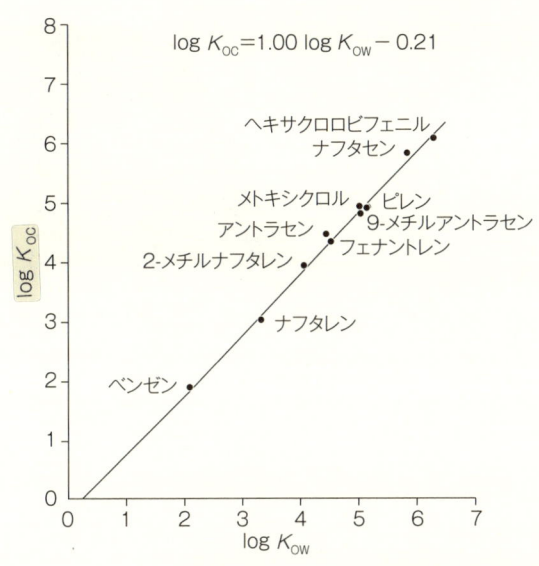

図1.14 オクタノール-水分配係数と粒子中有機炭素-水分配係数の関係
S. W. Karickhoff, D. S. Brown and T. A. Scott, *Water Res.*, **13**, 241 (1979) をもとに作成.

らに K_D を粒子の有機炭素含有量で割り K_{OC} を求める．この際，粒子中では化学物質はすべて有機物に吸着していると仮定している．10種類の化学物質における両パラメータは非常に強い相関をもち，K_{OC} の K_{OW} による支配が実にわかりやすく示されている[9]．疎水性が大きくなると，粒子中有機炭素-水分配係数も大きくなる，つまり粒子に分配しやすい．一方，疎水性が小さいと，粒子と水との分配も水側に偏っていく．図1.15には，疎水性によって粒子と水の間の分配比が変化していく様子を示した．1 L あたり約 10 mg の粒子が存在し，その粒子の有機炭素含量は20%であると仮定している．これは都市河川中の懸濁粒子を想定している．横軸には $\log K_{OW}$ を，縦軸にはその化学物質が粒子に吸着して存在する割合を示す．$\log K_{OW}$ が8以上の物質はほとんどが粒子，$\log K_{OW}$ が3以下の物質はほとんどが水に溶けて存在している．その間の $\log K_{OW}$ が4～7程度の化学物質は水と粒子の両相に存在しており，$\log K_{OW}$ が大きくなる，すなわち疎水性が大きくなるにつれて，その化合物の存在割合は徐々に粒子側に偏っていく．もっとも，この割合は水中の粒子量や粒子中の有機物に大きく依存する．粒子量や有機物量が多ければこの曲線は左側に，少なければ右側にシフトする．

　粒子への分配は水環境中だけで起こっているわけではない．環境水中につね

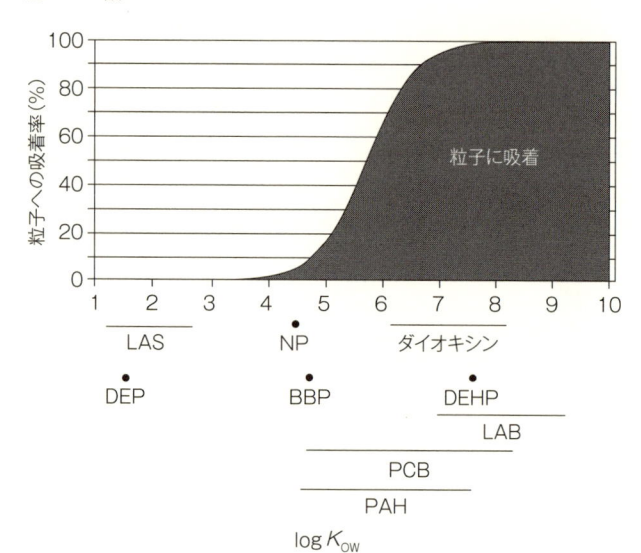

図 1.15 河川中有機化合物の粒子への吸着率とオクタノール–水分配係数

に粒子が存在しているのと同様に，大気中にも微細な粒子や浮遊粒子(エアロゾル)が存在している．これらの粒子とガスの間で化学物質の分配が起こり，やがては平衡に達する．化学物質の気相と大気中の粒子の分配を粒子吸着定数(粒子–大気分配係数：K_P，図 1.5(c))と表すことができる．このとき，粒子側に分配した疎水性の化学物質は粒子の有機物に吸着していると考えることができるため，K_P とは粒子の有機物とガスの分配と考えることができ(図 1.5(d))，その分配は粒子中有機炭素–大気分配係数(K_{OCA})で表される．そして，その有機物はオクタノールと近い性質とみなして，K_{OCA} はオクタノール–大気分配係数(K_{OA})と関連づけることができる(図 1.5(e))．K_{OA} が大きな物質は K_{OCA} と K_P が大きく，K_{OA} が小さな物質は K_{OCA} と K_P が小さく，粒子中の有機成分の割合が多ければ，同じ K_{OA} の物質であっても K_P が大きい．

1.6　環境中での変化過程

1.6.1　微生物分解，光分解

輸送媒体に乗って環境中を移動している間に有機汚染物質は分解を受ける場合がある．分解の重要なプロセスはおもに三つある．生物による分解(おもに微生

物), 化学的な分解, 光化学反応(直接光分解・間接光分解)である. ある物質の分解性は, 反応速度や半減期を用いて定量的に表される. ただし, 同じ物質であっても, 対象となる微生物や化学分解や光分解の環境条件によって値が異なってくるため, 一般化するのは難しい. 近年, 分子構造から分解性を予測できるようにはなってきているが, オクタノール−水分配係数のような一般化されたパラメータは存在していない. しかし, 有機化合物における分解というプロセスは環境動態を把握するうえで非常に重要である.

　光分解・微生物分解のどちらにおいても, 粒子中有機物への吸着性は非常に重要な要因である. 水環境中において, 化学物質が粒子中有機物に吸着しやすいか, 水に溶けやすいかで環境中での動き方が変化するためである. 図1.16は水中における有機物の分解と粒子の関係を表した図である. 粒子中有機物に吸着している化学物質は, 粒子の沈降とともに湖や海の底に運ばれ, 堆積物に取り込まれる. 堆積物中の化学物質には光が当たりにくくなるため, 光分解が起こりにくくなる. また, 堆積物中は一般に酸素が少なく嫌気的な環境であるため, 好気的な微生物分解も起こりにくくなる. このように環境中での分解が起こりにくいために環境中に長期間残存しやすくなる.

　もう一つ, 粒子に吸着しているものはその有機物部分の表面にとどまるだけでなく, 内部に入り込んでしまうことも考えられる. その場合, 同じ水域の表層において, 水に溶けている化学物質よりも浮遊している粒子に吸着している化学物質のほうが光に当たりにくくなる, つまり光分解も起こりにくくなることが想定される. 微生物分解についても同様に, 粒子に吸着している化学物質よりも, 溶存相に存在している化学物質のほうが微生物が取りつきやすく, 結果的に分解を受けやすいと考えられる.

　このように, 環境での残留性・分解性には, 粒子への吸着性, すなわち疎水性が間接的に影響しているのである.

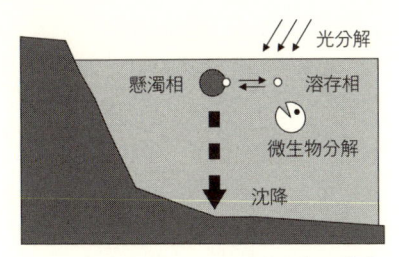

図1.16　粒子中の有機化合物の挙動

1.6.2　生体内における代謝

　体内に化学物質が取り込まれると, まず吸収(absorption)され, 血液やリンパによって体内をめぐって分布(distribution), 肝臓で異物を排出しようとする代謝

(metabolism)を経,排泄(elimination)される.代謝を受けずに,そのまま排泄されるものもあるが,多くの有機汚染物質は代謝されてから排泄される.肝臓での代謝反応は2種類に分けられる.一つ目は,異物を化学反応で酸化し極性の官能基を導入する第一相反応(酸化反応,oxidation)である.ヒドロキシ基やメトキシ基,スルホン基,カルボキシ基など極性の官能基が導入されることにより水溶性が増し,体外に排泄されやすくなる.この反応にはシトクロム P450 という薬物代謝酵素が関与している.二つ目は,第一相反応で導入された官能基をもとに水溶性の化合物と結合する第二相反応(抱合反応,conjugation)である.代謝反応は,生体異物(xenobiotic)を体外に排泄しようとして生じるが,物質によっては代謝産物がより高毒性をもつものもあり,体内における環境汚染物質の動態の研究も行われている.

1.7 化学物質の生物影響

本書で紹介する化学物質の毒性については各論で述べるため,ここでは化学物質の毒性について全般に共通する考え方や用語について説明する.

化学物質の生物への毒性にはさまざまな段階がある.毒性の種類は二種類あり,すぐに死に至ってしまうような急性毒性(aqute toxicity)と,長期的に効いてきて病気になったり,病気にはならなくても行動に影響を及ぼしたりする慢性毒性(chronic toxicity)がある.通常は濃度依存的であり,高い濃度の化学物質がその環境中に存在していると急性毒性が発現する.急性毒性は細胞が破壊されることが駆動力となる.慢性毒性はもう少し低い濃度に慢性的に曝露されたときに発現する毒性で,DNAの損傷により奇形が生じたり癌が発生したりする.さらに低い濃度となると内分泌系の撹乱が起こることによる生殖異常,免疫力の低下,行動異常,知能の低下,甲状腺の異常の発生が起こる.これらについては詳しくは3章「ダイオキシン類」や9章「内分泌撹乱化学物質」で述べる.もっと濃度が低い場合にみられる現象として,忌避行動がある.魚などが,汚染物質の濃度が高いところを避けて生息することが報告されている[10].

毒性を定量的に評価する方法として,急性毒性の場合は半数致死濃度(LC_{50})が用いられる.LC とは lethal concentration の略である.試験生物の半数が死ぬときの環境中の濃度を表している.類似した用語として半数致死量(LD_{50})があるが,こちらは lethal dose の略で,曝露量から急性毒性を求める場合に用いられる.

慢性毒性の場合は無影響濃度(no observed effect concentration：NOEC)や最小毒性量(lowest observed adverse effect level：LOAEL)，予測無影響濃度(predicted no-effect concentration：PNEC)などさまざまな評価方法がある．使用されることの多い毒性評価方法を表1.3に示した．

毒性濃度としてはつねにNOECよりもLC$_{50}$が高い濃度となる．多くの研究で急性毒性と慢性毒性の関係を表そうとしているが，オーダーレベルでの議論はできるが定式化は難しいのが現状である．

これらの定量的な毒性評価手法と，モデリングを組み合わせて，化学物質のリスク評価も行われている．例えば，産業技術総合研究所の汎用生態リスク評

表1.3 毒性評価方法の種類

略称	正式名称	日本語名称	定義
LC$_{50}$	lethal concentration 50	半数致死濃度	1回の曝露(通常1～4時間)で一群の実験動物の50％を死亡させると予想される濃度．生態毒性試験においては，曝露期間中試験生物の50％を死亡させると予想される濃度のことをいう．
LD$_{50}$	lethal dose 50	半数致死量	1回の投与で一群の実験動物の50％を死亡させると予想される投与量．
LOAEL	lowest observed adverse effect level	最小毒性量	毒性試験において有害な影響が認められた最低の曝露量．
LOEC	lowest observed effect concentration	最小影響濃度	最小作用濃度ともいう．対照区と比較して統計的に有意な(有害)影響を及ぼすもっとも低い濃度のこと．
LOEL	lowest observed effect level	最小影響量	最小作用量ともいう．毒性試験において何らかの影響が認められる最低の曝露量．影響のなかには有害，無害両方を含むので，一般にはLOAELに等しいかそれより低い値である．
NOAEL	no observed adverse effect level	無毒性量	無副作用量，最大有害無作用レベル，最大無毒性量と訳すこともある．何段階かの投与用量群を用いた毒性試験において有害影響が観察されなかった最高の曝露量のこと．
NOEC	no observed effect concentration	無影響濃度	最大無影響濃度，最大無作用濃度ともいう．対照区と比較して統計的に有意な(有害)影響が認められなかった最高濃度であり，LOECのすぐ下の濃度区である．
NOEL	no observed effect level	無影響量	毒性試験において影響が認められない最高の曝露量．影響のなかには有害，無害両方を含むので，一般にはNOAELに等しいかそれより低い値である．
PNEC	predicted no-effect concentration	予測無影響濃度	生態系に対して有害な影響を及ぼさないと予想される濃度．

環境省，"化学物質の環境リスク評価 第11巻 第一編 参考2 用語集等"(2013)をもとに作成．

価管理ツール(AIST-MeRAM)や国立環境研究所の環境リスクの統合アセスメントプログラム(MuSEM)などのモデルが日本の研究機関から公開されている[11, 12]. 化学物質の発生源とその特性, 環境へ放出後の化学物質の動態, 化学物質の生物影響の理解が深まり, それらがモデルに定量的に反映されることにより, モデルはより実態に則した確かなものへとバージョンアップしていく.

本章では「発生源とその特性」,「化学物質の動態」と「生物影響」について概説してきた. 2章以降で, 個別の化学物質の発生源, 動態, 生物影響について詳述していく. それらを読む際に, つねに1章を頭に入れて, 現象を貫く法則を意識していただきたい. また, 上述のモデルにあるようにリスク評価には生物影響の理解が不可欠である. 生物影響については, 渡邉・久野[13]などに詳述されているので, そちらも参考にしていただきたい.

引用文献

1) Chemical Abstracts Service https://www.cas.org/
2) M. J. Kennish, "Practical Handbook of Estuarine and Marine Pollution", CRC Press(1997).
3) R. P. Schwarzenbach, P. M. Gschwend and D. M. Imboden, "Environmental Organic Chemistry, 2nd edition", Wiley-Interscience(2003).
4) 川本克也, "環境有機化学物質論", 共立出版(2006).
5) 国立環境研究所, GIS多媒体環境動体予測モデル(G-CIEMS)
   https://www.nies.go.jp/rcer_expoass/gciems/gciems.html
6) F. Wania and D. Mackay, *Environ. Sci. Technol.*, **30**, 390A(1996).
7) I. Takeuchi et al., *Mar. Pollut. Bull.*, **58**, 663(2009).
8) K. Mizukawa et al., *Sci. Total Environ.*, **449**, 401(2013).
9) S. W. Karickhoff, D. S. Brown and T. A. Scott, *Water Res.*, **13**, 241(1979).
10) 立川 涼, 日高秀夫, 日本農芸化学会誌, **52**, 263(1978).
11) 産業技術総合研究所, 汎用生態リスク評価管理ツール(AIST-MeRAM)
    https://meram.aist-riss.jp/
12) 国立環境研究所, 環境リスクの統合アセスメントプログラム(MuSEM)
    http://www.nies.go.jp/rcer_expoass/musem/musem.html
13) 渡邉 泉, 久野勝治, "環境毒性学", 朝倉書店(2011).

第 2 部　事例編

2　有機塩素化合物

なぜ，高い山の湖沼に棲む魚のポリ塩化ビフェニル(PCB)濃度が高いのか？
この章を読み終えた後には，きっとこの問いに答えられるようになっているだろう．

2.1　有機塩素化合物とは

　有機塩素化合物はさまざまな種類があるが，本書ではそのうちストックホルム条約に登録されている化学物質に焦点を当てる．ストックホルム条約とは，残留性有機汚染物質(persistent organic pollutants：POPs)の国際的な廃絶および予防のための国際条約である[1]．POPs の多くは 1970 年代から各国で独自に規制が行われてきていたが，ストックホルム条約は各国の規制を統一することや世界規模のモニタリングの枠組みの制定を目的として，2000 年代になってから制定された．2015 年時点の登録化合物数は 26 種類である．そのうち 12 種類は 2001 年の条約制定時に登録され，その後 2009 年にさらに 9 種，2011 年と 2013 年に 1 種ずつ，2015 年に 3 種追加され，2015 年秋にも新たな化合物の登録が審議される予定である．現在ストックホルム条約に登録されている化合物を表 2.1 に示した．共通しているのはハロゲンの置換した有機化合物であり，難分解性および疎水性をもつ点である．

　なお，日本における化学物質の規制は「化学物質の審査及び製造等の規制に関

34　2　有機塩素化合物

表 2.1　ストックホルム条約登録化合物（2015 年 7 月時点）

化合物名	構造式	ストックホルム条約登録年	用途・種別	化審法第一種登録年	$\log P^0$	$\log K_{OW}$
製造,使用の原則禁止(付属書A)						
アルドリン		2001	殺虫剤	1981	$-3.60^{a)}$	$5.52^{d)}$
クロルデン		2001	除草剤 殺虫剤 白アリ防除剤	1986	$-2.57^{a)}$	$6.00^{d)}$
ディルドリン		2001	殺虫剤	1981	$-3.44^{a)}$	$5.16^{d)}$
エンドリン		2001	殺虫剤	1981	$-3.44^{a)}$	$5.16^{d)}$
ヘプタクロル		2001	除草剤 殺虫剤 白アリ防除剤	1986	$-1.50^{a)}$	$5.44^{d)}$
ヘキサクロロベンゼン(HCB)*		2001	殺虫剤等原料	1979	$-2.60^{b)}$	$5.45^{d)}$
マイレックス		2001	難燃剤 殺虫剤 白アリ駆除剤	2002	$-3.41^{a)}$	$6.89^{d)}$

＊　付属書 C にも登録

表 2.1(続き) ストックホルム条約登録化合物 (2015 年 7 月時点)

化合物名	構造式	ストックホルム条約登録年	用途・種別	化審法第一種登録年	$\log P^0$	$\log K_{ow}$
ポリ塩化ビフェニル (PCB)*	Cl_m Cl_n $m+n=1\sim10$	2001	絶縁油等	1974	−5.85〜0.04[c] (1〜10Cl)	4.70〜8.30[c] (1〜10Cl)
トキサフェン		2001	殺虫剤 白アリ駆除剤	2002	−3.72[a]	5.50[d]
クロルデコン		2009	殺虫剤	2010	−5.98[a]	5.41[d]
エンドスルファンおよびその関連異性体		2011	殺虫剤	追加予定	−3.78[a]	2.23[d]
α-ヘキサクロロシクロヘキサン (α-HCH)		2009	リンデンの副産物	2010	−2.52[b]	3.81[b]
β-ヘキサクロロシクロヘキサン (β-HCH)		2009	リンデンの副産物	2010	−4.40[b]	3.80[b]
γ-ヘキサクロロシクロヘキサン (γ-HCH)		2009	リンデンの主成分	2010	−2.15[b]	3.78[b]

* 付属書 C にも登録

表 2.1(続き)　ストックホルム条約登録化合物 (2015 年 7 月時点)

化合物名	構造式	ストックホルム条約登録年	用途・種別	化審法第一種登録年	$\log P^0$	$\log K_{OW}$
ペンタクロロベンゼン*	(構造式)	2009	工業製品 HCBの非意図的生成物	2010	$-0.66^{b)}$	$5.18^{b)}$
ヘキサブロモビフェニル	Br_m–Br_n $m+n=6$	2009	難燃剤	2010	$-6.48^{a)}$	$9.10^{a)}$
ヘキサブロモジフェニルエーテル ヘプタブロモジフェニルエーテル	(例:BDE183)	2009	難燃剤	2010	$-6.42^{a)}$ (BDE154) $-7.32^{a)}$ (BDE183)	$7.89^{e)}$ (BDE154) $8.35^{a)}$ (BDE183)
テトラブロモジフェニルエーテル ペンタブロモジフェニルエーテル	(例:BDE47)	2009	難燃剤	2010	$-4.66^{c)}$ (BDE47) $-4.90^{c)}$ (BDE99)	$6.76^{e)}$ (BDE47) $7.27^{e)}$ (BDE99)
ヘキサブロモシクロドデカン	α-HBCD	2013	難燃剤		$-5.65^{a)}$	$5.33 \sim 5.86^{f)}$
ポリ塩化ナフタレン	Cl_m–Cl_n $m+n=2\sim8$	2015	エンジンオイル添加剤 防腐剤		$-0.726 \sim -4.94^{a)}$ (2〜8Cl)	$4.46 \sim 8.5^{a)}$ (2〜8Cl)
ヘキサクロロブタジエン	(構造式)	2015	溶媒		$1.53^{a)}$	$4.78^{a)}$
ペンタクロロフェノール	(構造式)	2015	農薬 殺菌剤		$-2.84^{a)}$	$5.12^{a)}$

* 付属書Cにも登録

2.1 有機塩素化合物とは

表 2.1(続き) ストックホルム条約登録化合物 (2015 年 7 月時点)

化合物名	構造式	ストックホルム条約登録年	用途・種別	化審法第一種登録年	$\log P^0$	$\log K_{OW}$
原則制限(付属書B)						
ジクロロジフェニルトリクロロエタン(DDT)		2001	殺虫剤	1981	$-4.70^{b)}$	$5.76^{a)}$
ペルフルオロオクタンスルホン酸(PFOS)とその塩およびペルフルオロオクタンスルホン酸フルオリド(PFOSF)	PFOS	2009	撥水撥油剤界面活性剤	2010	$-0.0691^{a)}$	$4.49^{a)}$
非意図的生成物質の排出の削減(付属書C)						
ポリ塩化ジベンゾフラン(PCDF)	(例:2,3,7,8-tetraCDF)	2001	非意図的生成物	なし	-5.70 $\sim -9.30^{b)}$ $(4\sim8Cl)$	6.1 $\sim 8.0^{b)}$ $(4\sim8Cl)$
ポリ塩化ジベンゾ-p-ダイオキシン(PCDD)	(例:2,3,7,8-tetraCDD)	2001	非意図的生成物	なし	-6.70 $\sim -10.00^{b)}$ $(4\sim8Cl)$	6.8 $\sim 8.2^{b)}$ $(4\sim8Cl)$

* 付属書 C にも登録

a) U. S. Environmental Protection Agency, "EPI-suite™ ver.4.11" (2012). b) R. P. Schwarzenbach *et al*., "Environmental Organic Chemistry, 2nd edition", Wiley-Interscience (2003). c) M. D. Erickson, "Analytical Chemistry of PCBs, 2nd edition", CRC Press (1997). d) C. Travis and A. D. Ama, *Environ. Sci. Technol.*, **22**, 271 (1988). e) L. Li *et al*., *Chemosphere*, **72**, 1602 (2008). f) S. J. Hayward, Y. D. Lei and F. Wania, *Environ. Toxicol. Chem.*, **25**, 2018 (2006).

する法律」(化審法)で定められており,厚生労働省・経済産業省・環境省によって管理されている[2]. ストックホルム条約に登録されている化合物はすべて,もっとも厳しい部類の第一種指定化学物質とされている. その他,第一種指定化学物質には,船底防汚剤の酸化トリブチルスズも含まれているが,ストックホルム条約には登録されていない.

ストックホルム条約に登録されている有機塩素化合物は,塩素系農薬とPCB,ダイオキシンであり,本章では前者二つを取り上げる. ダイオキシンについては別個の章を設ける.

2.2 有機塩素系農薬

2.2.1 DDTs

DDTs とはジクロロジフェニルトリクロロエタン(dichlorodiphenyltrichloro-ethane：DDT)とその代謝または分解産物を指す．農薬は殺虫剤，除草剤，殺菌剤，成長調整剤など多岐にわたるが，DDT の用途は殺虫剤である．DDT は虫の中枢神経に作用して死に至らせる効果があり，その画期的な発明をしたスイスの Müller は 1948 年にノーベル生理学・医学賞を受賞した．しかしその後，生物濃縮性や毒性が確認され，DDT は結果として多くの先進工業化国で 1970 年代前半に使用禁止となった．日本でも，1971 年に第一種特定化学物質に指定され，使用が禁止されている．しかし，一部のアジア・中南米・アフリカなどの熱帯域では，マラリアを媒介する蚊の殺虫のための限定的使用が WHO により推奨されており，現在も使用が継続されている．化学物質による生態系へのリスクとヒトの健康被害のリスクを天秤にかけた結果による決断といえる．もちろん，これらの地域においても農業生産のための DTT の殺虫剤としての使用は禁止されている．

DDT の構造は，ジクロロジフェニルトリクロロエタンという名のとおり，1 個の塩素が置換しているフェニル基二つと塩素三つをもったエタンである．ベンゼン環上の 2 個の塩素が中央のエタンに対してそれぞれパラ位に置換した p,p'-DDT と，オルト位とパラ位に塩素が置換した o,p'-DDT が存在する．製品・会社によって p,p'-DDT は 65～80％，o,p'-DDT は 20～35％ の範囲で，含有割合が異なるため，割合を調べることにより，どこの国でいつ頃つくられた DDT かを推定することも試みられている．

DDT の物理化学的な性質はどのようなものだろうか．DDT のオクタノール-水分配係数は $\log K_{OW} = 6.36$ と，K_{OW} がかなり高い化合物である．すでに DDT の生物濃縮に触れたことからも，疎水性は高いことが予想できるであろう．一方，蒸気圧については $\log P^0 (Pa) = -4.70$ と揮発性はかなり低い分類に入る．global distillation で高緯度海域で高濃度となる HCH と比較すると揮発性は低く，熱帯域で使用された DDT は揮発したのち中緯度域に沈着・残留しやすい．

DDT は人間やほかの生物の体内で代謝，または微生物やバクテリアなどによって分解を受けることによって，ジクロロジフェニルジクロロエチレン(dichlorodiphenyldichloroethylene：DDE)，ジクロロジフェニルジクロロエタン

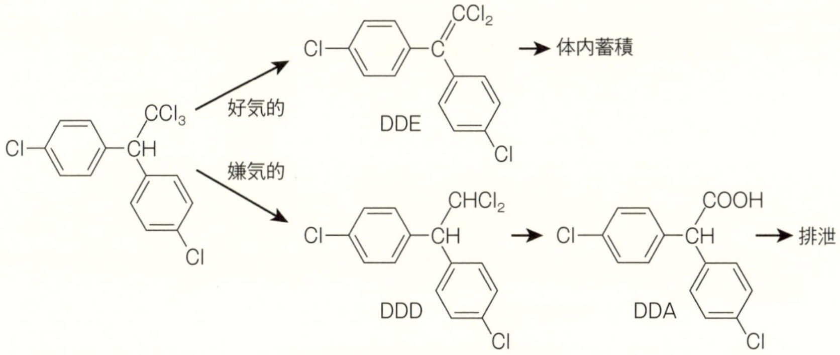

2.2 有機塩素系農薬

図2.1 DDT類の分解経路

(dichlorodiphenyldichloroethane：DDD)，ジクロロジフェニル酢酸(dichlorodiphenyl acetic acid：DDA)といった分解産物になる(図2.1)．この分解産物を含めて総称する場合は，複数形の「s」をつけてDDTsと表記する．日本語の場合は「DDT類」と書くこともある．嫌気的な条件下では，塩素がとれて水素が入る還元反応が生じ，DDDになる．DDDになると，その後の反応が進みやすくなり，ヒトや野生生物の体内などではカルボキシ基が導入され，DDAになる．DDAはカルボキシ基によって水溶性が増すため，尿や糞を介して体外に排泄されるようになる．一方，好気的な条件下ではDDTからHClが離脱する反応が生じ，結果的にエチレン構造が生成しDDEになる．DDEのeは，エチレン構造の存在を強調するためにethyleneのeをとったものである．DDEはそれ以上代謝経路が存在せず，非常に安定的であるため生体内に蓄積しやすい．よって，生物体内の脂肪や血液中からはDDEが多く検出されることになる．

では，DDTsによってこれまでどんな影響が起こってきたのだろうか．1962年にレイチェル・カーソンによって出版された1冊の本は，毎年，春になると聞こえるはずの鳥のさえずりがある時から聞こえなくなったことから"Silent Spring (邦題：『沈黙の春』)"と題された．その原因物質としてDDTがあげられており，その後のDDTの使用禁止のきっかけとなった本である[3]．この本で取り上げられた化学物質はいくつかあるが，なかでもDDTsの占める割合は非常に大きい．この分野に関心がある方は一度は読んでおくべきであろう．この『沈黙の春』の舞台となった米国の五大湖周辺は環境汚染が起こっている地域の一つであり，その後も実際にさまざまな影響の事例が研究的に報告されている．たとえば，カモメやワシの個体数の減少や，それらの卵の殻が薄くなったことなども，DDTの生

40　2　有機塩素化合物

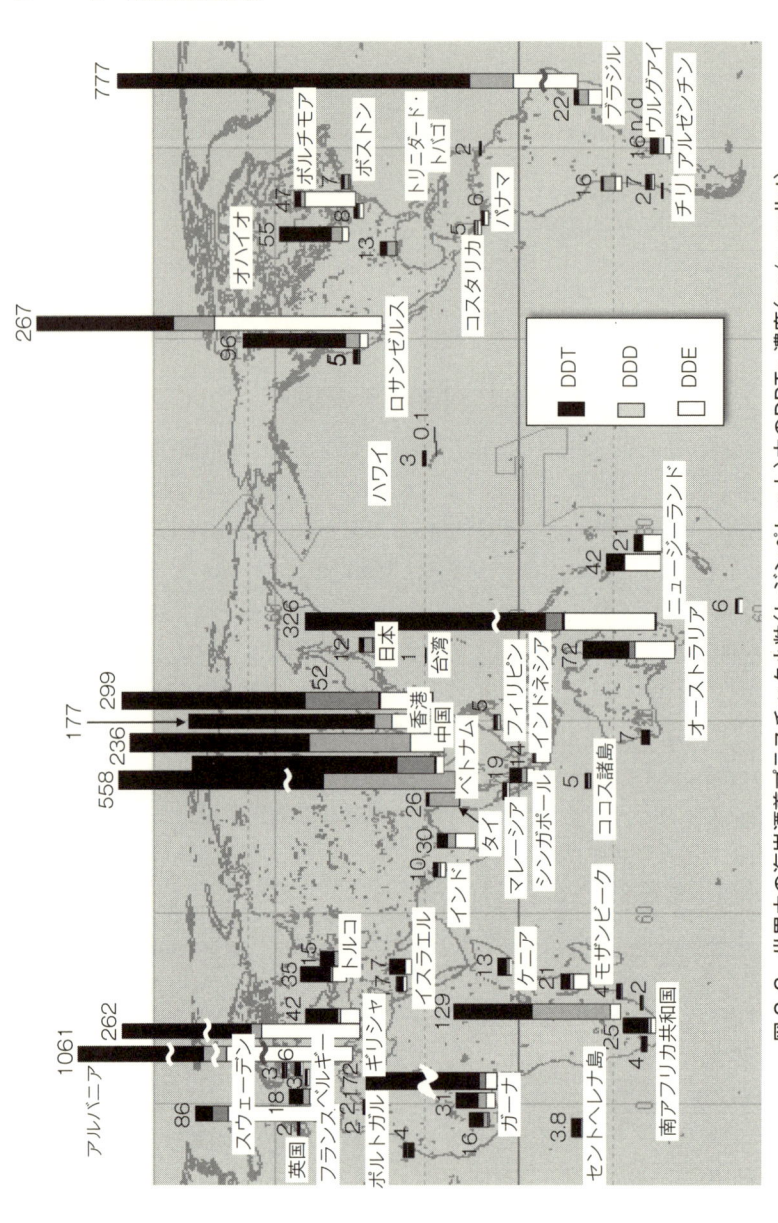

図 2.2　世界中の海岸漂着プラスチック小粒（レジンペレット）中のDDTs 濃度 (ng/g-pellet)

海水中の疎水性の化学物質はプラスチックに吸着するため、プラスチック中の化学物質濃度を測定するとその地点の汚染の程度を把握することができる。

物増幅とDDTによるカルシウム輸送タンパク質の阻害が原因と疑われ,のちのDDTの規制につながっていった.

現在のDDTsの汚染状況を図2.2に示した.この結果はレジンペレットというプラスチックの原材料の粒を用いて世界のDDTs汚染をモニタリングした結果である.2006年から2014年までの結果を示している.レジンペレットを用いたモニタリングの詳しい説明は12章で行うため,ここでは世界の沿岸域の汚染を示す地図として見てもらおう.北半球では,DDTsは比較的低濃度で検出されているが,過去にDDTの製造工場があったロサンゼルスの一部では当時沿岸水域へ放出されたDDTsが海底に蓄積しており,そこからの巻き上がり・溶出によりいまだにDDTsによる汚染レベルが高い.一方,ブラジル・香港・ベトナムなどの熱帯域の国やモザンビーク・オーストラリアなどの南半球の国の一部では高濃度で検出され,近年でもDDTが使用・放出されていることが懸念される.DDTが現在も使用されているかどうかを調べるためには,DDTとその分解産物の割合を手がかりにする手法がある.先述のように,製品として使われたDDTは環境中でDDD,DDEに分解される.つまり,環境中に放出されてすぐの状態であればDDTの割合が多いが,環境へ放出されてから時間が経過すると分解産物のDDDやDDEの割合が大きくなる.DDTに対するDDEとDDDの割合を比べることで,DDTが近年使用されたものか,土壌や堆積物中に残留していたものが起源なのかを推察することが可能となる.以上を踏まえて組成比に注目してもう一度汚染マップを見ると,濃度の高かった熱帯域のブラジル・香港・ベトナムや南半球のモザンビーク・オーストラリアはDDTの割合のほうが高くなっており,最近のDDT使用を反映していると読み取れる.一方,北半球で濃度の高かったロサンゼルスの1地点では,DDTよりもDDEの割合が高いことから,過去に放出され堆積物中に残存しているDDTsに由来するものと判断できるのである.

2.2.2 HCH

1章で取り上げたヘキサクロロシクロヘキサン(hexachlorocyclohexane:HCH)も有機塩素系農薬の一種である.環状(シクロ)のヘキサンの6個の水素が塩素に置換している.HCHにはその構造から8種の立体異性体が存在している.そのうち主要なものが4種あり,それぞれα-HCH,β-HCH,γ-HCH,δ-HCHとよばれる.合成された製品には4種がすべて含まれているものと,殺虫能力の高いγ-HCHを精製したリンデンとよばれるものとがある.リンデンは2009年にス

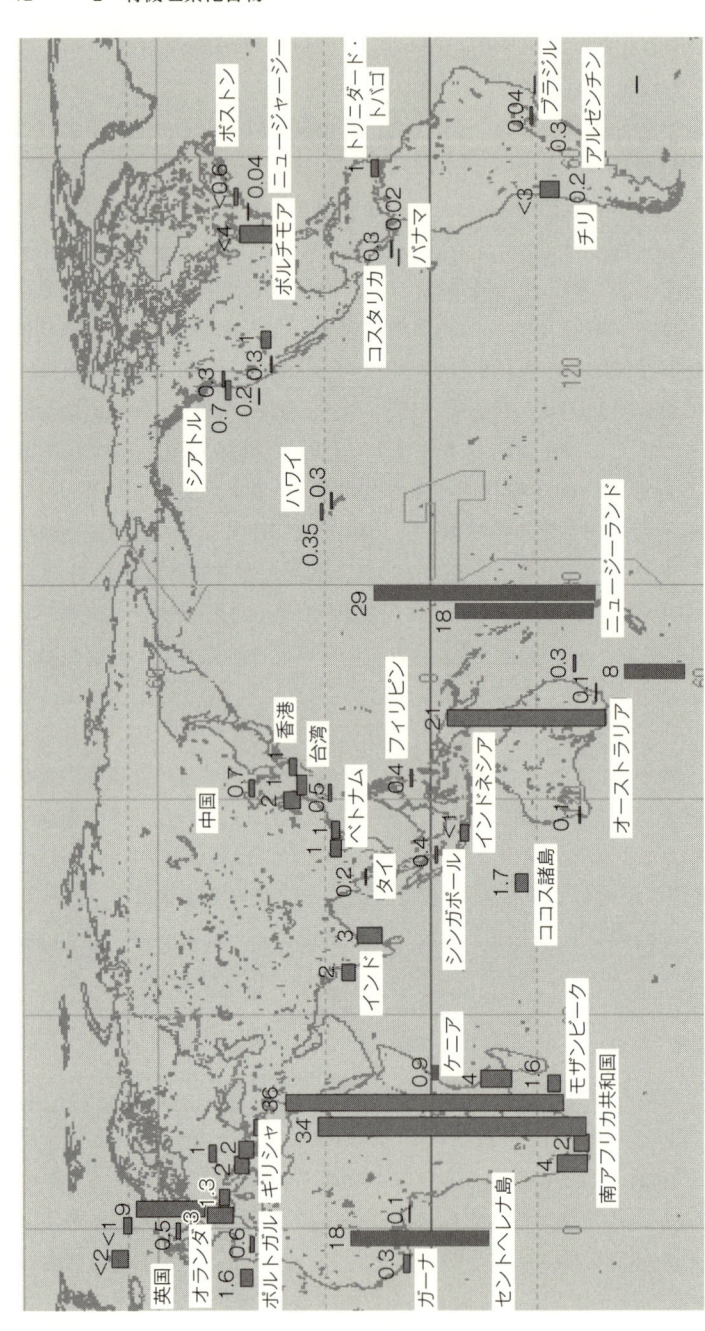

図 2.3 世界中の海岸漂着プラスチック小粒(レジンペレット)中の HCH 濃度(ng/g-pellet)
濃度は α, β, γ, δ-HCH の合計.

トックホルム条約で規制されるまで，広く使用されていた．

HCH の K_{ow} は DDT と比較すると 2 桁ほど低く，DDT よりも水に溶けやすい物質である．蒸気圧は $\log P^0 = -2.15$ と DDT よりも高いため，より気体になりやすい物質である．ただし，つねに気体になっているわけではなく，温度によって液相と気相の間での分配が変化するため，1 章でも述べたように global distillation が生じる．

HCH は揮発性の高さから，ある場所に一定にとどまり続けるという意味での環境残留性は低い．また，光分解もする物質でもある．そのため，使用をやめれば汚染レベルは徐々に下がっていくことが予想される．

HCH は 2001 年のストックホルム条約制定時には登録されず，その後 2009 年に対象物質に追加された．そのため，2009 年以前は HCH を使用していた国も多い．図 2.3 は図 2.2 同様に，レジンペレットを用いた世界の沿岸域の HCH のモニタリング結果である．世界的に低濃度であり，環境残留性が低いことが示唆されるが，オーストラリアやアフリカなどでは高濃度で検出されており，南半球での近年までの使用が裏づけられる結果となっている．

2.2.3 その他の有機塩素系農薬

ストックホルム条約では，DDT や HCH のほかにもいくつかの有機塩素系農薬の使用が禁止されている．表 2.1 に記載した化合物のうち，有機塩素系の農薬について簡単に紹介しよう．殺虫剤のアルドリン(aldrin)，ディルドリン(dieldrin)，エンドリン(endrin)は，独立した製品であるとともにアルドリンがエポキシ化されると立体異性体であるディルドリンとエンドリンになる．構造のわずかな違いで毒性や蓄積性が異なる．日本ではディルドリンは農薬としての使用は 1973 年に禁止されたが，その後もシロアリ防除剤として使用されていた．1981 年に化審法で第一種指定化学物質に指定されたことによりすべての用途で使用が禁止となった．クロルデン(chlordene)やヘプタクロル(heptachlor)もディルドリンらと類似した骨格をもった化合物で疎水性が高いが，揮発性は高い．用途は同様に合板や木材のシロアリ防除剤である．こちらも 1986 年に化審法の第一種特定化学物質に指定されるまで使用されていた．シロアリ防除剤として用いられていた化合物は，農地に限らず都市部でも汚染がみられるのが特徴である．殺虫剤のマイレックス(mirex)およびクロルデコン(chlordecone)は日本における農薬登録はない．つまり使用履歴がない．クロルデコンは製品であると同時にマイレックスの

分解産物でもある．マイレックスは難燃剤としても使用されていた．トキサフェン(toxaphene)は二環のモノテルペンであるカンフェンに塩素を置換して合成される殺虫剤であり，塩素の置換数や置換位置の異なる 250 以上の混合物から成っている．米国では綿花用の農薬として南部で大量に使用された．こちらも日本での農薬登録はなく，使用されていない．ヘキサクロロベンゼン(hexachlorobenzene)は穀物の防腐剤・防カビ剤として用いられてきた．塩素数が五つのペンタクロロベンゼン(pentachlorobenzene)も 2009 年にストックホルム条約に追加された．これらは揮発性が高いことが特徴で，極域でも検出されている．エンドスルファン(endsulfane)は一部の構造がアルドリンなどと類似している農薬であるが，ストックホルム条約に追加されたのが 2011 年と有機塩素系農薬のなかではもっとも新しい．2014 年より化審法にも追加され，国内における製造・使用・輸入が禁止された．

2.3 PCB

2.3.1 概　　要

これまで述べてきた有機塩素系化合物は農薬であったが，ポリ塩化ビフェニル(PCB)は工業的な用途で生産された化学物質である．

PCB は 2 個のベンゼン環が単結合でつながり，そこに塩素が 1～10 個置換した化学物質である．この場合の「ポリ(poly)」は塩素が複数個あることを意味しており，塩素数によってモノクロロビフェニル(1 個)～デカクロロビフェニル(10 個)と変化する．塩素の置換数が違うものを同族体(homolog)とよび，塩素の数は同じだが置換位置が異なるものを異性体(isomer)とよぶ．これらの総称を同族異性体(congener)とよび，PCB の場合は塩素数・置換位置の異なる同族異性体が理論上 209 種類存在する．

PCB の表記は，たとえば 2,2′,4,4′,5,5′-ヘキサクロロビフェニルのように塩素数と置換位置が示される．この表記は正確だが煩雑になりがちなため，IUPAC (International Union of Pure and Applied Chemistry)の定める 209 種の通し番号で表されることが多い．この通し番号は，塩素数が 1，置換位置が 2 の 2-モノクロロビフェニル を CB1 として，塩素数の少ない順・置換位置の数が小さい順に，CB209 (2,2′,3,3′,4,4′,5,5′,6,6′-デカクロロビフェニル)まで表記される．その 209 種類のパターン一覧を示したのが図 2.4 である．

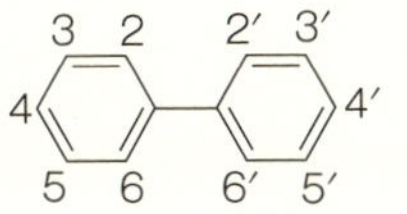

2.3 PCB

	2'	3'	4'	2',3'	2',4'	2',5'	2',6'	3',4'	3',5'	2',3',4'	2',3',5'	2',3',6'	2',4',5'	2',4',6'	3',4',5'	2',3',4',5'	2',3',4',6'	2',3',5',6'	2',3',4',5',6'
2,3,4,5,6																			209
2,3,5,6																		202	208
2,3,4,6																	197	201	207
2,3,4,5																194	196	199	206
3,4,5															169	189	191	193	205
2,4,6														155	168	182	184	188	204
2,4,5													153	154	167	180	183	187	203
2,3,6												136	149	150	164	174	176	179	200
2,3,5											133	135	146	148	162	172	175	178	198
2,3,4										128	130	132	138	140	157	170	171	177	195
3,5									80	107	111	113	120	121	127	159	161	165	192
3,4								77	79	105	109	110	118	119	126	156	158	163	190
2,6							54	71	73	89	94	96	102	104	125	143	145	152	186
2,5						52	53	70	72	87	92	95	101	103	124	141	144	151	185
2,4					47	49	51	66	68	85	90	91	99	100	123	137	139	147	181
2,3				40	42	44	46	56	58	82	83	84	97	98	122	129	131	134	173
4			15	22	28	31	32	37	39	60	63	64	74	75	81	114	115	117	166
3		11	13	20	25	26	27	35	36	55	57	59	67	69	78	106	108	112	160
2	4	6	8	16	17	18	19	33	34	41	43	45	48	50	76	86	88	93	142
non	1	2	3	5	7	9	10	12	14	21	23	24	29	30	38	61	62	65	116

図 2.4　PCB の IUPAC No. と塩素の置換位置

片側のベンゼン環における塩素の置換位置が 2,4,5 で，もう片側のベンゼン環における塩素の置換位置が 2',4',5' の場合，CB153 となる．

　PCB はその性質からさまざまな用途に利用されていた (表 2.2)．電気を伝えにくい性質のため絶縁油として，熱分解しにくいため熱媒体として，ほかにも潤滑油，可塑剤，インク溶剤などがあげられる．PCB の特徴は，塩素の数を変えることで性質を調節できることにあった．塩素数が少ない PCB を用いれば粘性が低く，塩素数が多いものを用いれば粘性が高くなるため，製品としての PCB は塩素数の異なるものが販売されていた．日本で使用されていた PCB 製品として主要なものは，カネクロールとアロクロールがある．カネクロールは 200，300，400，500，600 と存在し，それぞれ 2，3，4，5，6 塩素の同族異性体を多く含有する製品を意味していた．ただし，単一の塩素数が含まれているわけではなく，カネクロール 200 の中には塩素数が 1，3 のものも含まれていて，平均すると塩素数が 2 程度，ということを意味している．一方アロクロール (arochlor) では，

表 2.2　PCB の用途の例

用　途		製品例・使用場所	銘　柄*
絶縁油**	トランス用	ビル・病院・車両(地下鉄・新幹線ほか)・船舶等のトランス	KC-1000, AC-T100
	コンデンサ用	蛍光灯・水銀灯の安定器用，冷暖房機・洗濯機・ドライヤー・電子レンジ等の家電用，モーター用等の固定ペーパーコンデンサ，直流用コンデンサ，蓄電用コンデンサ	KC-300, AC-1242, KC-400, AC-1248, KC-500, AC-1254
熱媒体(加熱と冷却)**		各種化学工業，食品工業，合成樹脂工業等の諸工程における加熱と冷却，船舶の燃料油予熱，集中暖房，パネルヒーター	KC-300, KC-400, サントサーム
潤滑油**		高温用潤滑油・作動油・真空ポンプ油・切削油・極圧添加剤	KC-300 ほか
可塑剤	絶縁用	電線の被覆・絶縁テープ	
	難燃用	ポリエステル樹脂・ポリエチレン樹脂・ゴム等に混合	
	その他	接着剤，ニス・ワックス・アスファルトに混合	KC-500, 600, KC-C
塗料・印刷インキ		難燃性塗料・耐熱性塗料・耐薬品性塗料・耐水塗料・印刷インキ	
複写紙		ノンカーボン紙(溶媒**)	KC-300
その他		紙等のコーティング・自動車のシーラント・陶器ガラス器の彩色・カラーテレビ部品・農薬の効力延長剤	

　*　KC：カネクロール，AC：アロクロール．主として両者のカタログによる．
　**　PCB そのものが使われる．
　立川　涼，PPM，**8**, 2(1972)をもとに作成．

Arochlor12XX と表示される．XX の部分には，塩素の全重量に占める含有率(%)を示す 42，48 などの数字が入る．つまり，塩素の割合が大きいもの≒塩素数が多いもの，と判断してよい．このように，用途に応じて使用する銘柄も変わってくる．

　PCB は 1950 年代半ばから使用され始め，その使用量は高度経済成長に伴って増加していった．過去に世界で生産された PCB の割合は，米国：48%，ヨーロッパ：33%，ロシア：13%，日本：5%，中国：1% と，ほとんどが先進工業化国で生産されている[4]．現在では，開放系での使用や廃棄が禁じられているため，過去に使用していた PCB 含有機器は，漏洩のないような保管および 2027 年までの処分が義務づけられている．DDT や HCH のように，使用を禁止すれば発生しなくなるものではなく，PCB は過去に使用された製品の廃棄をきちんと行わないと現在も環境中に放出される可能性がある物質である．

2.3.2 毒　　性

　PCBはヒトや野生生物に対してさまざまな毒性を有する．慢性的影響としては，PCBは催奇形性をもち，生殖障害を引き起こす[5]．発癌性も疑われている[5]．また，脳神経系の影響も懸念されている[6]．急性の毒性としては，吐き気，体重の減少，黄疸，浮腫，腹痛，肝臓障害等の症状が現れ[5]，暴露量が多いと死に至る．1968年に北九州で発生したカネミ油症は，認定患者1,600人以上，死者50名以上の規模にわたった．多くの人々が皮膚の異常や，倦怠感，めまい，吐き気などの症状を訴えた．この原因物質がPCBである．PCBは，カネミライスオイルの製造過程の加熱脱臭工程にて熱媒体として使用されていた．しかし，そのパイプの腐食孔からPCBが漏れてライスオイルに混入し，その食用油を口にした人々への健康被害が発生したのである．

2.3.3 汚染状況

　現在のPCBの汚染状況について，DDTsやHCHと同様にレジンペレットを用いたモニタリングの結果を示す(図2.5)．PCBの汚染は，東京湾，大阪湾，米国の西海岸のロサンゼルス周辺や東海岸のボストン港や五大湖のオハイオ州，西ヨーロッパではオランダ，ベルギー，イタリア，フランスなど，いわゆる先進工業化国の沿岸域で高濃度で検出された．しかし，それ以外の経済的発展途上の国々や，ハワイやセントヘレナ島，カナリア諸島，ココス島など大洋の孤島，人間活動の少ない地域，大陸から離れた地域などを含め，低濃度であるが地球全体にPCBの汚染が広まっていることも注目すべき点である．PCBの汚染状況については，次の環境動態の節で詳細に記す．

2.3.4 物理化学的性質

　粘性の話でも触れたように，PCBの物理化学的性質はその塩素数に大きく依存している．塩素数が少ないものは，融点が低く，水溶解度も高い．塩素数が多くなるにつれ，融点は高くなり，水溶解度も低くなる．高塩素の同族異性体の水溶解度は低塩素のものに比べて，5〜6桁も低い．逆に，疎水性K_{OW}は塩素数が増えると大きくなる．そのため，塩素数が多いほど生物濃縮をしやすくなる傾向がみられる．蒸気圧は塩素数が増えて分子量が大きくなるにつれて低くなる．

48   2 有機塩素化合物

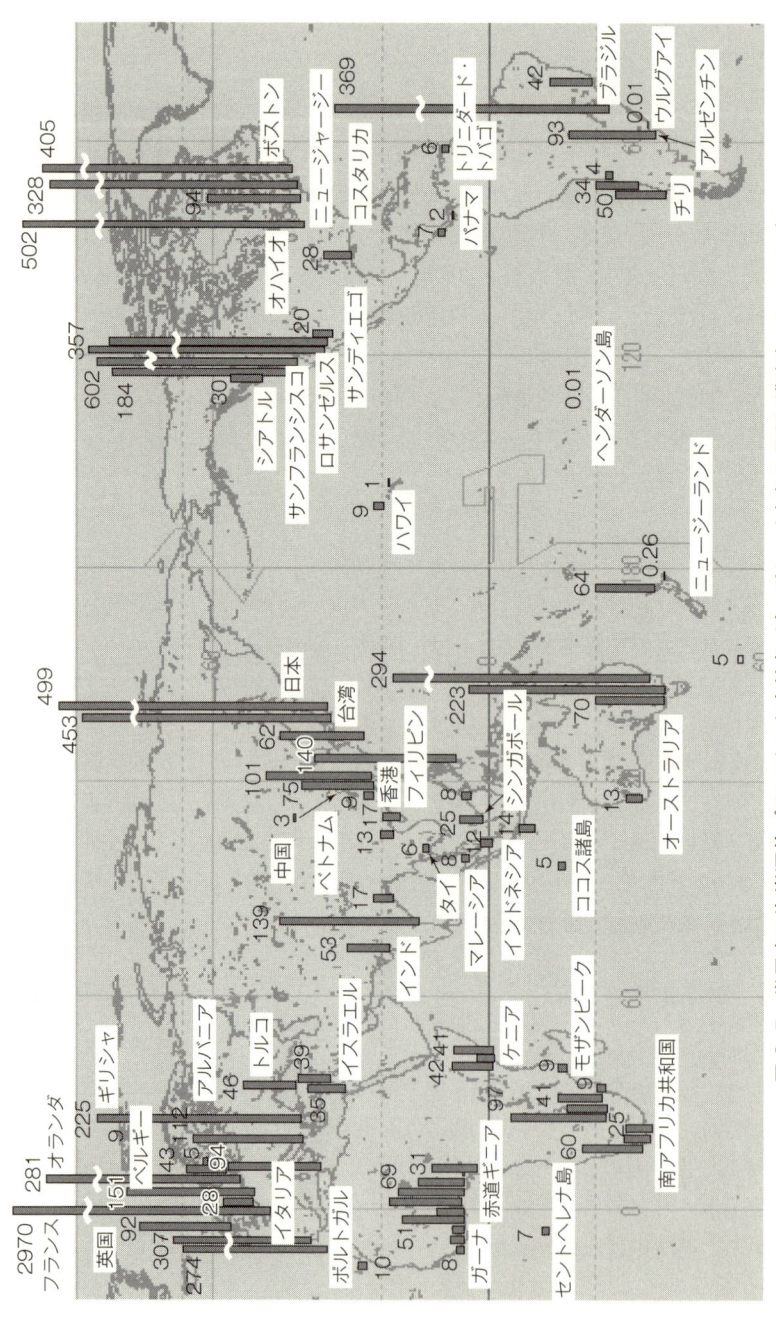

図 2.5 世界中の海岸漂着プラスチック小粒（レジンペレット）中の PCB 濃度（ng/g-pellet）
濃度は CB#66, 101, 110, 149, 118, 105, 153, 138, 128, 187, 180, 170, 206 の合計．

2.4 有機塩素化合物の環境動態

　これまで，有機塩素系農薬やPCBの概要について述べてきたが，ここからはこれらの汚染物質の負荷源と物理化学的性質，そして物質の挙動との関係について示す．

　有機塩素系農薬とPCBは，先進工業化国での使用は1970年代初頭で禁止されていること，一部の経済的発展途上国または熱帯地域で使用されていることなど，負荷源として共通点がある．一方，物理化学的性質では，疎水性が高く，難分解性であることが共通している．揮発性については幅広く，程度の差があるが大気経由の輸送経路が存在する点では共通している．

　環境中に放出された有機塩素系農薬やPCBは，水中ではおもに粒子に吸着して運ばれる．これは，K_{OW}が高い，つまり疎水性が高い物質であるという物性によって生じてくる動きである．PCBや有機塩素系農薬のように，疎水性が高く$\log K_{OW}$が6以上になってくると，ほとんどが粒子として存在することになる．粒子はやがて海へたどり着くと，PCB等を吸着したまま沈降して堆積物となり，PCBや有機塩素系農薬は河口沿岸堆積物中に貯留される．

2.4.1 環境中の有機塩素化合物

　図2.6は2000年頃に東京湾の湾奥部から横浜にかけての堆積物を採取し，PCB濃度を測定した結果である．規制から30年近く経過をしても，沿岸部の堆積物中からはPCBが数十〜数百ng/g-dryという濃度で検出されている[7]．もっとも高濃度の地点では，1,000 ng/g-dry，つまり1 ppmを超えていた．多くの地点で沖合の東京湾の表層堆積物中のPCB濃度(50 ng/g-dry)を超えている．これらの高濃度のPCBを吸着した堆積物は，堆積物が再移動すれば沖合堆積物のPCBの二次的な汚染源になる．濃度が比較的高い地点が運河の奥まった地点に多いのは，水の交換のしにくさが関係していると考えられる．水の動きが遅いために粒子が堆積しやすく，過去にPCBを使用していた頃に一度堆積した粒子はそこから移動が困難となる．そのため，PCBが高濃度のままとどまることになるのである．もちろん，沿岸に堆積せずに，あるいは堆積した後の再移動によってPCBを吸着した粒子は沖にも運ばれていく．しかし，その濃度は沿岸と比べては低いものとなる．

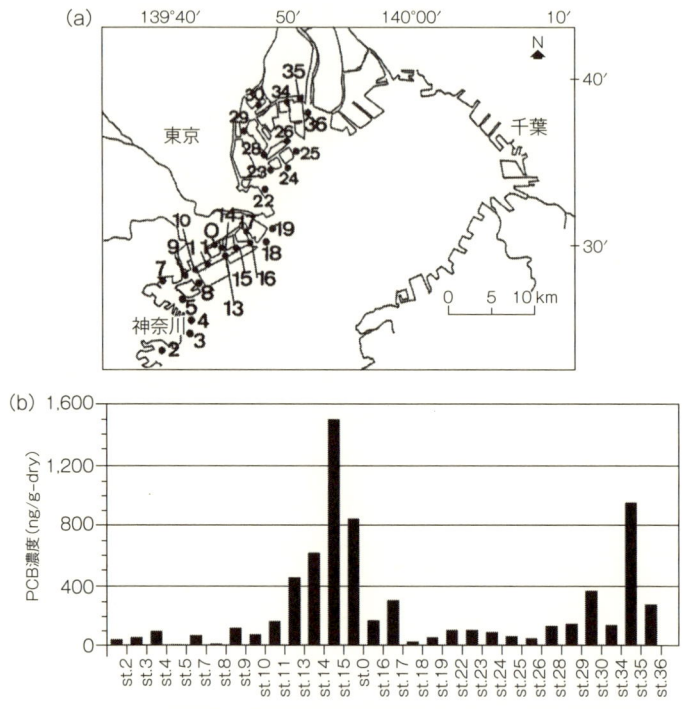

図2.6 東京湾の堆積物中採取地点(a)と各地点におけるPCB濃度(b)

　粒子とそれに吸着した汚染物質が歴史的にどのように堆積しているかを調べるために，柱状堆積物（コア）を採取して調べる方法がある．川から運ばれた粒子が層状に堆積することで沿岸域の堆積物は構成されているが，それを垂直にパイプでくりぬくことで，堆積物を垂直に得ることができる．これを柱状堆積物とよぶ．表層にある堆積物が最新のもの，深い場所にある堆積物が昔の堆積した層となる．このような手法は，汚染物質を調べる研究以外にもよく用いられる地球化学的な手法である．堆積年代は鉛-210やセシウム-137の放射性同位体の測定から，どの深さが何年頃堆積したものかを推定することができる．図2.7に東京湾沿岸の柱状堆積物中PCB濃度の鉛直分布を示す[8]．PCBは1950年代なかばから検出されはじめ，その濃度は1960年代に急増している．PCBの実際の使用と非常に調和した分布を示している．その後，1970年代の使用禁止に対応したピークをもち，その後ピークからの減少がみられるが，1980年代以降の減少は少なく，同じくらいの濃度で推移している．次の節で詳しく述べるように，一度環境中に

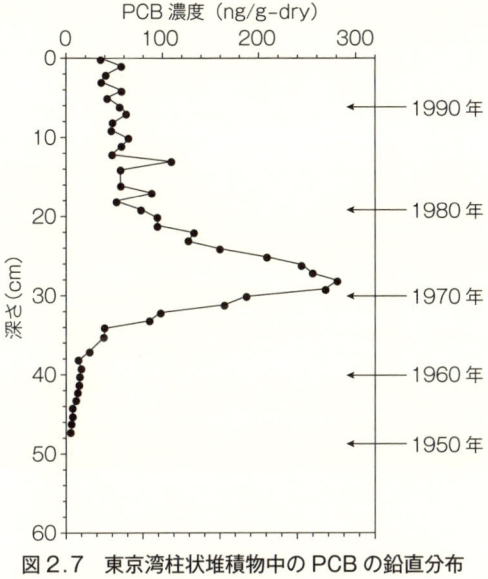

2.4 有機塩素化合物の環境動態　51

図2.7　東京湾柱状堆積物中のPCBの鉛直分布
真田幸尚ほか，地球化学，33, 123 (1999).

出てしまうと，使用を禁止しても堆積物の鉛直混合や水平方向の再移動等によって，汚染レベルはその化学物質の使用開始以前の状態には戻らず，汚染は長期間続いていることが示されている．

2.4.2　レガシー汚染(legacy pollution)と新たな負荷(current input)

　環境中に出たPCBは最終的には大部分が沿岸域や湖沼の堆積物へ蓄積されていく．米国の五大湖における研究では，集水域へ放出されたPCBの99%以上は最終的に堆積物に蓄積されているという報告がある．問題は，堆積物に入ったものが安定にそこにずっと存在しているかどうかである．1.3節で述べたように，堆積物のある程度以下の深さの部分は埋積層になり，その層の堆積物と吸着された汚染物質は水の中に回帰することはない．しかし，その埋積層よりも上部の表層数十cmの堆積物は風や波や底生動物により鉛直方向に攪乱され，再懸濁し，汚染物質も水中に回帰する．間隙水への汚染物質の溶出や間隙水の鉛直移動も汚染物質の海水中への回帰を促進する．また，工事，浚渫(しゅんせつ)，船の航行などの人間活動によって鉛直攪乱は促進される．さらに沿岸域には河川が流入している場合が多く，洪水時等に沿岸域の表層堆積物は水平方向に再移動する．このような鉛直

2 有機塩素化合物

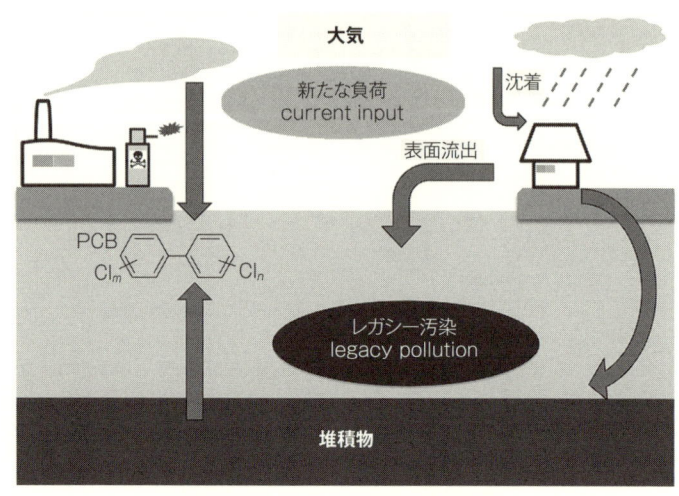

図2.8 レガシー汚染の概念図

方向と水平方向の堆積物の攪乱・再移動の結果，表層堆積物は汚染物質の二次的な汚染源になるわけである．そのため，陸上での使用が数十年前に禁止になった疎水性の化学物質がいまだに水中や水中に棲息する生物から検出される．堆積物が使用禁止となった化学物質の二次的な汚染源となり現在でも汚染が進行している状態はレガシー汚染(legacy pollution)とよばれる(図2.8)．昔，使用していたものが堆積物にたまっており，それが負荷源となっているのである．攪乱を受ける堆積層の厚さ(深さ)は攪乱の強度により変動するが，一般的には都市沿岸域では表層30 cm 程度は攪乱を受ける．すなわち表層30 cm 程度の堆積物は二次的な汚染源となる．図2.5で先進工業化国の沿岸域で高濃度のPCBが観測されるのは，レガシー汚染の端的な例である．行政がまとめている東京湾のスズキの体内の濃度は，1980年代から2000年代にかけて大きな減少は認められない(図2.9)．これもレガシー汚染によるものと考えられる．また，東京湾に生息する二枚貝(ムール貝)を用いたモニタリングの結果も，PCB濃度は全般には下がっているが，2000年代から現在までは減少がみられず，汚染のレベルがある一定のところからなかなか下がっていない(図12.3)．ここではPCBを例にレガシー汚染を紹介してきたが，レガシー汚染は過去に水域に負荷され，その後使用禁止となった疎水性の汚染物質全般に起こっている現象である．

PCBは，レガシー汚染により，いまだに先進工業化国沿岸域中心に高い濃度

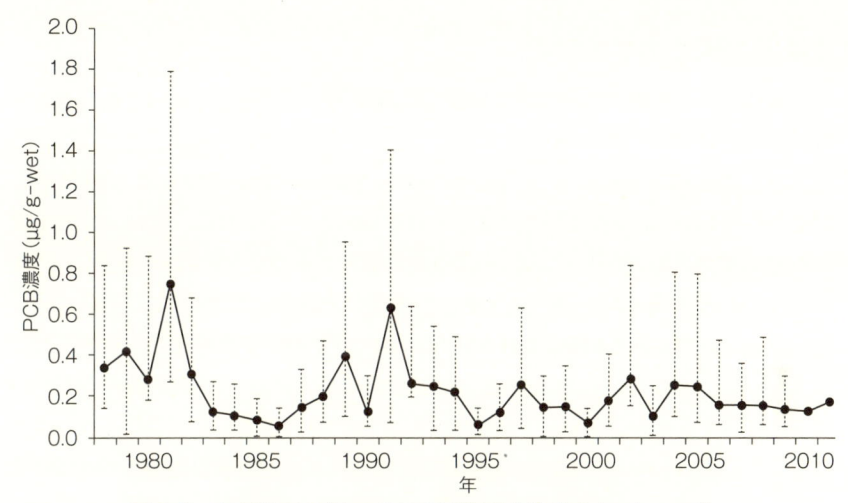

図 2.9　東京湾のスズキ中の PCB 濃度の経年変化（μg/g-wet）
環境省，"化学物質と環境"平成 8 年度版～平成 25 年度版をもとに作成．

で検出されている．では，PCB の発生源は，すべてがレガシー汚染で説明できるのだろうか？　図 2.5 を改めて見ると，レガシー汚染だけでは説明できない地点があることにお気づきだろうか．たとえば，ガーナは農業国で近年工業活動がさかんになってきた国であるが，人間活動が少ない地域（太平洋やインド洋の離島）と比べて高い PCB 濃度が検出されている[9]．ガーナ自体は PCB を自国で使用した履歴のない国である．同様に，インドは現在でこそ工業が活発だが，PCB が合法的に生産されていた 1960 年代は工業が活発ではなく，こちらも PCB 生産・使用の履歴のない国である．フィリピンも高い PCB 濃度であるが[10]，やはり PCB の使用履歴はない．これらの発展途上国の PCB の汚染源は，やはり先進工業化国にある．しかし，それは大気や海を経由してではなく，先進工業化国から輸入した機械を介した輸送の可能性が高い．現在，e-waste という電気・電子機器の廃棄物による問題が発生している．発展途上国では，先進工業化国で廃棄物となった電子電気機器が輸出され，そこから有価物を取り出す作業が行われている．有価物が取り出せない製品は，焼却されたり，埋め立てられている．こうした過程で PCB や重金属が環境中に広がっていく．これらの仕事に従事している作業者や周辺住民への健康被害とともに，当然その周辺環境が汚染されていることが問題となっているのである．

2.4.3 PCBの生物増幅

疎水性の高い汚染物質の環境動態として堆積物への蓄積とそれが二次的な汚染源になる点について前節で述べてきた．疎水性の汚染物質に共通するもう一つの現象は生物濃縮である．ここでは，PCBの生物増幅について詳しくみてみよう．図2.10では，窒素の安定同位体比(δ^{15}N)を横軸にとっており，縦軸には各生物のPCB濃度をプロットしている[11]．食物連鎖中の栄養段階を決定する指標として，δ^{15}Nを用いて栄養段階を調べる手法が生態学の分野でしばしば用いられている．重い窒素同位体(^{15}N)は食物連鎖を通して高次の生物ほど濃縮されてその割合が高くなっていくため，その生物の^{15}Nの割合(δ^{15}N)が大きいと食物連鎖の高い位置にいることを意味するのである．実際に，この研究で用いた二枚貝，カニ，魚などさまざまな沿岸の生物では，濾過でプランクトンや有機物を濾して採餌している二枚貝よりも，肉食のカニや魚などの生物のほうがδ^{15}Nの値が大きくなっている．ハゼやカニのPCB濃度は窒素の安定同位体比が大きくなるにつれ上がっていることから，明らかに食物連鎖の中でPCB濃度の増幅が起こっていることがわかる．また，同じPCBのなかでも同族異性体ごとに比べると，塩素の数が増えるにつれて，すなわち$K_{\rm OW}$が大きくなるほど，傾きが大きくなり生物増幅

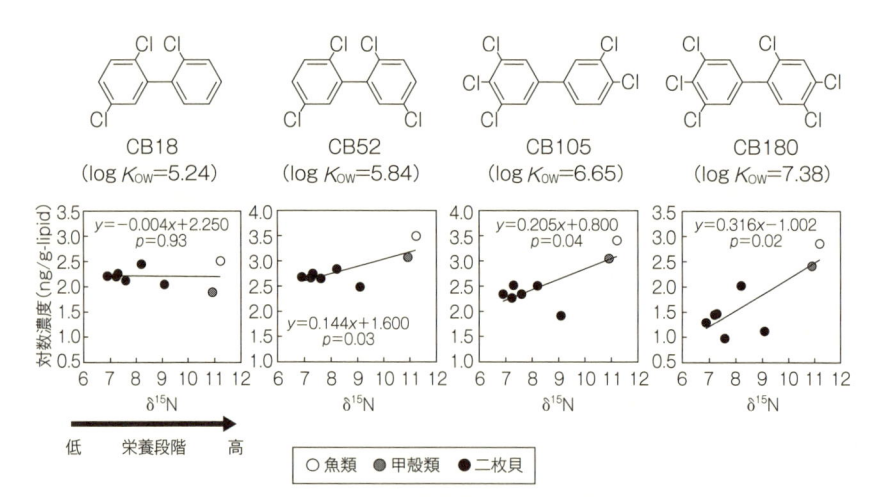

図 2.10 PCBの同族異性体と生物増幅の関係
横軸は窒素安定同位体比，縦軸はPCB濃度．
I. Takeuchi *et al., Mar. Pollut. Bull.*, **58**, 663 (2009) をもとに作成.

が起こりやすくなっていることがわかる．1章では，K_{OW}が増加すると脂質から排出されにくいという説を紹介したが，それとは別に，分子のサイズに注目した解釈もある．PCBの塩素数が増えると疎水性が増すだけではなく，分子の大きさも増す．それによって媒体の中での移動性が低下するという考え方もある．K_{OW}で考えるか，分子のサイズや形で考えるかは議論の余地があるが，どの同族異性体も窒素安定同位体比と正の相関関係をもっていることからPCBが食物連鎖を通した生物濃縮をすることは示されており，そして，塩素数が大きくなるほど生物増幅をしやすくなるということは事実として確認されている．

2.4.4 大気経由の輸送

ここからは大気経由の輸送について述べる．図2.11は米国のある都市で観測されたPCBの気相に存在するものと粒子相に存在するものの割合を示したものである[12]．横軸はPCBのIUPAC No.であり，小さい番号は塩素数が少なく，大きいものは塩素数が多い．この図では塩素数3～7までが示されている．塩素数が多くなると，分子量も多くなるため，その分蒸気圧は小さくなり揮発しにくくなる．そのため，粒子吸着態として存在している割合が相対的に大きい．一方，

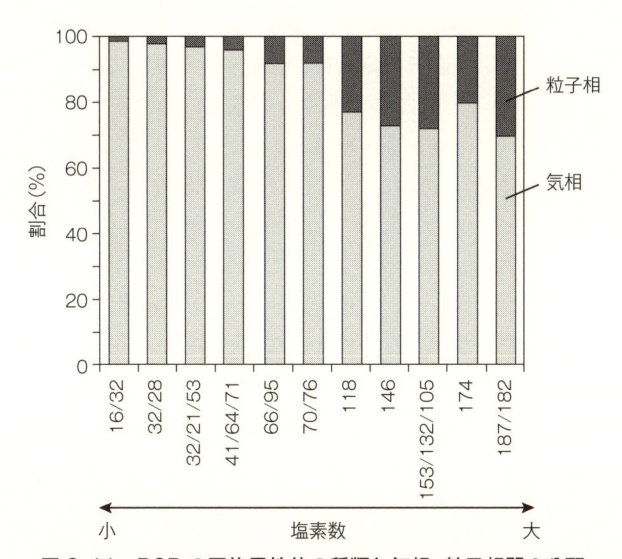

図2.11 PCBの同族異性体の種類と気相-粒子相間の分配
D. L. Poster and J. E. Baker, *Environ. Sci. Technol.*, **30**, 341 (1996) をもとに作成．

塩素数が少ない PCB はほとんどが揮発して気相に存在している．このような塩素数による蒸気圧の違いが，PCB の大気輸送には重要になってくる．同様の関係は多くの物質について認められ，蒸気圧が小さい化合物は大気中で粒子に吸着して存在し，蒸気圧が大きい化合物は大気中で揮発して気相に存在している．図 1.6 において，クロロホルムのような蒸気圧が 25,000 Pa 程度と大気圧に近い物質が気体として存在していることは想像がたやすいが，蒸気圧が 10^{-3} 程度の低塩素の PCB も揮発しやすく気体として存在している割合が高いのである．

　大気中での PCB の分配平衡は，晴れているときは大気と粒子の 2 相間での分配だが，雨が降るとより複雑になる．まず，エアロゾルは晴天時に大気中を漂っている間にだんだんと沈降（乾性沈着）していく性質をもっているが，雨が降るとエアロゾルは雨とともに沈降（湿性沈着）して地表や水面への輸送が促進される（wash out）．また，雨でも気相と粒子の分配は起こるが，さらに雨粒と気相の分配も起こる．この分配はヘンリー定数で支配される分配である．

　これに温度の変化が加わるとどうなるだろうか．それを考えるためにはまず，分配が温度にどのように依存しているかを理解する必要がある．気温が高いと PCB は揮発しやすくなる．つまり，気相へ多く分配する．一方，気温が低いときは粒子相への分配が多く，気相への分配が少なくなる．水と気相の分配についても同様の温度依存性があり，ヘンリー定数は温度が高いほうが大きくなる．気温が高いと水に溶けているよりも気相に分配しやすくなってくる．一方，気温が低いときは，水と気相の分配は水に偏る．地球上における「温度が高い」場所とは，緯度の低い熱帯地域，夏の温帯地域である．また，同じ緯度でも高度が低いと温度は高くなる．逆に「温度が低い」場所は，高緯度地域，冬の温帯地域，高度の高い地域などがある．こうした気温のちがいによって，分配が変わってくる．概論で示した global distillation が生じるのはこのような理由による．揮発性の高い HCH は気温の高いところでは分配が気相のほうに偏るので大気層に多く物質が分配される．全体の大気の流れで物質が極域に運ばれると，気温が下がり分配が水層に偏るため，結果的に極域のような高緯度域の海水中での HCH 濃度が高くなるのである．ただし，同じような現象がすべての物質について起こるわけではないことが重要である．global distillation が起こるのは HCH のような一部の物質についてであり，ほかの物質については蒸気圧に支配されてまた別の動き方をする．HCH よりも蒸気圧が大きい物質は，気温が下がっても分配が粒子や水に偏らずつねに気相に分配するため，大気を通して地球上に広く存在することにな

る．一方，HCH よりも蒸気圧が少し低い物質は，ある程度は移動するが極域まで行かず中緯度域で沈着し，水中の濃度が高くなっていく．さらに蒸気圧の低い物質，たとえば高塩素の PCB やダイオキシン類は分配が粒子に偏る．そのため，遠くまで拡散せずに発生源の近くに沈着をしやすい．このように，蒸気圧に依存して，どこで高濃度になるか，発生源からどれくらい遠くまで運ばれるか，も異なってくるのである（表 1.2）．

ここまで来ると，この章の最初に登場した「高山の湖沼に棲む魚の PCB」の問いの答えがそろそろみえてくるのではないだろうか．まずは，高い山での水や水のもととなる雪の濃度をみてみよう．高い山に PCB が運ばれるメカニズムは，これまでの説明でいいだろう．PCB のかなりの部分は気相にも分配しているので（図 2.11），大気に乗って遠くまで運ばれていく．長距離輸送の結果，PCB 使用域と離れたハワイやココス諸島でも PCB が検出されている（図 2.5）．そして輸送された先で気温が下がると水に溶け込んだり粒子に吸着して沈降する．最近の論文で，ヨーロッパのアルプスの異なる標高の雪の PCB を調べたところ，標高が高いほど年間の PCB 沈着量が多いという結果も発表されている[13]．標高が高いほど，気温が低くなり気–液の分配は水に偏り，結果として雪中 PCB 濃度は標高が高いほど高くなり，年間の PCB 沈着量も標高が高いほど多くなっているのである．雪に溶け込んだり粒子に吸着したりした PCB はやがては湖水に流れ込む．湖水に入ってくる水の濃度が高ければ，そこに生息する魚への分配はどうなっていくだろうか．図 2.12 はヨーロッパの山岳湖沼に生息する PCB153 濃度と標高の関係を示した図である[14]．横軸が標高，縦軸に PCB の濃度が対数軸

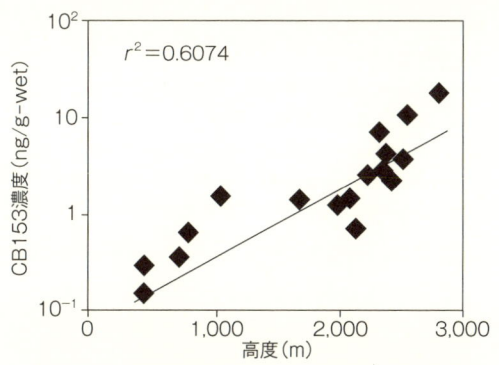

図 2.12　魚組織中の CB153 濃度と高度の関係
J. O. Grimalt *et al*., *Environ. Sci. Technol*., **35**, 2693（2001）．

で示されている．魚を捕まえた湖沼の高度が高いほど，PCB濃度が高くなっていることが読み取れるであろう．こうして，山岳湖沼に生息する魚中のPCB濃度も，その高度が高いほど高くなっていくのである．

　なぜ高山の湖沼に棲む魚のPCBの濃度が高いのか――？　ようやくその問いの答えにたどり着くことができた．気温に依存した水相と気相の分配が起こると，最終的に気温の低いところでは水にPCBの分配が偏る．水と生物の間でPCBが分配する，すなわち生物濃縮が起こるため，結果として高い山に棲む魚ほどPCB濃度が高くなるという現象が観測されるのである．この場合でも，もちろん物質によって濃縮の程度は異なってくるが，代表的な物質について考えると非常によい関係が得られているのである．

引用文献

1) UNEP, Stockholm Convention　http://chm.pops.int/default.aspx
2) 化学物質の審査及び製造等の規制に関する法律
http://www.env.go.jp/chemi/kagaku/kashinkaisei.html
3) R. Carson, "Silent Spring", Houghton Mifflin (1962)；邦訳：青樹簗一 訳, "沈黙の春", 新潮社 (1974).
4) K. Breivik *et al.*, *Environ. Sci. Technol.*, **45**, 9154 (2011).
5) 東京都立衛生研究所, "内分泌かく乱作用が疑われる化学物質の生体影響データ集" (1999).
http://www.tokyo-eiken.go.jp/assets/edcs/Edcs_data.pdf
6) 黒田洋一郎, 科学, **11**, 1234 (2003).
7) 山口友加ほか, 地球化学, **34**, 41 (2000).
8) 真田幸尚ほか, 地球科学, **33**, 123 (1999).
9) J. Hosoda *et al.*, *Mar. Pollut. Bull.*, **1-2**, 575 (2014).
10) C. S. Kwan *et al.*, *Mar. Pollut. Bull.*, **470-471**, 427 (2014).
11) I. Takeuchi *et al.*, *Mar. Pollut. Bull.*, **58**, 663 (2009).
12) D. L. Poster and J. E. Baker, *Environ. Sci. Technol.*, **30**, 341 (1996).
13) L. Arellano *et al.*, *Environ. Sci. Technol.*, **45**, 9268 (2011).
14) J. O. Grimalt *et al.*, *Environ. Sci. Technol.*, **35**, 2690 (2001).

3

ダイオキシン類

　ダイオキシンという言葉は，日常でも耳にしたことのある方が多いだろう．その分類としては，これまで述べてきたPCBや有機塩素系農薬と同様に，有機塩素系化合物に含まれる．しかし，ダイオキシンの毒性や発生源に関しては，PCBや有機塩素系農薬とは異なる部分がある．本章では，有機塩素化合物の一部であるダイオキシンについて，構造，毒性，発生源，物理化学的性質と環境動態のほかに，行政の対応として負荷量削減についての取り組みとどのような効果が上がっているか，そしてまだ残っている問題について述べる．

3.1　構　　造

　ダイオキシンは，正確には「ダイオキシン類(dioxins)」とよび，大きく分けて三つの化合物群で構成されている．それぞれ，ポリ塩化ジベンゾ-p-ダイオキシン(polychlorinated dibenzo-p-dioxin：PCDD)，ポリ塩化ジベンゾフラン(polychlorinated dibenzofuran：PCDF)，そしてコプラナーPCB(coplanar PCB：Co-PCB)である．PCDDは狭い意味でのダイオキシンであるが，PCDFもまとめてダイオキシンとよぶことが多い．さらに広い意味になると，Co-PCBもダイオキシンに含まれる．本書では，PCDDとPCDFの総称をダイオキシン，さらにCo-PCBも含めたものをダイオキシン類と定義する．

　PCDDの中心には，六員環1,4-シクロヘキサジエンの対角の炭素が2個酸素

に置き換わった 1,4-ジオキシンがある．そのジオキシンの両側にベンゼン環が 2 個，そしてそのベンゼン環のまわりには 1～8 個の塩素がついている（図 3.1(a)）．PCB 同様，塩素の数と置換位置によって 75 種類の同族異性体が存在する．一般的に毒性が強いといわれるダイオキシン類は塩素数の多いものだが，定義上は塩素数 1 個のものもダイオキシン類である．図 3.1(b) はダイオキシン類のなかでもっとも毒性の強い 2,3,7,8-TCDD である．詳しくは後述するが，ダイオキシン類の毒性を評価する際にはこの 2,3,7,8-TCDD の毒性を基準にする．

　PCDF は PCDD の中心部がジオキシンではなくフランとよばれる五員環構造となった化合物である（図 3.1(c)）．フランとはシクロペンタジエンの一つの炭素が酸素に置き換わったものである．PCDF も塩素の数・位置の異なる同族異性体が存在するが，PCDD と違って上下が対称になっていないため，その数は 135 種類と PCDD よりも多い．

　Co-PCB は，前章で述べた PCB の同族異性体の一種である．図 3.2(a)～(c) に Co-PCB の例として，CB77(3,3′,4,4′-テトラクロロビフェニル)，CB126(3,3′,4,4′,5-ペンタクロロビフェニル)，CB169(3,3′,4,4′,5,5′-ヘキサクロロビフェニル) を示した．図 2.4 の PCB の構造式において，ベンゼン環の接合部を 1 位としたとき，その両隣の 2 位および 6 位をオルト位，さらに隣の 3 位および 5 位をメタ位，反対側の置換位置である 4 位をパラ位とよぶ．Co-PCB は図 3.2(a)～(c) のようにオルト位の塩素数が 0 個または 1 個の同族異性体で，PCDD や PCDF のような平面構造をとるものが該当する．図 3.2(d) に Co-PCB でない同族異性体の例として，環境試料中に多く含まれる CB153(2,2′,4,4′,5,5′-ヘキサクロロビフェニル) を示した．ただ構造式を書いただけだと CB169 も CB153 も平面にみえる．しかし CB153 はオルト位に 2 個の塩素をもっているため，2 個のベンゼン環が同一平面上に並んだ場合は隣接する電子雲同士が反発してしまう．この状態は不安定なため，CB153 の左右のベンゼン環を結ぶ単結合が回転することによって電子

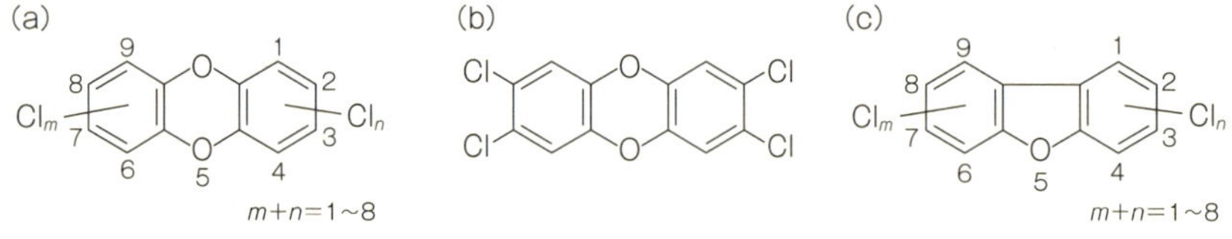

図 3.1　ダイオキシンの構造
(a) ポリ塩化ジベンゾ-p-ジオキシン，(b) 2,3,7,8-テトラクロロジベンゾ-p-ジオキシン，(c) ポリ塩化ジベンゾフラン．

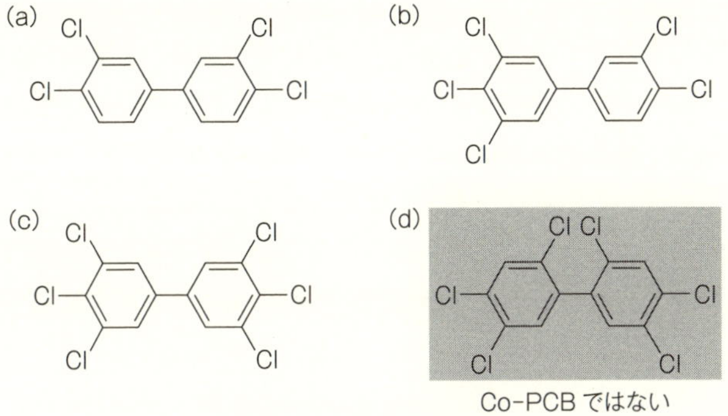

図 3.2　Co-PCB の例
(a) 3,3',4,4'-テトラクロロビフェニル(CB77), (b) 3,3',4,4',5-ペンタクロロビフェニル(CB126), (c) 3,3',4,4',5,5'-ヘキサクロロビフェニル(CB169), (d) 2,2',4,4',5,5'-ヘキサクロロビフェニル(CB153).

雲同士を遠ざけて安定な状態になろうとする．その結果，一つのベンゼン環に対してもう一つのベンゼン環が直交した構造になるのである．一方，Co-PCB であるCB169 はこのような電子雲同士の反発が起こらないため平面構造がエネルギー的にもっとも安定な状態となっているのだ．

では，なぜダイオキシン類にとって平面構造が重要なのであろうか？　それは，平面構造が生体内の毒性発現の鍵となっているからである．PCDD や PCDF はジオキシンやフランの構造自体が平面なため，PCB のような回転は起こらずすべての同族異性体が平面構造をとる．このような PCDD や PCDF と同様の毒性が平面構造をもつ Co-PCB では発現するため，Co-PCB もダイオキシン類に含まれるのである．PCB の 209 の同族異性体のうちでオルト位の塩素の数が 0〜2 個のもので，平面構造をとり，2,3,7,8-TCDD と同様の機序で毒性を発現するとされる 12 種が Co-PCB と分類される．

3.2　毒　性

前節で平面構造がダイオキシン類の毒性の鍵であると述べたが，ここで，毒性発現のメカニズムをもう少し詳しくみてみよう(図 3.3)．ダイオキシン類が血液から細胞内に入ると，芳香族炭化水素受容体(aryl hydrocarbon receptor：AhR)というタンパク質に結合する．ダイオキシン類と結合した AhR は核内に入ることができるようになる．核内に入った AhR は，ARNT(AhR nuclear transporter)とヘ

テロ二量体を形成し，DNA 上の XRE（xenobiotic responsive element）に結合することで転写活性化を促進する．その結果，代謝酵素の誘導，細胞分裂の変化，細胞の分化などの変化が起こりさまざまな影響が出てくる．AhR は平面構造をもっている化学物質と結合能が高いために，ダイオキシン類と結合しやすい．つまり，平面構造をもっている化合物が毒性を発現させるのである．

では，実際にどのような毒性があるのだろうか．ダイオキシン類の毒性は青酸カリよりも強いといわれることがあるが，それはあくまでも急性毒性を考えたときの話である．現実的にはダイオキシン類が急性毒性を生じる濃度で環境中に存在することはほとんどなく，実際に起こり得るのは慢性毒性やほかの影響と組み合わさって発生する毒性，つまり長期的にみたときに起こる毒性である．長期的な毒性は疫学調査や動物実験によって調べられている．ヒトの疫学調査では，発癌性，塩素挫瘡において，曝露量と影響に関連が認められている[1]．動物試験では，生殖発生毒性（ラットにて精子数の減少・雌の生殖器形態異常・甲状腺ホルモン濃度の変化，アカゲザルで神経発生毒性），発癌性（ラットにて肺癌，舌癌，肝臓癌や腺腫），免疫力の低下（ラットにて脾臓や胸腺の相対重量変化）が示されている[1]．

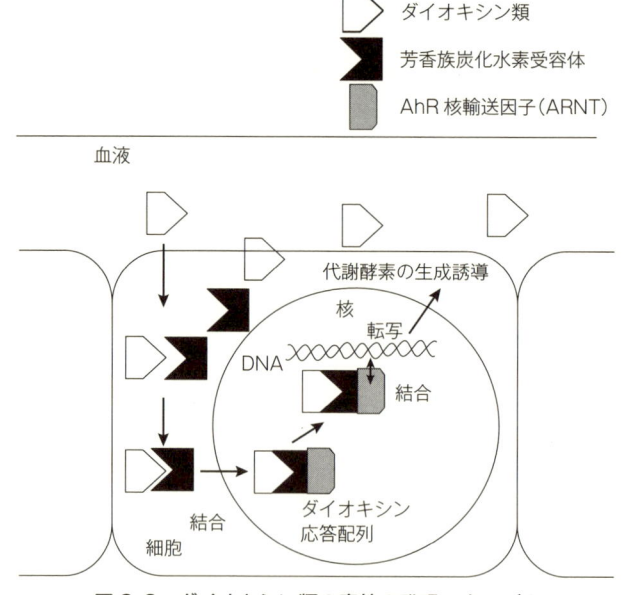

図 3.3 ダイオキシン類の毒性の発現メカニズム

A. E. M. Vickers, T. C. Sloop and G. W. Lucier, *Environ. Health Perspect.*, **59**, 125 (1985) をもとに作成.

免疫に関しては，甲状腺ホルモンやビタミンAに対する内分泌攪乱作用も関係していると考えられている[2]．免疫力の低下は，それだけで生物に何かが起こるわけではないが，免疫力が低下することによって通常の免疫力があれば感染しない細菌やウイルスに感染しやすくなる．例として，1988年に北海沿岸でアザラシが大量死した事例をあげよう．北海はドイツ・フランス・英国などのヨーロッパの先進工業化国に面した海であり，化学物質による汚染の報告例も多い地域である．結論からいうと，このアザラシの大量死の原因は，アザラシジステンパーウイルスによる感染症であった．そして，その原因としてダイオキシン類による免疫力低下があげられた．死亡したアザラシ中のダイオキシン類濃度は，生存個体と比べて有意に高かったためである[3]．アザラシに汚染された海域で摂取された魚を与えたところ，免疫を維持する血中ビタミンA濃度が下がる傾向も報告されている[4]．アザラシに限らず，ヒトも同様の免疫系をもっているためダイオキシン類はヒトの免疫力の低下にも関与している可能性もある．

　ダイオキシン類のように複数の化合物が同じ作用機序をもつ場合，化合物ごとの毒性を相対的に比較して定量的に表す必要がある．そのために，毒性等価係数（toxicity equivalency factor：TEF）を用いて各化合物の毒性の評価を行っている．ダイオキシン類の場合は，もっとも毒性の強い2,3,7,8-TCDDを1.0としたときのほかのダイオキシン類の毒性がいくつになるかを数値化したものであり，世界保健機関（WHO）によって定められている（表3.1）．TEFは毒性試験の結果によって更新されていく．たとえば，最初に1998年にWHOが決定・公表した1,2,3,7,8-PeCDFのTEFは0.05であったが，2007年に改定した際には0.03に変更されている．逆に，1,2,3,4,6,7,8,9-OCDDや1,2,3,4,6,7,8,9-OCDFのようにTEFが大きくなるように訂正される例もある．表3.1に示すTEFはヒトに対する毒性であり，マウス，鳥，魚等，生物種によって異なってくる．もちろん，PCDD，PCDFだけではなく，Co-PCBについてもTEFが決められている．

　毒性試験は単一の化合物について行うが，実際の環境中では複数の化合物が一緒に存在するものをまとめて評価する必要がある．その時に用いるのが毒性等量（toxic equivalent：TEQ）である．たとえば，魚1gの中に2,3,7,8-TCDDが0.1pg，1,2,3,4,7,8-HxCDDが15pg，2,3,4,7,8-PeCDFが10pg含まれていたとする．この魚にはどれくらいの毒性があるのだろうか？　それを求めるためには，まず，各化合物の毒性をTEFを使って2,3,7,8-TCDDの毒性に換算する必要がある．2,3,7,8-TCDDの毒性に換算した各化合物の毒性がTEQである．ここで例にあげ

表3.1 ダイオキシン毒性等価係数(TEF)

		WHO-1998 TEF	WHO-2006 TEF
PCDD	2,3,7,8-TCDD	1	1
	1,2,3,7,8-PeCDD	1	1
	1,2,3,4,7,8-HxCDD	0.1	0.1
	1,2,3,6,7,8-HxCDD	0.1	0.1
	1,2,3,7,8,9-HxCDD	0.1	0.1
	1,2,3,4,6,7,8-HpCDD	0.01	0.01
	1,2,3,4,6,7,8,9-OCDD	0.0001	**0.0003**
PCDF	2,3,7,8-TCDF	0.1	0.1
	1,2,3,7,8-PeCDF	0.05	**0.03**
	2,3,4,7,8-PeCDF	0.5	**0.3**
	1,2,3,4,7,8-HxCDF	0.1	0.1
	1,2,3,6,7,8-HxCDF	0.1	0.1
	1,2,3,7,8,9-HxCDF	0.1	0.1
	2,3,4,6,7,8-HxCDF	0.1	0.1
	1,2,3,4,6,7,8-HpCDF	0.01	0.01
	1,2,3,4,7,8,9-HpCDF	0.01	0.01
	1,2,3,4,6,7,8,9-OCDF	0.0001	**0.0003**
Co-PCB (non-ortho)	3,4,4',5-TCB	0.0001	**0.000 03**
	3,3',4,4'-TCB	0.0001	0.0001
	3,3',4,4',5-PeCB	0.1	0.1
	3,3',4,4',5,5'-HxCB	0.01	**0.03**
mono-ortho PCB (mono-ortho)	2',3,4,4',5-PeCB	0.0001	**0.000 03**
	2,3',4,4',5-PeCB	0.0001	**0.000 03**
	2,3,3',4,4'-PeCB	0.0001	**0.000 03**
	2,3,4,4',5-PeCB	0.0005	**0.000 03**
	2,3',4,4',5,5'-HxCB	0.000 01	**0.000 03**
	2,3,3',4,4',5-HxCB	0.0005	**0.000 03**
	2,3,3',4,4',5'-HxCB	0.0005	**0.000 03**
	2,3,3',4,4',5,5'-HpCB	0.0001	**0.000 03**

太字は変更があった TEF.
M. Van den Berg et al., *Environ. Health Perspect.*, **106**, 775(1998); M. Van den Berg et al., *Toxicol. Sci.*, **93**, 223(2006)をもとに作成.

た三つの化合物の毒性等量は以下のように計算される.

2,3,7,8-TCDD	0.1 pg × 1.0 = 0.1 pg-TEQ/g
1,2,3,4,7,8-HxCDD	15 pg × 0.1 = 1.5 pg-TEQ/g
2,3,4,7,8-PeCDF	10 pg × 0.3 = 3.0 pg-TEQ/g

これらを合計すると 4.6 pg-TEQ/g となり,これがこの魚1gに含まれるダイオキシン類の毒性である.ここでは「化合物の毒性は相加的に起こる」という仮定がおかれている.つまり,1+1=2 となり,相乗的(1+1 が 2 以上)あるいは相殺

的(1+1が2未満)にはならないということを仮定している．このように，TEF や TEQ を用いることによって，媒体のもつ毒性の総量を評価できるようになる．TEF はダイオキシン類に限らず，ほかの化合物の毒性評価においても用いられている．以後，本書の中でダイオキシンの毒性が出てくる場合は，とくに断りがない限り，毒性等量に換算したものである．

3.3 発 生 源

PCB については 1 章ですでに記述しているので，ここではまず，狭義のダイオキシン(PCDD，PCDF)について述べる．

ダイオキシンのおもな発生源として以下の三つがあげられる．

(1) 工業的な製品に含まれる不純物
(2) 工業的な過程で発生するもの
(3) 燃焼によって生成するもの

この三つの分類を細かくみていくことにしよう．

(1)の工業的な製品に含まれる不純物として代表的なものとして，枯葉剤がある．Agent Orange とよばれるオレンジ色の液体の枯葉剤の主成分は，2,4-ジクロロフェノキシ酢酸(2,4-dichlorophenoxyacetic acid：2,4-D，図 3.4(a))や 2,4,5-トリクロロフェノキシ酢酸(2,4,5-trichlorophenoxyacetic acid：2,4,5-T，図 3.4(b))である．酢酸にフェノキシ基が結合しており，そのフェノキシ基のベンゼン環のまわりに塩素が 2 個または 3 個置換しているものである．2,4-D や 2,4,5-T は，酸素，塩素，ベンゼン環をその構造に含んでいるので，これらの成分が合成の過程で加熱されることにより，ダイオキシンが副生していたのである．枯葉剤は，商業的な使用もあったがむしろ，米軍がベトナムを侵略したときにゲリラが潜む草を枯らすために散布したものとして有名である．その枯葉剤に不純物として含まれていたダイオキシンによる影響として，枯葉剤が散布された地域では散布前よりも後のほうが新生児の流産や奇形児の発生率が高くなっている[5]．

2,4-D や 2,4,5-T のほかにも酸素，塩素，ベンゼン環をその構造に含んでいる化学物質は存在する．たとえば，1985 年まで日本でも使用されていた 2,3,4,5,6-ペンタクロロフェノール(pentachlorophenol：PCP，図 3.4(c))や 1996 年まで使用されていたクロルニトロフェン(4-nitrophenyl 2,4,6-trichlorophenylether：CNP,

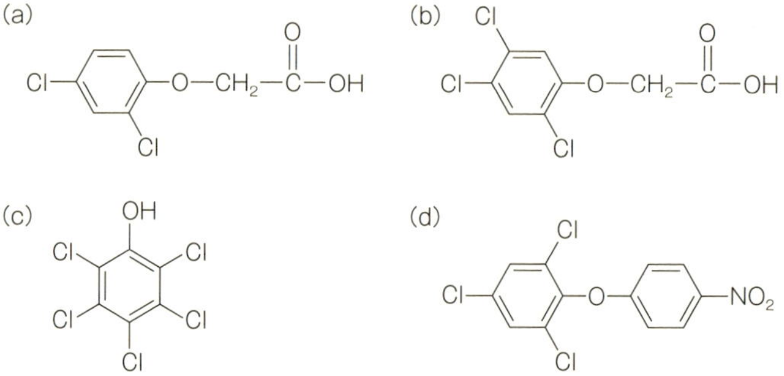

図3.4 ダイオキシンの前駆物質
(a)2,4-ジクロロフェノキシ酢酸, (b)2,4,5-トリクロロフェノキシ酢酸, (c)2,3,4,5,6-ペンタクロロフェノール, (d)クロルニトロフェン

図3.4(d))などである．これらは水田にまく除草剤だが，その中にはダイオキシンが含まれており，使用は禁止されたものの保管されているものもまだ存在している可能性がある．東京湾の堆積物中のダイオキシンにもこれらの農薬由来のものが含まれていることが明らかにされている．

(2)の工業的な過程で発生するダイオキシンの例として，紙パルプ工場における漂白の過程で発生するものがある．紙パルプ工場では，木材のチップを融解し洗浄したものを未晒パルプ，未晒パルプに脱リグニン処理や漂白を行ったものを晒パルプとよんでいる．未晒パルプに含まれるリグニン(ベンゼン環が酸素を含む官能基で架橋されている天然高分子)が塩素で漂白されるとき，反応条件を適切に設定しないとダイオキシンが発生してしまう．ただし，近年では塩素などのハロゲンは使わないようにしたり，反応条件を適切にする等の対応により，日本での発生量は減ってきている．

三つ目に，燃焼によって生成するものである．主要なダイオキシンの生成機構として，デノボ生成機構がある．これは，炭素と無機の塩素に触媒がある状態で加熱されると，PCDDやPCDF, PCBが生成するという反応機構である．ここで触媒の作用をする物質として，銅やコバルト，灰(電気集塵機による捕集灰)がある．一方，アルカリ金属やアルカリ土類金属，鉄，ニッケル，亜鉛，マンガン，水銀，カドミウム，スズ，鉛などには触媒作用は認められていない．このときの燃焼の温度も重要な条件の一つである．有機物が燃焼するとき，800℃以上の高温の場合は二酸化炭素と水になるが，低い温度で燃焼するとダイオキシンが発生する．300℃付近での燃焼のとき，ダイオキシンの生成が最大となる．また，酸素

の供給量も重要であり，供給が十分であれば二酸化炭素と水になるが，低酸素だと不完全燃焼となり，これもダイオキシンが発生しやすい条件となる．喫煙によるダイオキシンの摂取が報告されているが，これも低酸素条件下だとダイオキシンの発生量が多くなるためである．また，塩素は普遍的な物質であるが，塩素イオンとして存在しているよりも，共有結合性の塩素のほうがダイオキシンを発生しやすい．

　燃焼条件によってダイオキシンの生成量がどのように異なるかを調べた実験結果を紹介する[6]．図3.5は，1gの石炭を燃やしたときにダイオキシンがどれくらい生成するかを示した図である．対照区としてただ石炭を燃やした系，実験区として石炭燃焼時に食塩，塩化水素，塩素ガスをそれぞれ塩素源とし添加した場合を比べている．燃え殻とガスの両方について調べている．塩素源が食塩の場合，燃え殻中のダイオキシン生成量は対照区と比べてわずかに増加した．塩化水素を添加した実験区では，食塩を加えた実験区と比較して燃え殻では30倍以上，ガスでは5倍以上の増加量となった．塩素ガスを塩素源とした実験区では，燃え殻中のダイオキシン量は塩化水素と同程度であったが，ガスでは30倍近くの生成量となった．最近は社会的な認識も高まっているので焚き火の中にプラスチック製品を入れることもないが，焚き火の中にプラスチックが入ってしまったときの刺激臭を覚えている人もいるかもしれない．これは，ポリ塩化ビニル(塩ビ)が燃焼して，塩素ガスが発生したことを意味している．このような場合には，塩素ガスの共存下で有機物が燃焼し，ダイオキシンが発生しやすい．別の実験例として，割り箸と塩ビ製ラップを一緒に燃焼させると，割り箸だけを燃焼させたよりもダ

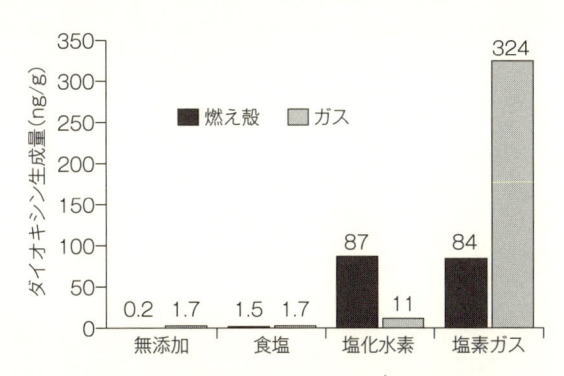

図3.5　燃焼条件とダイオキシン生成量の違い
N. H. Mahle and L. F. Whiting, *Chemosphere*, **9**, 693 (1980).

イオキシンの発生量が多いという報告もある[7]．発展途上国のゴミ処分場ではゴミが山のように積まれ，嫌気的な環境となりメタンガスが発生する．そのメタンガスが，日光や雷によって引火し燃焼する．ゴミ処分場には塩ビを含むプラスチック製品も多く存在しているので，このような場所ではダイオキシンが発生しやすい環境となってしまっている．

1990 年代における発生源別のダイオキシンの発生量を表 3.2 に示した[8]．排出係数とは，発生源 1 kg の燃焼または 1 km の走行から発生するダイオキシンの量を表したものである．たとえば，都市ゴミ 1 kg を燃焼した場合は 13 μg のダイオキシンが発生することになる．排出係数に，その発生源の年間の生産量を掛けるとその発生源からの 1 年間あたりのダイオキシンの排出量となる．国際的にダイオキシンの削減が取り組まれる以前は，世界全体で年間約 3,000 kg のダイオキシンが燃焼によって発生していた．そのうちの 3 分の 1 強がゴミの焼却によって発生しており，大きな発生源であることがわかる．では，当時の世界におけるゴミ焼却状況はどのようなものだったのであろうか．

表 3.3 は，1993 年前後の各国におけるゴミの発生量とゴミ焼却量，およびゴミ焼却施設数を比較したものである．米国は大量生産大量消費社会であるため，諸外国と比較してゴミ発生量が著しく多い．しかし，ゴミは焼却よりも埋め立てられていたので，焼却量でみると日本が世界一であった．ゴミ発生量に対する焼却量の割合は，日本において 76% である．この数字は，他国よりも著しく高い．

表 3.2 発生源ごとのダイオキシンの排出係数と大気への年間平均排出量

起源	ダイオキシンの排出係数 (μg/kg)	発生源の年間生成量 (10^9 kg/year)	ダイオキシンの排出量 (kg/year)	90% 信頼限界
都市ゴミの燃焼	13	87	1,130	±450
植物の燃焼	0.04	8,700	350	±140
製鉄	0.5	700	350	±140
セメント窯 (有害ゴミ燃焼時)	2.6	260	680	±280
セメント窯 (有害ゴミを含まないとき)	0.2	1,600	320	±130
銅の二次精錬	39	2	78	±31
医療廃棄物燃焼	22[*1]	4[*1]	84	±35
脱鉛化石燃料の燃焼	320[*2]	3,800[*2]	1	±0.4
含鉛化石燃料の燃焼	2,800[*2]	3,800[*2]	11	±5
合計			3,000	600

*1 排出係数と生成量は米国の値をもとに算出
*2 排出係数の単位は pg/km, 生成量の単位は 10^9 km/year
L. P. Brzuzy and R. A. Hites, *Environ. Sci. Technol.*, **30**, 1802 (1996) をもとに作成.

また，日本におけるゴミ焼却施設数も，1,714 カ所と他国より著しく多かった．この数は，国土の規模を考えると単位面積あたりのゴミ焼却施設の数は諸外国の数十〜数百倍にのぼる．規模が小さい焼却炉や，焼却できる量が少ない焼却炉が多く存在していたためである．このような焼却施設は，設備が整っていないものが多く，温度を高温に維持できない，酸素供給量が低いなどの問題点もあった．

このような背景を受けて，1999 年 7 月にダイオキシン類対策特別措置法が公布された．第一章第一条(目的)には，以下の文章が記されている．

「この法律は，ダイオキシン類が人の生命及び健康に重大な影響を与えるおそれがある物質であることにかんがみ，ダイオキシン類による環境の汚染の防止及びその除去等をするため，ダイオキシン類に関する施策の基本とすべき基準を定めるとともに，必要な規制，汚染土壌に係る措置等を定めることにより，国民の健康の保護を図ることを目的とする．」

日本ではダイオキシン類対策特別措置法の施行により，小規模な焼却施設を廃止し，大規模な焼却施設に統合したことにより，1998 年に 1,760 地点あったゴミ焼却施設は 2011 年には 1,096 地点にまで減少した[9]．図 3.6 に 1996 年から 2011 年にかけての国内のゴミの発生量，焼却量および焼却施設数の変化を示した．ゴミの発生量に対する焼却量は多いままだが，焼却施設の大規模化と施設の性能を向上させることにより，ダイオキシンの環境への排出量は大きく減少した．燃焼温度を 800 ℃以上に保ち，酸素を十分に供給することによりダイオキシンの生成を抑え，発生したダイオキシンはバグフィルターでトラップして環境へのダイオ

表 3.3　1990 年代の世界のゴミ焼却施設の数

国　名	面　積[*1] (km^2)	人　口[*2] (百万人)	一般廃棄物量[*3]		施設数[*4] (個)
			処分量総量 (千t)	焼却量 (千t)	
米　国	9,833,517	273	190,204	32,741　(1997年)	142　(1999年)
日　本	377,962	125	50,304	38,013　(1993年)	1,714　(1999年)
韓　国	100,188	46	18,223	995　(1996年)	18　(2000年)
フランス	551,500	60	20,800	10,352　(1995年)	249　(1998年)
ドイツ	357,137	81	36,976	6,429　(1993年)	100　(1998年)
イタリア	301,339	57	26,605	1,400　(1997年)	40　(1996年)
スペイン	505,992	39	15,307	705　(1996年)	12　(1998年)
英　国	242,495	58	26,000	2,200　(1996年)	212　(1995年)

*1　統計局ホームページより，2013 年における面積
*2　Google 統計より，*3 の年における人口
*3　環境省，"環境経済基礎情報"各国の一般廃棄物処分状況より
*4　環境省，"循環型社会白書 平成 17 年版"より

キシンの排出量を減少させている．図 3.7 に環境省が調査しているダイオキシン類の排出量の目録(排出インベントリ)の経年変化を示す[10]．国内におけるダイオキシン類の発生量は，調査をはじめた 1997 年では 2,3,7,8-TCDD 換算で年間 7,680 g-TEQ であった．そのうち，一般廃棄物(つまり家庭ゴミ)焼却施設からの発生量は 5,000 g-TEQ と，全体の排出量の 6 割以上にものぼっていた．また，産業廃棄物焼却施設からは 1,505 g-TEQ(全体の約 20%)であった．つまり，全体のダイオキシン類排出量の 8 割以上がゴミの焼却によって発生していたことになり，非常に大きな発生源となっていた．しかし，10 年後の 2007 年には家庭ゴミから

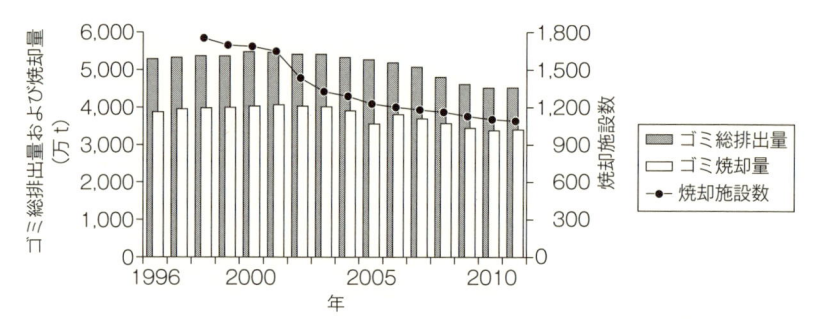

図 3.6　日本におけるゴミ排出量と焼却量および焼却施設数の推移
環境省，"一般廃棄物処理事業実態調査結果"(2005 年および 2011 年)をもとに作成．

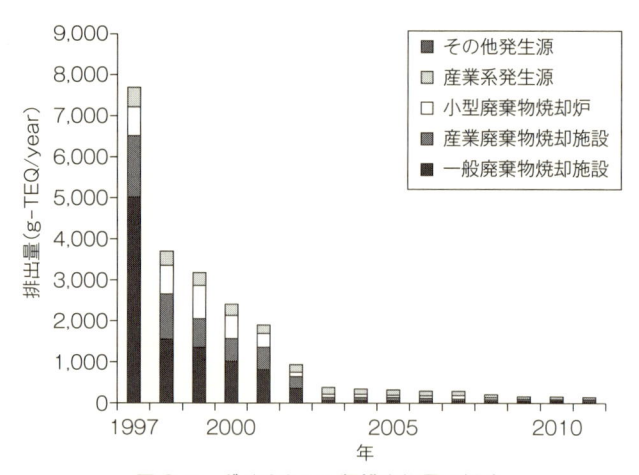

図 3.7　ダイオキシン類排出総量の推移
小型廃棄物焼却炉の値は，法規制対象の排出量と法規制対象外の排出量の最小値の合計値．
環境省，"ダイオキシン類の排出量の目録(排出インベントリー)"(平成 25 年 3 月)をもとに作成．

発生するダイオキシン類は，52 g-TEQ になった．10 年間で発生量は 99% 削減されたのである．
　これは，ダイオキシン類対策特別措置法の効果を端的に示している．しかし，ダイオキシン類の排出を抑えた高性能な焼却施設の建設・維持には膨大な費用がかかっている．例えば，人口数十万人分のゴミの焼却施設の建設には約 100 億円かかり，その寿命は約 30 年である．

3.4　環境動態

　発生したダイオキシンはどのように環境中を動き，そして人間の体内へと入っていくのであろうか．環境動態を考えるうえで重要なファクターからまずは考えてみよう．まずはオクタノール–水分配係数（図 1.9）をみてみよう．2,3,7,8-TCDD の log K_{ow} は 7 と，比較的高い部類に入る．つまり，粒子に吸着しやすく，生物濃縮もしやすい．最終的には人間へと入ってくる可能性の高い物質である．もう一つのファクターである揮発性であるが，ダイオキシンの蒸気圧は非常に低い．図 1.6 は 4 塩素のダイオキシンについて示してあるが，塩素数が増えるとこれよりもさらに蒸気圧は低くなる．ダイオキシンのなかで，もっとも毒性の強い 2,3,7,8-TCDD は 4 塩素のダイオキシンだが，それ以外の TEF が設定されている（毒性が確認されている）ダイオキシンも塩素数が 4 個以上のものである．つまり，TEF が設定されているダイオキシンは非常に揮発性が低い部類に入る．ダイオキシンは気相には存在しにくく，大気中でも大半がエアロゾルに吸着している．そのため，移動性が低く，発生源の近くで沈着しやすい．つまり，ゴミ焼却でダイオキシンが発生しても，気体として大気輸送されず近くに沈着するために，発生源の近くで問題が生じる．所沢周辺のゴミ焼却場が密集していた地域でダイオキシンが問題になったのはそのためである．
　ダイオキシンはこのような性質をもっているので，PCB や HCH とは動き方が異なってくる．ダイオキシンのおもな発生源はゴミ焼却・ゴミ焼却施設である．そこから粒子吸着態のダイオキシンは周辺に沈着し，それが雨に洗い流され，水路・河川を通って水域・海域に入り，沿岸域の堆積物に沈着していく．そして，そこに生息している底生生物へと濃縮されていく．また，堆積物中の粒子が攪乱されれば海水や海水中に再懸濁する可能性もあるだろう．これがダイオキシンの環境動態である．

3.5 曝露量

実際ヒトはどれくらいダイオキシン類に曝露されているだろうか．東京都福祉保健局では，そのデータを web で公開している[11]．データ元は，都内で売っている食品を実際に購入して調理した食品に含まれるダイオキシン類濃度，水道水中のダイオキシン類濃度，大気および土壌中のダイオキシン類濃度である．これらの結果から，体重(body weight：bw) 1 kg あたりのダイオキシン類摂取量を TEQ で示したものが表 3.4 である．まず，摂取経路別にみると，ダイオキシン類の摂取は食物が 98% を占めている．その割合は 1999 年から現在まで変化していない．ただし，その摂取量は減少している．1999 年は 2.04 pg-TEQ/kg・bw/day だった摂取量は，2012 年には 0.76 pg-TEQ/kg・bw/day であった(図 3.8)．世界保健機関(WHO)はダイオキシン類のヒトへの耐容一日摂取量(tolerable daily intake：TDI)を定めている．現在は最大 4 pg-TEQ/kg/day までとし，究極的に 1 pg-TEQ/kg/day 未満に低減していくこととしている[12]．ここ数年でこそ WHO が定める目標値である 1 pg-TEQ/kg・bw/day を下回るようになったが，WHO の目標値ギリギリのライ

表 3.4 都内における一般的な生活環境からのダイオキシン類曝露状況の推定 (2012 年)

		推定曝露量の平均値 (pg-TEQ/kg・bw/day)	
合　計		0.76	
内　訳	食物	0.75	(98%)
	水	0.00016	(0.02%)
	大気	0.0094	(1.2%)
	土壌	0.0047	(0.6%)

(　)内は，全曝露量に占める各経路別曝露量の割合を示す．(WHO-TEF(2006)を使用)
http://www.metro.tokyo.jp/INET/CHOUSA/2013/08/DATA/60n87101.pdf

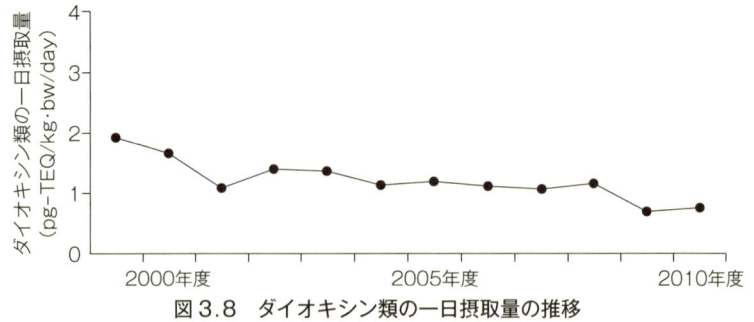

図 3.8 ダイオキシン類の一日摂取量の推移
東京都福祉保健局，"食事由来の化学物質等摂取量統計調査"(2012)．(WHO-TEF(2006)を使用)
http://www.metro.tokyo.jp/INET/CHOUSA/2013/08/DATA/60n87100.pdf

ンで我々は暮らしているのである.

では,ダイオキシン類の排出量は著しく減っている(図3.7)のに比べて,一日あたりの摂取量が排出量ほど大きく減少していないのはなぜだろうか.そのヒントは,摂取元である 0.76 pg-TEQ/kg・bw/day がどこから来ているか,という点にある.一般廃棄物の焼却施設からのダイオキシン類の排出量が減ったことにより,大気からの曝露は大いに減少した.しかし,摂取量の 98% は食べ物に由来している.では,食べ物のうち,ダイオキシン類は何に多く含まれているのだろうか.厚生労働省が行っている食品に含まれるダイオキシン類摂取状況調査は,食品を第1群から第14群に分類している.そのなかで,もっとも一日摂取量が多くなる食品群が魚介類,次に多いのが肉・卵類である(表3.5).1998年と2012年を比較すると,魚介類からの一日摂取量は減少しているものの,その寄与率は高いままである.ここで,ダイオキシン類の挙動を思い返してみよう.排出されたダイオキシン類は粒子に吸着して周囲に沈着し,その粒子はやがて海へ

表3.5 トータルダイエット(1〜14群)からのダイオキシン類一日摂取量

食品群	1998年		2012年	
	TDI (pg-TEQ/day)	割合 (%)	TDI (pg-TEQ/day)	割合 (%)
1群(米,米加工品)	0.07	0	0.00	0
2群(米以外の穀類,種実類,いも類)	1.60	2	0.03	0
3群(砂糖類,菓子類)	0.39	0	0.04	0
4群(油脂類)	0.25	0	0.02	0
5群(豆・豆加工品)	0.04	0	0.01	0
6群(果実,果汁)	0.27	0	0.00	0
7群(緑黄色野菜)	1.49	1	0.04	0
8群(他の野菜類,キノコ類,海藻類)	0.23	0	0.02	0
9群(酒類,嗜好飲料)	0.64	1	0.00	0
10群(魚介類)	70.51	71	31.45	91
11群(肉類・卵類)	15.33	13	2.73	8
12群(乳・乳製品)	8.61	9	0.15	0
13群(加工食品/調味料)	0.34	0	0.08	0
14群(飲料水)	0.01	0	0.00	0
総摂取量	99.8		34.57	

厚生労働省,"食品からのダイオキシン類一日摂取量調査等の調査報告"(1999年,2012年)をもとに作成.

http://www.mhlw.go.jp/topics/bukyoku/iyaku/syoku-anzen/dioxin/

と運ばれ堆積物となる．その堆積物やその巻き上がった粒子によって魚は曝露され，それを食べることによって我々はダイオキシンを摂取することになる．日本は，他国と比較して魚介類の摂取量が多い国である．東京都では，東京近郊に生息する魚介類のダイオキシン類濃度も経年的に測定している．対象としている魚種は，ボラ，スズキ，マアナゴ，マコガレイ，アサリである．2012 年度の調査では，魚類全体のダイオキシン類濃度は平均で 2.11 pg-TEQ/g であった[11]．なお食べることを前提としているので，濃度は脂肪あたりではなく湿重量あたりの濃度で求められている．では，仮に東京湾産の魚を食べた場合にどのくらいの摂取量になるかを試算してみよう．

厚生労働省の国民健康・栄養調査によると，平成 23 年度の魚介類の全国平均摂取量は湿重量で 78.6 g/day/person である[13]．すると，体重 50 kg の人の体重 1 kg あたりダイオキシン類摂取量は，2.11 pg-TEQ/g × 78.6 g/day/person ÷ 50 kg = 3.31 pg-TEQ/kg·bw/day となる．もし東京湾産の魚介類のみを食べた場合は，WHO が定める低いほうの基準である 1 pg-TEQ/kg/day を 3 倍上回る．この値は，都内で販売されている食品を調理した平均的な食事における魚介類からのダイオキシン類摂取量 0.76 pg-TEQ/kg/day の，4 倍以上高い値である．なぜこのような違いが生じるかというと，遠洋性の魚介類中のダイオキシン類濃度が東京湾産の魚介類よりも低く，実際に食卓にのぼる魚介類は，遠洋性のものが多く内湾性の摂食割合は 25% 程度であることもその要因の一つであろう．その内湾性魚介類のうち，約 4 分の 3 は東京湾以外のものとされている．しかし，新鮮な東京湾産の魚貝を食べてもダイオキシン類による健康リスクがないように，東京湾の魚貝類のダイオキシン類レベルは現在の 30% 程度までは低減したいものである．そのためには，まずは東京湾魚貝類中のダイオキシン類がどこから来ているのかを考える必要がある．

東京都の魚介類のダイオキシン類の調査は，PCDD，PCDF と Co-PCB に分けて分析されている．魚介類への負荷源を考えていくためには，どのダイオキシン類が効いているかを考える必要がある．東京湾に生息する魚介類のダイオキシン類濃度の内訳は，どの魚介類においても Co-PCB がダイオキシン類のなかで寄与が大きい（表 3.6）．つまり，東京湾の魚介類のダイオキシン類毒性は Co-PCB に由来するのである．

この Co-PCB はどこから来たのか．それにはまず Co-PCB の起源を考える必要がある．Co-PCB の起源は，PCB 製品に含まれている Co-PCB と燃焼によっ

3.5 曝露量

表3.6 2012年度 東京湾産魚介類中ダイオキシン類濃度

魚類全体平均	1 g あたりの 2,3,7,8-TCDD 等量濃度(pg-TEQ/g)			
	ダイオキシン類	PCDD+PCDF	Co-PCB	Co-PCB の割合
隅田川河口部	1.52	0.30	1.22	80%
漁場 1	2.19	0.45	1.74	79%
漁場 2	2.41	0.48	1.94	80%

WHO-TEF(2006)を使用
東京都,"平成24年度東京湾産魚介類の化学物質汚染実態調査結果"をもとに作成.
http://www.fukushihoken.metro.tokyo.jp/shokuhin/osen/files/2012kakuran_gyokai.pdf

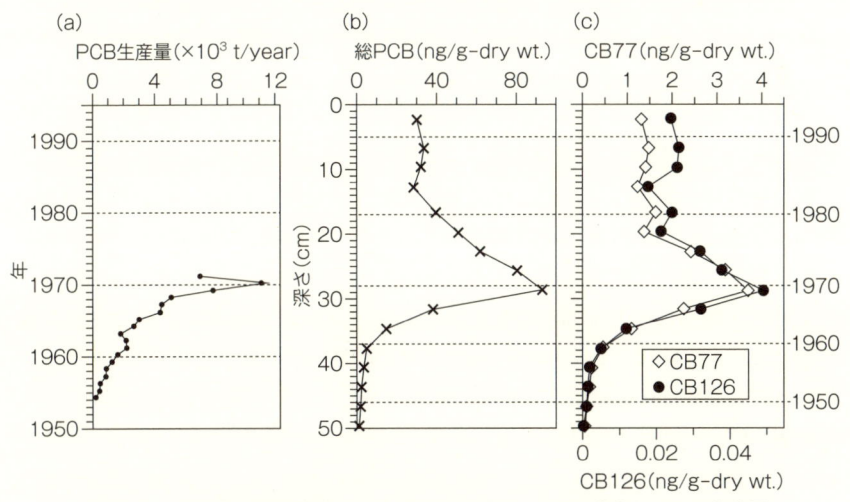

図3.9 東京湾柱状堆積物中の PCB および Co-PCB 濃度と PCB 生産量
奥田啓司ほか, 沿岸海洋研究, **37**, 99(2000).

て発生する Co-PCB の2通りがある．PCDD や PCDF 同様に塩素が共存するなかで有機物が燃焼すると，Co-PCB が発生するのである．このため，起源を分けて考えることが重要となる．

そのために，まずは歴史変遷をみてみることとする．図3.9に東京湾の柱状堆積物中の Co-PCB 濃度(c)，総 PCB 濃度(b)を PCB の生産量(a)とともに示す．Co-PCB については CB126 と CB77 についての結果を示している．また，放射性同位体の測定による年代測定の結果も図3.9(c)の右側に示す．この三つのグラフを比較すると，PCB の生産量，総 PCB 濃度，Co-PCB 濃度のピークはいずれも1970年ごろにあり，類似している．一方，ゴミの燃焼は1980年代以降で増加している．このことから，堆積物中に存在する Co-PCB は燃焼起源ではなく，

製品由来と推定することができる．もしCo-PCBが燃焼起源であったとしたら，Co-PCBのピークは1970年代ではなくそれ以降に存在するはずだからである．ここで，CB77とCB126の比率からより詳細に起源を推定していく．CB77に対するCB126比（126/77比）はCo-PCBの起源により異なる．カネクロール400などのPCB製品の126/77比の平均は0.01ほどである．一方，焼却の灰では0.14～0.81，排出ガスでは0.66～1.63である．東京湾の柱状堆積物の126/77比をみると，0.01～0.02の間を示しており，ここからも堆積物中のCo-PCBはおもにPCB製品起源であり，ゴミ焼却の寄与は小さいことが推定される[14]．126/77比の経時的な変化に注目すると，1970年代と比べると1990年代に向けてゆるやかに増加している傾向がみられ，焼却由来の寄与が増加していることが示唆された．しかし，増加したとはいっても126/77比は表層でも0.02程度であり，焼却由来の比率（0.14～1.63）に比べて1桁以上小さく，PCB製品の寄与が大部分である[14]．

東京湾のダイオキシン類のおもな発生源がゴミ焼却ではなくPCB製品由来であるという点は，東京湾魚貝類中のダイオキシン類濃度が2000年代に大きな減少を示さないことと整合性がある．1999年以降ダイオキシン類対策特別措置法によりゴミ焼却に対して規制が行われた結果，ゴミ焼却由来のダイオキシン類の発生量は大きく減少し，1997～2007年度の間に1％程度となった（図3.7）．しかし，東京都福祉保健局によるモニタリング結果によれば東京湾魚貝類中のダイオキシン類濃度は1999年度の6.4 pg-TEQ/gから2007年度の2.1 pg-TEQ/gまで30％にしか減少していない．東京湾の魚貝類中のダイオキシン類はゴミ焼却以外の発生源からの寄与が大きいと考えられ，上述のPCB製品起源という推定と整合性がある．また，ダイオキシン類の環境負荷の激減が魚貝類中濃度に反映されないことは，ダイオキシン類の起源により生物濃縮性が異なることとも関係している．1998年の環境省の調査では，東京・神奈川のさまざまな媒体におけるダイオキシン類に対するCo-PCBの割合は，堆積物・土壌中では5～20％程度であるのに対し，水生生物中では70％近くにも上っていた[15]．なぜ，同程度の分子量，疎水性であるにもかかわらず，生物濃縮性が大きく異なるのか，その鍵は起源にあると考えられる．ダイオキシン類のうちPCDD，PCDFは燃焼によって発生するが，Co-PCBは製品に由来する．燃焼によって生成したダイオキシン類は，燃焼過程で粒子の内側に焼き固められていると考えられる．そのため，粒子が生物に取り込まれた際に，生物組織のほうに移行しにくい．一方，PCB製品は油状であるため，生物組織に移行しやすく，PCB製品に含まれるCo-PCB

も同様に生物組織に移行しやすいと考えられる．生物への移行しやすさは生物利用性(bioavailability)として表現され，生物利用性は汚染物質の存在状態や起源に支配されている．生物濃縮はおもに疎水性K_{ow}で支配されていると述べてきたが，厳密には疎水性に加えて生物利用性にも依存しているのだ．汚染物質の物性だけでなく，その存在状態や起源の理解がその汚染物質のリスクを精密に評価するためには不可欠である．

1990年代後半の規制前，ダイオキシン類の発生源はゴミ焼却由来であった．そのため，これまでは燃焼についての規制を行ってその効果は発揮された．しかし，今後はCo-PCBの汚染を低減していく必要があるだろう．本章で述べた内容をふまえると，今後のダイオキシン類対策で重要な点は，内湾・内海のCo-PCB汚染の低減である．また，内湾・内海のCo-PCBのおもな起源はPCB製品であるため，内湾・内海のPCBの汚染源の特定と対策が必要であろう．そのためには，陸域で保管されているPCBの処分の促進および内湾・内海の堆積物中のPCBの除去(たとえば浚渫等)が重要な課題となるだろう．とくに，沿岸域で高いPCB濃度が検出されている都市部において，後者は急務である．高濃度の総PCBの検出は，同時にCo-PCBも高濃度であることを意味している．都市沿岸部では浚渫が定期的に行われているが，それはPCB汚染の除去目的ではなくおもに航路の確保のためである．いくら陸上で対策を施してもPCB汚染の除去目的で都市沿岸部の堆積物を浚渫しないと東京湾の魚貝類のダイオキシン類レベルの大幅な低減は見込めないし，今後もダイオキシン類の一日摂取量は大きく変わることはないだろう．すなわち，レガシー汚染の低減こそがダイオキシン類摂取量の減少につながっていくのである．ダイオキシン類とPCBは少し違う話のようだが，環境中のPCB全体のレベルを下げることがダイオキシン類汚染の改善につながっていくと考えられる．

引用文献

1) 中西準子, 小倉 勇著, "詳細リスク評価書シリーズ16 コプラナーPCB", 丸善出版 (2008).
2) R. M. Rolland, *Journal of Wildlife Diseases*, **36**, 615(2000).
3) A. J. Hall *et al.*, *Sci. Total Environ.*, **115**, 145(1992).
4) R. de Swart *et al.*, *Ambio*, **23**, 155(1994).
5) 綿貫礼子, 自然, **4**, 58(1983).

6) N. H. Mahle and L. F. Whiting, *Chemosphere*, **9**, 693 (1980).
7) 中尾晃幸ほか, 環境化学会発表要旨集, 86 (1997).
8) L. P. Brzuzy and R. A. Hites, *Environ. Sci. Technol.*, **30**, 1797 (1996).
9) 環境省, "廃棄物処理技術情報 一般廃棄物処理事業実態調査結果" (2005, 2011).
   http://www.env.go.jp/recycle/waste_tech/ippan/index.html
10) 環境省, "ダイオキシン類の排出量の目録 (排出インベントリー)" (2013).
    https://www.env.go.jp/chemi/dioxin/report.html
11) 東京都福祉保健局, "食品衛生の窓 食品汚染調査結果".
    http://www.fukushihoken.metro.tokyo.jp/shokuhin/osen/index.html
12) WHO, "Executive Summary of the WHO Consultation" (1998).
13) 厚生労働省, "国民健康・栄養調査" (2011).
    http://www.mhlw.go.jp/bunya/kenkou/kenkou_eiyou_chousa.html
14) 奥田啓司ほか, 沿岸海洋研究, **37**, 97 (2000).
15) 益永茂樹, "コプラナー PCB 問題に答える ―コプラナー PCB 汚染の起源を推論する―"
    http://risk.kan.ynu.ac.jp/masunaga/CoPCB9911.html

4

臭素系難燃剤

　有機塩素化合物はその歴史も古く，研究もさかんに行われてきている．しかし近年，塩素ではなく別のハロゲンである臭素やフッ素が置換した有機化合物が問題になってきている．そこで本章では，臭素系の化合物，そのなかでも特に現在進行形で規制状況が変化している臭素系難燃剤について述べる．

4.1　難燃剤の種類と性質

　難燃剤とは，プラスチックや化学繊維などに加えられる添加剤の一種である．具体的な製品としては，パソコンやテレビなど熱を発する家電のハウジング部分やカーテンやカーペット，ソファのクッション材などがあげられる．こういった製品に加えられた難燃剤は，火災を起こりにくくし，また，火事が起こってしまった場合には延焼を防ぐ働きをしている．
　難燃剤は，有機系と無機系に大別できる．有機系には，臭素系，塩素系，リン系，窒素系などが存在する．無機系には，水酸化マグネシウムや三酸化アンチモンなどがあるが，おもに有機系の助剤として使われる場合が多い．図4.1に難燃剤の需要量の変化を示した．有機系の難燃剤のなかでも主要なものが臭素系難燃剤で，代表的な臭素系難燃剤を図4.2に示す．それぞれ，ポリ臭素化ビフェニル(polybrominated biphenyl：PBB，図(a))，ポリ臭素化ジフェニルエーテル(polybrominated diphenyl ether：PBDE，図(b))，ヘキサブロモシクロデカン

80　4　臭素系難燃剤

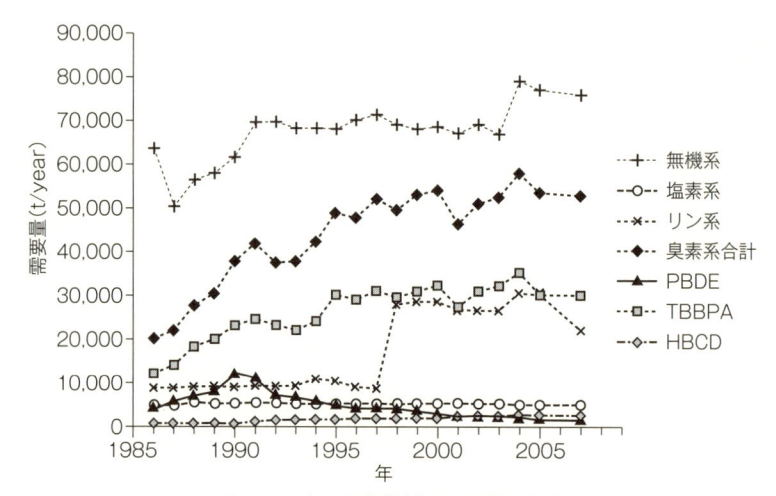

図 4.1　主要な難燃剤の需要量の推移
国立天文台 編,"環境年表 平成 23・24 年", pp.389〜390, 丸善出版 (2011) をもとに作成.

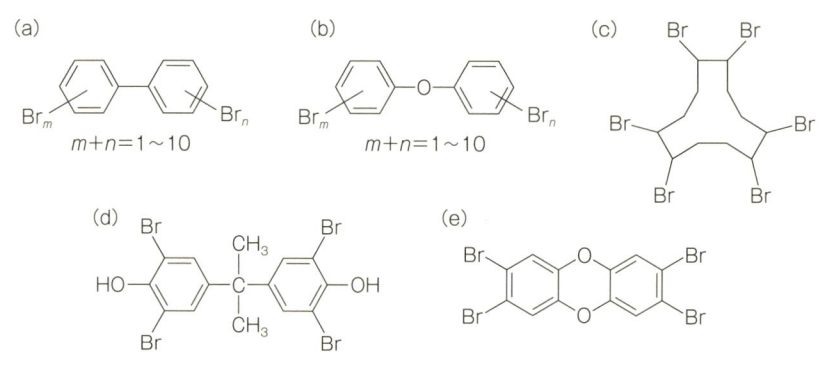

図 4.2　主要な臭素系難燃剤と臭素化ダイオキシン
(a)ポリ臭素化ビフェニル，(b)ポリ臭素化ジフェニルエーテル，(c)ヘキサブロモシクロドデカン，(d)テトラブロモビスフェノール A，(e)2,3,7,8-テトラブロモジベンゾ-p-ダイオキシン

(hexabromocyclododecane：HBCD, 図(c))，テトラブロモビスフェノール A (tetrabromo bisphenol A：TBBPA, 図(d))である.

(a)の PBB は PCB と同じ炭素骨格をもち，塩素ではなく臭素が置換している化合物である．(b)の PBDE は PBB と類似した構造だが，2 個のベンゼン環がエーテル結合でつながっている．PBB，PBDE ともに臭素の置換数・置換位置によって PCB 同様に 209 個の同族異性体が理論上存在しており，IUPAC の通し番号が

つけられている．PBB は 1970 年代初期に難燃剤として熱可塑性樹脂に使用されていたが，1973 年に米国のミシガン州で家畜用飼料に PBB が混入する事件が起こった．餌を介して牛乳，肉，卵などが汚染され，それはミシガン周辺に広がり，人体や動物の健康に問題が生じたのである[1]．PBB は PCB と類似した構造のため PCB と同様の毒性影響がみられた．米国ではその後生産が禁止され，結果として 1980 年代の PBDE 需要の増加につながったといえる．

(c) の HBCD はその名のとおり，ヘキサブロモ (6 個の臭素) が，シクロ (環状) のドデカン (炭素鎖 12 の炭化水素) の水素と置換した構造をもつ．環状の炭素鎖に結合した水素と臭素の向きによって，光学異性体が存在する．HBCD はポリスチレンや化学繊維などに用いられ，自動車の内装，建材，電子機器などその用途は広い．2000 年代に入ってから PBDE の代替品としての需要が高まっていたが，こちらも毒性と生物濃縮性から 2013 年にストックホルム条約の対象物質に加えられた．

(d) の TBBPA は，用途が幅広く，ABS 樹脂，フェノール樹脂，エポキシ樹脂，ポリカーボネートなどに用いられており，国内における需要量ももっとも多い臭素系難燃剤である．また，TBBPA を骨格としたポリマーやオリゴマーの臭素系難燃剤も合成されている．その構造は，テトラブロモ (4 個の臭素) が A (アセトン) との脱水縮合によりつながったビスフェノール (2 個のフェノール) に結合したものである．この 2 個のフェノールのため，TBBPA の疎水性は $\log K_{\mathrm{ow}} = 4.5$ と低く[2]，1 臭素 PBDE と同程度である (図 1.9)．一方，PBB や PBDE の疎水性は PCB 同様に臭素数によって異なるため，臭素数が少ない同族異性体の疎水性は低く，臭素数が増えるにつれて高くなる．臭素が最大数の 10 個置換している BDE209 の $\log K_{\mathrm{ow}}$ は 10 近い．HBCD の $\log K_{\mathrm{ow}}$ も 5.33〜5.86 と比較的高く，4 塩素 PCB や 3 臭素 PBDE と同程度の値をとる[3]．PBDE の揮発性も疎水性同様に臭素数によって変化し，1 臭素 PBDE は非常に揮発性が高いが，たとえば 10 臭素 BDE209 の揮発性は高塩素の TCDD と同程度に低い (図 1.6)．

難燃剤とは別に，難燃剤によって非意図的に生成する物質もある．臭素化ダイオキシン (polybrominated dibenzo-p-dioxin：PBDD) である．その名のとおりダイオキシンの塩素が臭素になった化合物である (図 4.2(e))．PBDE はエーテル結合をもつため酸素原子が含まれており，PCB よりも構造的にダイオキシンに近い構造をしている．生成のメカニズムや発生源も塩素が置換しているダイオキシンと同様であり，塩素と臭素の両方が置換しているダイオキシンが燃焼によって生

成することも報告されている[4]．

4.2　臭素系難燃剤の規制状況

　臭素系難燃剤は，1970年代に事故のあったPBBを除くと，比較的近年に規制されはじめた物質が多い．2003年に欧州議会・理事会はPBDEおよびPBBについてRoHS(Restriction of Hazardous Substances)指令およびWEEE指令とよばれる二つの規制を公布した．RoHS指令とは有害物質の電気・電子機器への使用を制限するためのものである．電気・電子機器における鉛，水銀，カドミウム，六価クロムといった重金属のほか，PBBおよびPBDEについて基準値が設けられた[5]．同時に，電気・電子製品の廃棄物による環境影響を抑制するため，生産者責任を明示したものがWEEE指令である[6]．これは欧州だけの規制ではなく，欧州に輸出する電気・電子機器にも影響を与えるものであった．その後，6臭素のPBBおよび4～7臭素のPBDEについては2009年にはストックホルム条約にPOPsとして登録され，国際的に生産・使用の廃絶が定められた[7]．2013年にはHBCDもストックホルム条約に追加された．

　PBDEには前述のとおり209種類の同族異性体が理論上存在しているが，製品に含まれている同族異性体は限られたものである．添加剤としてのPBDF製品は，含有する同族異性体の種類によって三つに分類され，それぞれPentaBDE (PeBDE)，OctaBDE(OcBDE)，DecaBDE(DeBDE)とよばれている．PeBDEは4，5臭素BDE，OcBDEは6～10臭素BDE，DeBDEは9，10臭素BDEを主とした混合物となっている[8]．難燃剤としてのPBDEは地域によって使用している種類が異なり，たとえばPeBDE製品は北米で代表的に使用されており，DeBDE製品はアジア・ヨーロッパなどでの使用が多かった．このうち4～7臭素を含むPBDEは，2009年にストックホルム条約に登録された．一方，DeBDE製品については生物濃縮性や毒性の低さから規制の対象にはなっていない(2015年現在ストックホルム条約に追加するかどうかを審議している最中である)．では，なぜPBDEの規制は同族異性体によって異なっているのだろうか．その答えを，物理化学的性質や発生源，環境動態から探っていこう．

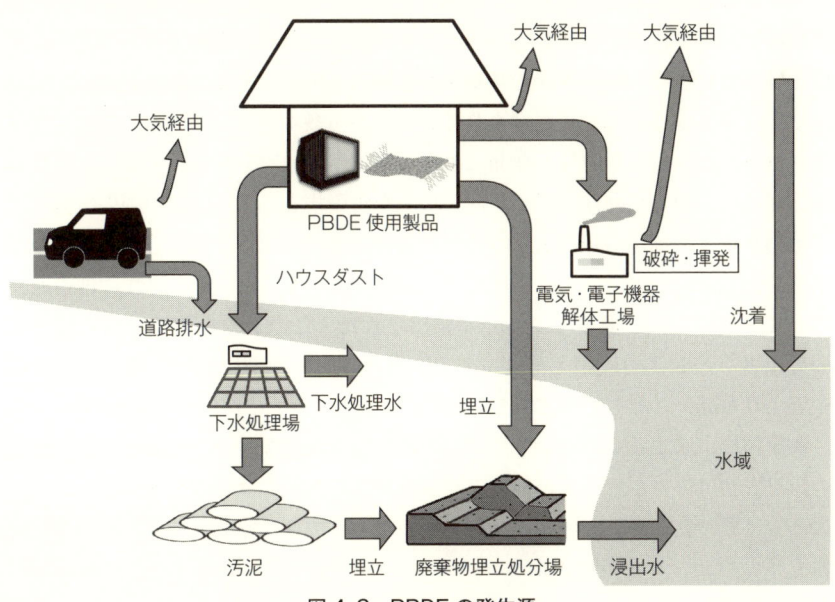

4.3 PBDEの発生源

　PBDEの発生源の模式図を図4.3に示した．PBDEはそれを含む製品が身のまわりに多く存在しているのが特徴である．

　まず，PBDEは家庭のハウスダストから検出される．テレビ，パソコン，カーテン，カーペットなど，家庭内にPBDEを含有している製品が多く存在するからだ．揮発性は低いが製品から放出され，しかし移動性は高くないためにハウスダストに吸着して室内環境にとどまる．また，製品が摩耗したものがハウスダストとなる場合もある．図4.4は無作為に選んだカナダの一般家庭から掃除機で採取したハウスダスト中のPBDEを分析した例である[9]．横軸に濃度，縦軸に検出数を表している．濃度のばらつきはあるが，1 gあたり200〜数千ng程度のPBDEが検出され，高いものでは1万ng/g，10万ng/gにのぼった．これはカナダの例だが，世界各国の一般家庭のハウスダストからPBDEは検出されている[10]．こうしたハウスダストは掃除機のフィルターに集められたものがゴミ処分場に運ばれたり，拭き掃除の雑巾を洗った後に下水処理場に流れたりしている．

図4.3　PBDEの発生源

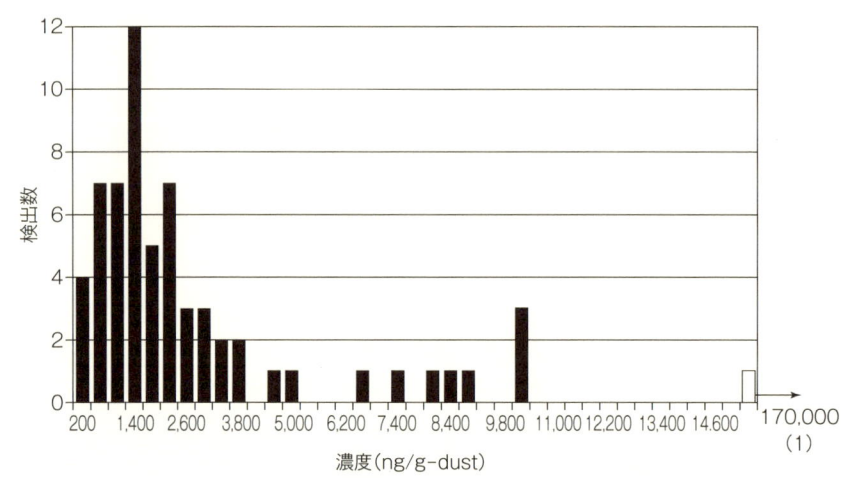

図4.4 カナダの一般家庭のハウスダスト中PBDE濃度と検出数
B. H. Wilford *et al.*, *Environ. Sci. Pollut. Res.*, **39**, 7030(2005).

　また，使用済みの製品の廃棄物に由来するものがある．一つはPCBと同様に電気・電子機器の廃棄物(e-waste)のリサイクル場からの汚染である．アジアやアフリカなどの発展途上国では，先進工業化国から輸入したパソコンやテレビなどの電気・電子機器を解体してリサイクルに回している．現在でこそ先進工業化国では規制によりPBDEを含む電気・電子機器の生産は少ないが，過去に使用されていた製品中にはPBDEが含まれているものも多く存在している．それらが解体されるとき，破砕や摩耗，揮発によって環境中へ放出される．揮発しても揮発性自体は低いので移動性は低く，周辺環境を汚染する．図4.5は中国の電気・電子機器解体工場周辺の道路と，さらにその周辺農地などの土壌に含まれるPBDE濃度を比較したものである．工場周辺の道路中土壌からは，そのほかの地点と比較して1桁以上高い濃度でPBDEが検出された．このような環境で働く解体業の従事者への曝露も問題となっており，解体業者の血清中PBDE濃度はほかの業者よりも高いことも報告されている[11]．
　廃棄物に由来するものとして，ゴミの埋立場も発生源の一つである．日本の場合，可燃物は燃やされるが，他のアジアのゴミ処分場では焼却をせず都市ゴミの大部分は埋め立てられている．高い気温のため有機物は分解されやすく，また雨量も多いため，ゴミ処分場からゴミやゴミが分解されて生成した有機物を溶解した水が浸み出してくる．疎水性の化学物質は水には溶けにくいが，溶存有機物

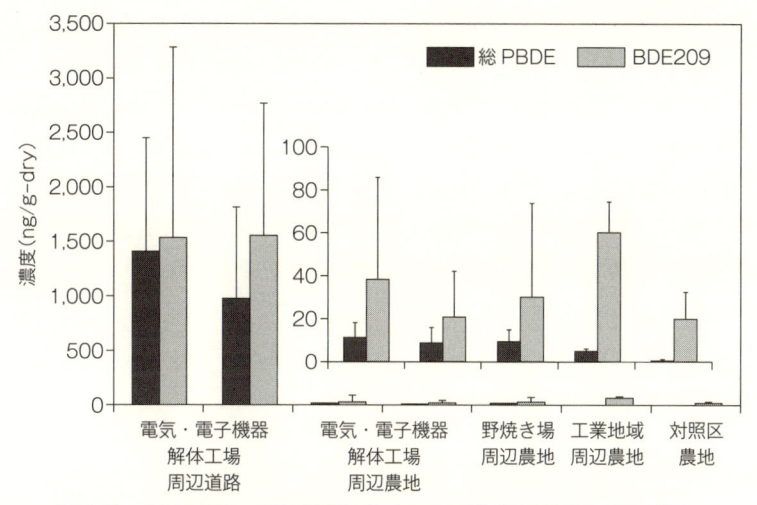

図 4.5 中国の電気・電子機器リサイクル工場周辺土壌中 PBDE 濃度
Y. Luo *et al.*, *Sci. Total Environ.*, **407**, 1107 (2009).

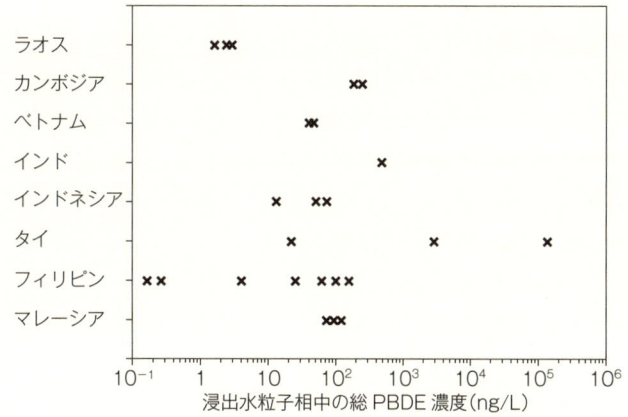

図 4.6 アジア各国のゴミ処分場浸出水中の総 PBDE 濃度
C. S. Kwan *et al.*, *Environ. Sci. Pollut. Res.*, **20**, 4202 (2013).

(dissolved organic matter：DOM)が存在していると疎水性の化学物質も水に溶けやすくなる．ゴミの埋立場には，PBDE を含む製品やプラスチックが廃棄されていることもある．それらと浸出水が接触することにより，PBDE のような添加剤も浸出水に溶出しやすくなり，それが河川へ流入したり地下に浸透したりすることによって環境中へと拡散されていくのである．図 4.6 は東南アジア各国のゴミ

処分場の浸出水中 PBDE 濃度を表したものである[12]．縦軸に国名，横軸に 1 L あたりの浸出水に含まれる粒子に吸着している PBDE 濃度を示している．日本の河川の下水処理水の粒子に含まれる PBDE が 0.5 ng/L 程度であることと比較すると，10～1,000 倍，最大で 10 万倍ほど高い濃度であることがわかる．また，このような埋立地ではダイオキシン同様に臭素化ダイオキシンも発生する．埋立地では，嫌気的に有機物が分解されて発生したメタンガスによって自然発火が起こり，PBDE を含む製品が燃焼し，臭素化ダイオキシンが発生するというメカニズムである．

4.4 環境中の PBDE

さまざまな発生源から環境中に放出された PBDE が環境中でどのように動くかは，物理化学的な性質によって決まる．環境中では，高い疎水性のため粒子に吸着しやすく，結果として堆積物中から多く検出されている．図 4.7 は東京湾の堆積物中の PBDE 濃度を表した図である[13]．1950 年代から 2000 年代まで増加傾向がみられ，有機塩素化合物（図 2.7）とは異なる分布を示している．ただし，人間活動が活発化するのに伴い濃度が上昇していく傾向は PCB と類似している．DeBDE 製品の主要な同族異性体である BDE209 の濃度がほかの PBDE や HBCD よりも 1 桁以上高い濃度であるのも，BDE209 の使用量の多さを示している．

BDE209 は堆積物中に多く含まれているが，生物中ではまた異なる傾向を示す．図 4.8 は，東京湾の湾奥部で採取した生物試料とその周辺の環境試料（堆積物・海水）の PBDE 同族異性体組成を比較したものである[14]．海水は濾過をしたときの濾液（溶存相）と濾紙に残っ

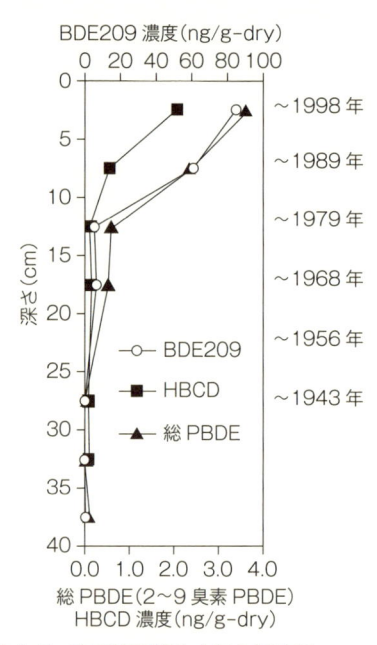

図 4.7 東京湾堆積物中における総 PBDE, BDE209, HBCD 濃度

N. H. Minh *et al.*, *Environ. Pollut.*, **148**, 413 (2007).

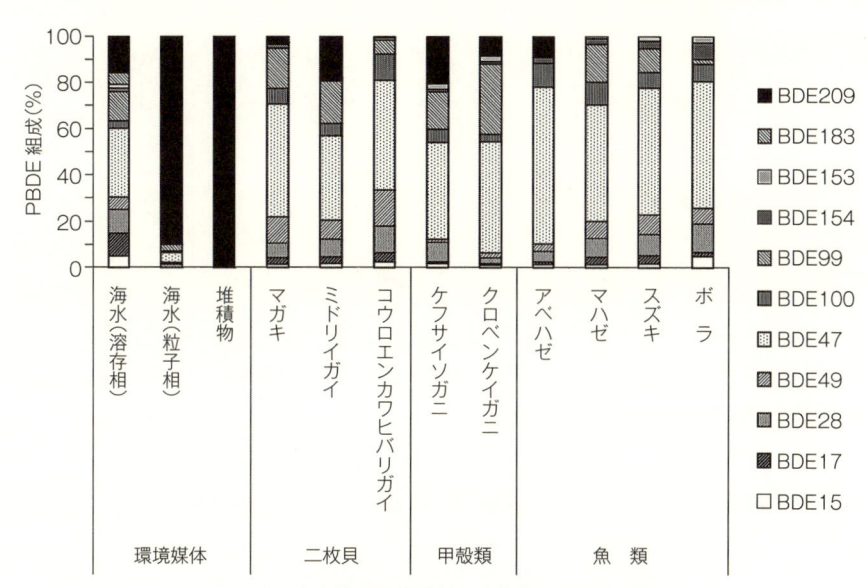

図 4.8 東京湾の環境試料と生物中の PBDE 組成
K. Mizukawa *et al.*, *Sci. Total Environ.*, **449**, 404 (2013) をもとに作成.

た粒子相の PBDE をそれぞれ分析している．濾液中では比較的低臭素の PBDE が高い割合を占めているのに対し，粒子中や堆積物中の組成は 10 臭素 PBDE の BDE209 で占められている．一方で，多くの生物における BDE209 の割合は非常に低い．生物中では 4 臭素の BDE47 が多く，5 臭素の BDE99 や BDE100 なども多い．BDE209 は分子量が 1,000 近くあるため，分子の大きさから生体膜を通過しにくいことが考えられる．この生物濃縮性の低さが，BDE209 が規制の対象外になっている理由の一つでもある．

このように，PBDE は環境中と生物中の組成が大きく異なっている．生物に取り込まれてからの挙動も PBDE と PCB とで違いがある．図 4.9 は BDE47 と CB153 の食物連鎖を通した生物増幅について表した図である．これらの同族異性体は PBDE と PCB のうち，生物増幅されやすい同族異性体である．縦軸は図 4.8 の生物中の BDE47 または CB153 濃度，横軸は各生物の栄養段階を示す窒素安定同位体比である．2 章で述べたように，CB153 は栄養段階が高くなっていくにつれて濃度も高くなることから，生物増幅をする．BDE47 も同様の傾向が認められる．しかし，その回帰直線の傾きは CB153 と比べて緩やかである．図 4.9 における回帰直線の傾きは生物増幅の起こりやすさを意味しているため，BDE47

図 4.9　PBDE と PCB の生物増幅の比較
(a) BDE47, (b) CB153.
K. Mizukawa *et al*., *Sci. Total Environ.*, **449**, 404 (2013) をもとに作成.

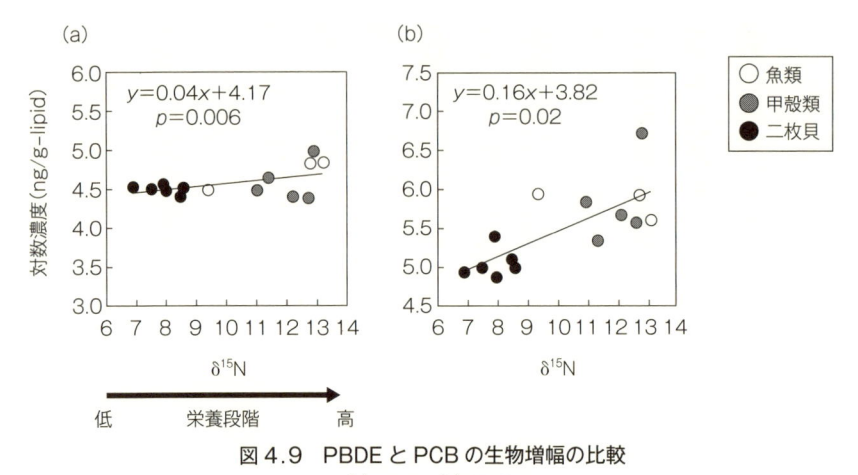

は CB153 よりも生物増幅が起こりにくい物質だといえる．PCB の場合，塩素数が増える，つまり疎水性が増すにつれて生物増幅が起こりやすくなっていた (図2.11)．しかし，BDE47 と CB153 の疎水性を示す $\log K_{ow}$ はそれぞれ 6.76 (BDE47) および 6.92 (CB153) と同程度である[15, 16]．両者の生物濃縮性の違いは疎水性以外の要因があると考えられるが，まだ明らかにはされていない．

4.5　PBDE の脱臭素化

現在，4〜7 臭素の PBDE はストックホルム条約によって規制されているが，10 臭素の BDE209 は含まれていない．なぜ BDE209 は規制を行うかどうかを審議しているのだろうか．その鍵は「脱臭素化」である．

一部の PBDE は環境中や生物中で脱臭素化を起こすことが報告されており，BDE209 もその一つである．脱臭素化とは，臭素がベンゼン環から外れる現象で，さまざまなプロセスによって生じることが報告されている．生物に取り込まれにくいこと，毒性が低いことから規制の対象外となっている BDE209 も，臭素が外れて分子量が小さくなると生物に取り込まれやすくなったり毒性をもったりしてしまう．PBDE と類似した構造をもつ PCB でも，同じようにハロゲンが外れる脱塩素化が起こることはあるが，PBDE から臭素がとれる現象は PCB から塩素

がとれる現象よりも起こりやすいと考えられている．汚染物質の動態として分配や揮発だけではなく脱臭素というファクターがあることにより，PBDEはその環境動態がより複雑となる．

室内実験で確認されたPBDEの脱臭素化物および予想される脱臭素化プロセスを図4.10に示した．室内実験では，滅菌した堆積物中での還元反応，堆積物中から単離した嫌気性微生物，紫外線照射，生体内における代謝反応による脱臭素化が確認されている．室内における脱臭素化実験で確認された同族異性体のなかには，添加剤製品としてのPBDEに含まれていないものも存在する．そして，製品に含まれていない同族異性体が環境中からも検出されているのである．環境中における脱臭素化物の検出例を紹介しよう．

一つ目は，表4.1に示した下水処理場の例である[17]．下水処理場の処理水が流れ込む河川の上流側と下流側で堆積物を採取したところ，処理場の放流口付近では上流側よりも約2桁高い濃度でBDE209が検出された．一方で，下水処理場の上流側ではほとんど検出されなかった，または検出されなかった3〜9臭素PBDEが放流口付近でも濃度が増加していた．この下水処理場の汚泥中には，上流の堆積物よりもはるかに高い濃度のPBDEが含まれていたことからも，下水処理場が河川へのBDE209，そして3〜9臭素PBDEの発生源発生源となっていることがうかがえる．

二つ目は，生物中における脱臭素化である．一般的に，生体内に異物が取り込まれたときは，薬物代謝酵素による水酸化反応と抱合反応を経て体外へと排泄される．PBDEもPCB同様にヒトや哺乳類においては水酸化反応が生じるが，それとは異なる代謝反応として脱臭素化が起こっているのである．図4.11は，表4.1の下水処理場の下流に生息するcreek chubとよばれるコイ科の淡水魚中のPBDEを測定した結果である[17]．試料を分析機器にかけたときに，ある物質が検出されるとこのようなピークとなって現れる．横軸が時間，縦軸がピークの強度を示している．さて，この魚類の組織中からはBDE202やBDE179, BDE188など，PBDE製品に含まれていない同族異性体，さらには下水処理場の汚泥や河川の堆積物には含まれていない同族異性体が検出されている．一方，図4.12の右上の小さいクロマトグラムは，コイにBDE209を含んだ餌を与えその組織中濃度を測定した結果である．この実験では，コイの組織中からは曝露させた10臭素のBDE209よりも臭素数が少ない6〜9臭素の同族異性体が検出されていた．そのなかには製品に含まれていない同族異性体も存在していた．これらは，コイに

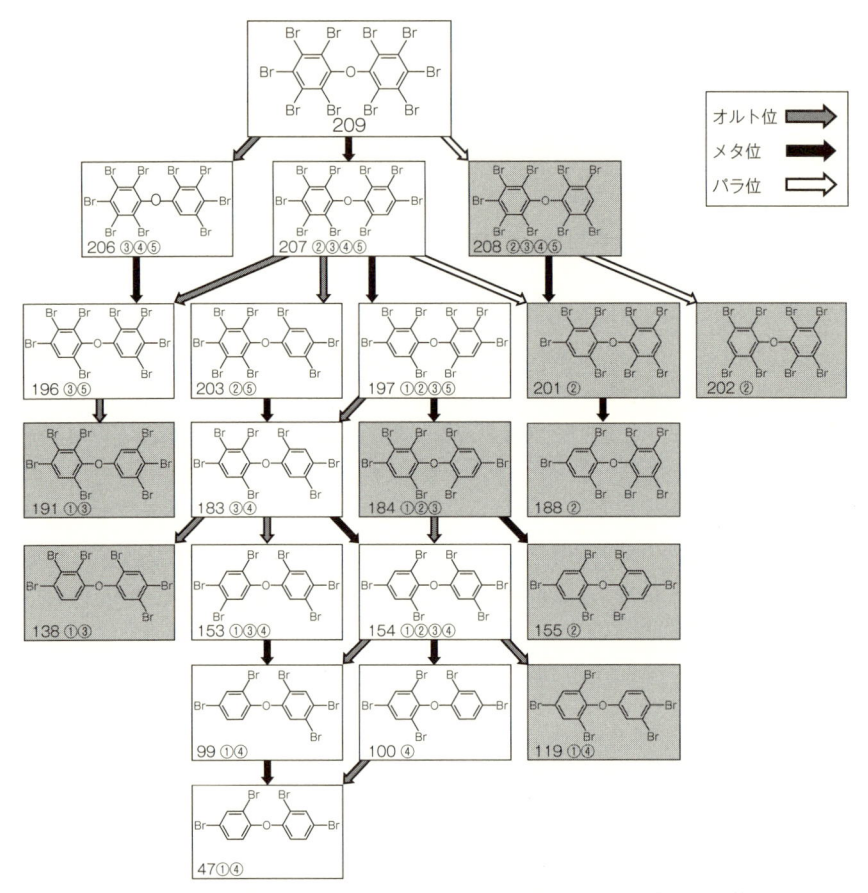

図4.10　BDE209とそこから生成すると考えられる脱臭素化異性体

①~⑤：BDE209分解実験による生成物（① 還元剤による堆積物中の還元反応，② 魚類の肝ミクロソームによる代謝，③ 製品TVケース中における光分解，④ 溶媒またはマトリックス中における光分解，⑤ 活性汚泥中の嫌気性微生物による分解）．灰色の同族異性体はPBDE製剤において未検出または1%以下の含有量を示す．

G. Soderstrom *et al.*, *Environ. Sci. Technol*, **38**, 127 (2004)；A. C. Gerecke *et al.*, *ibid.*, **39**, 1078 (2005)；M. J. La Guardia, R. C. Hale and E. Harvey, *ibid.*, **40**, 6252 (2006)；H. M. Stapleton *et al.*, *ibid.*, **40**, 4653 (2006)；J. A. Tokarz *et al.*, *ibid.*, **42**, 1157 (2008)；N. Kajiwara, Y. Noma and H. Takigami, *ibid.*, **42**, 4404 (2008)；S. C. Roberts *et al.*, *ibid.*, **45**, 1999 (2011) をもとに作成．

4.5 PBDEの脱臭素化

表 4.1 下水処理場の処理水が流入する河川堆積物および下水処理場汚泥のPBDE 濃度 (ng/g-dry)

	下水汚泥	下水処理場放流口からの距離 (km)				
		−0.2	0	1.3	5.6	10.8
3〜8 臭素	9,160	1,240	4,660	8,580	14,200	10,300
9 臭素	29,466	0	77,040	90,660	27,507	11,845
10 臭素	58,800	36,800	1,630,000	3,150,000	642,000	300,000

M. J. La Guardia, R. C. Hale and E. Harvey, *Environ. Sci. Technol.*, **41**, 6665 (2007) をもとに作成.

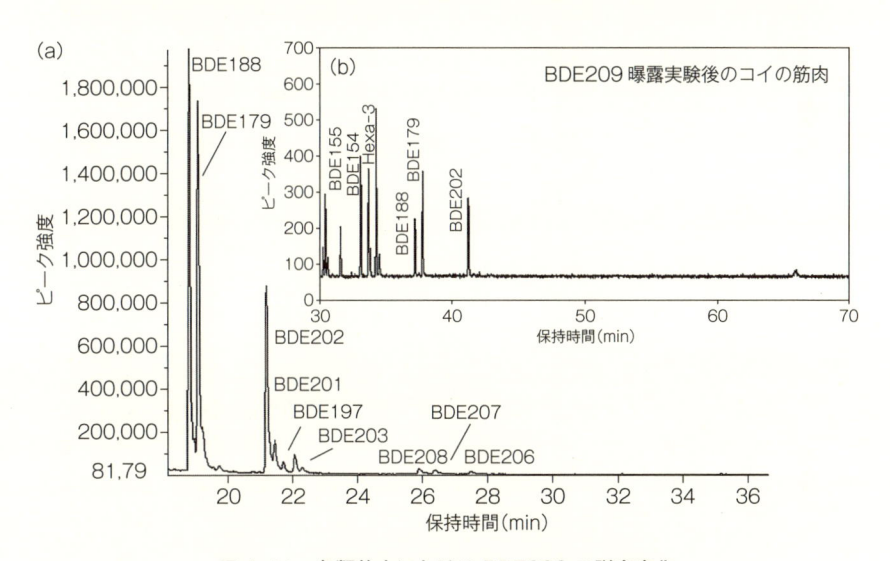

図 4.11 魚類体内における BDE209 の脱臭素化

(a) 下水処理場下流に生息するコイ科魚類の PBDE クロマトグラム,(b) BDE209 曝露実験後のコイ筋肉の PBDE クロマトグラム.

M. J. La Guardia, R. C. Hale and E. Harvey, *Environ. Sci. Technol.*, **41**, 6668 (2007).

取り込まれた BDE209 がコイの体内で脱臭素化を受けたことによって生成したものと考えられる.この室内実験で観察された同族異性体と,下水処理場の下流に生息していた creek chub から検出された同族異性体とに整合性が認められたことは,環境中で BDE209 が生物に取り込まれて脱臭素化していることを証明するものとなった.

三つ目は,ゴミ埋立処分場の例である.条件によってはゴミ埋立処分場でも脱臭素化は起こり得る.発生源の項で触れたように,東南アジアのゴミ埋立処分場は家庭ゴミのような有機物と PBDE を含んでいる可能性があるプラスチックや

図 4.12 アジア各国のゴミ埋立処分場浸出水中の PBDE 平均組成比と PBDE 製剤組成

(a) PeBDE 製品, (b) OcBDE 製品, (c) DeBDE 製品, (d) アジア各国のゴミ埋立処分場浸出水. PBDE 製品に含まれない同族異性体は黒で表している.
C. S. Kwan et al., *Environ. Sci. Pollut. Res.*, **20**, 4202 (2013); M. J. La Guardia, R. C. Hale and E. Harvey, *Environ. Sci. Technol.*, **40**, 6252 (2006) をもとに作成.

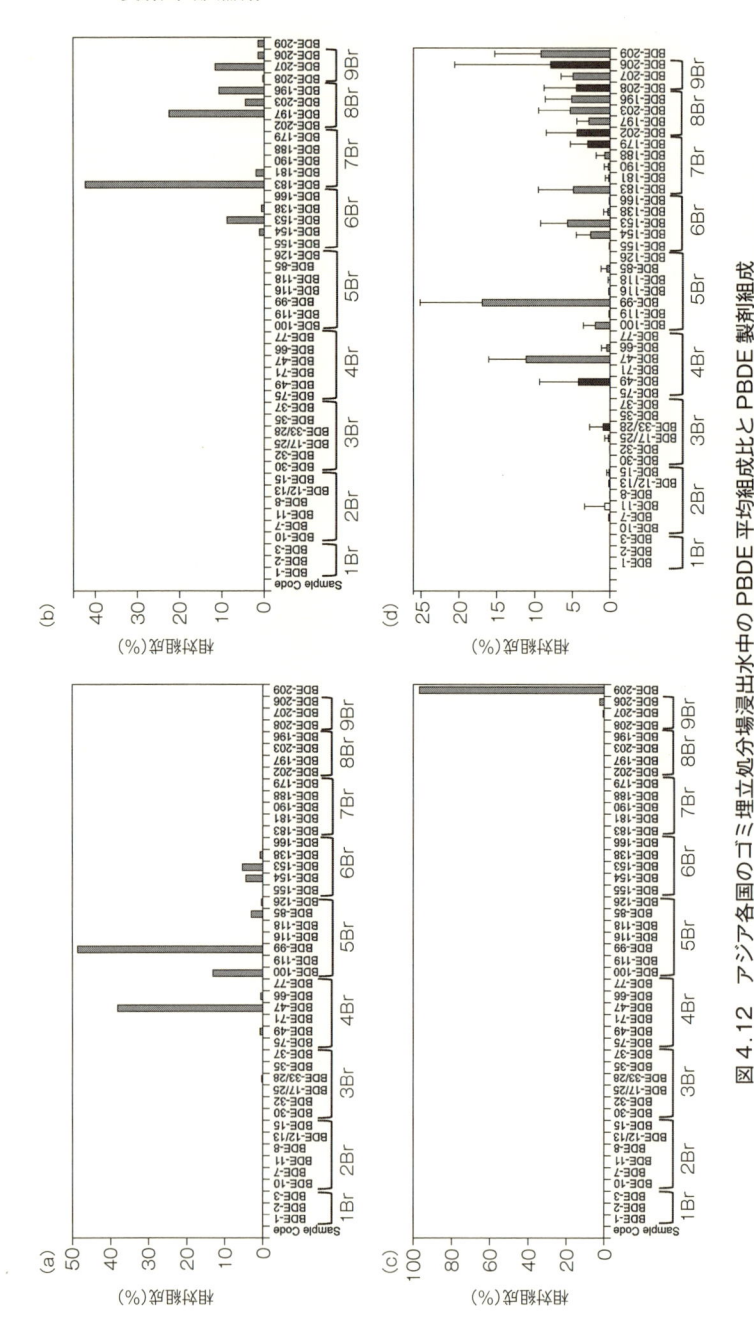

化学繊維とが混在し，埋め立てられている．まず，表面に出ているものは光分解による脱臭素化が起こり得る環境である．また，空気に触れない部分にあるものは嫌気性微生物によって還元的な分解が生じやすい．東南アジアのゴミ埋立処分場では，生ゴミも埋め立てられているので，その分解によりゴミの中は嫌気的になりやすい．堆積物のような嫌気的な環境下でPBDEが脱臭素化されるのと同様に，ゴミ埋立処分場はゴミとして存在するプラスチックや繊維に添加されているPBDEが脱臭素化されやすい環境である．そうしたゴミ埋立処分場から流れ出る浸出水には，BDE209だけではなく脱臭素化されたPBDEも含まれている．図4.12は東南アジア各国のゴミ埋立処分場の浸出水中のPBDEの平均組成を表したものである．灰色のバーはPBDE製品に入っている同族異性体，黒はPBDE製品に含まれていない同族異性体である．製品に含まれていない同族異性体は，ゴミ埋立処分場における脱臭素化によって生成したと考えることができる[12]．

このようにBDE209は安定的なものではなく，低臭素PBDEに変化し得る物質なのである．

このような研究を受けて，ストックホルム条約へのDeBDE製品の追加が現在審議されている．2015年現在，検討委員会ではDeBDEの条約追加の可否は脱臭素化について議論をしたうえで判断することになっている[18]．過去に使用されていたPCBやほかの塩素系農薬とは違い，PBDEは近年まで使用されていたため現在進行形の汚染物質なのである．

引用文献

1) Michigan Department of Community Health, "PBBs (Polybrominated Biphenyls) in Michigan Frequently Asked Questions –2011 update".
   https://www.michigan.gov/documents/mdch_PBB_FAQ_92051_7.pdf
2) WHO/IPCS, "Environmental Health Criteria 172, Tetrabromobisphenol A and Derivatives"
   http://www.inchem.org/documents/ehc/ehc/ehc172.htm
3) S. J. Hayward, Y. D. Lei and F. Wania, *Environ. Toxicol. Chem.*, **25**, 2018 (2006).
4) R. Weber and B. Kuch, *Environ. Int.*, **29**, 699 (2003).
5) European Union, *Official Journal of the European Union*, **46**, 19 (2003).
   http://eur-lex.europa.eu/legal-content/EN/TXT/PDF/?uri=CELEX:32002L0095&rid=1
6) European Union, *Official Journal of the European Union*, **46**, 24 (2003).
   http://eur-lex.europa.eu/resource.html?uri=cellar:ac89e64f-a4a5-4c13-8d96-1fd1d6bcaa49.0004.02/DOC_1&format=PDF

7) UNEP, Stockholm Convention http://chm.pops.int/default.aspx.
8) M. J. La Guardia, R. C. Hale and E. Harvey, *Environ. Sci. Technol.*, **41**, 6665 (2007).
9) B. H. Wilford *et al.*, *Environ. Sci. Pollut. Res.*, **39**, 7027 (2005).
10) A. Besis and C. Samara, *Environ. Pollut.*, **169**, 217 (2012).
11) X. Bi *et al.*, *Environ. Sci. Technol.*, **41**, 5647 (2007).
12) C. S. Kwan *et al.*, *Environ. Sci. Pollut. Res.*, **20**, 4188 (2013).
13) N. H. Minh *et al.*, *Environ. Pollut.*, **148**, 409 (2007).
14) K. Mizukawa *et al.*, *Sci. Total Environ.*, **449**, 401 (2013).
15) L. Li *et al.*, *Chemosphere*, **72**, 1602 (2008).
16) D. W. Hawker and D. W. Connell, *Environ. Sci. Technol.*, **22**, 382 (1988).
17) M. J. La Guardia, R. C. Hale and E. Harvey, *Environ. Sci. Technol.*, **41**, 6663 (2007).
18) UNEP, Persistent Organic Pollutants Review Committee Tenth meeting, "Draft risk profile: decabromodiphenyl ether", UNEP/POPS/POPRC.10/3.
http://chm.pops.int/TheConvention/POPsReviewCommittee/Meetings/POPRC10/POPRC10Documents/tabid/3818/Default.aspx.

5

多環芳香族炭化水素

5.1 構造とその発生源

　多環芳香族炭化水素（polycyclic aromatic hydrocarbon：PAH）はその名のとおり，ベンゼン環が2個以上縮合（二つの炭素を二つのベンゼン環で共有）している炭化水素の総称である．図5.1にPAHの一例を紹介した．通常，環境分析の対象とされるPAHは2環のナフタレン（naphthalene）～7環のコロネン（coronene）であり，8環以上のPAHは現在の分析技術では検出することが難しい．

　PAHの特徴は天然にも存在する点である．有機物がゆっくりと熱変成をしてできた原油中にも含まれている．有機物全般が不完全燃焼する際にも生成する．石油や石炭などの化石燃料の燃焼によっても生成するし，森林火災などのバイオマスの燃焼によっても生成する．PAHの起源の一つに，このような有機物や化石燃料の「燃焼」があげられるため，大気経由でのヒトへの曝露も懸念される物質である．燃焼によって生成し，天然にも存在する，という点はダイオキシン類と類似している．しかし，塩素の有無は関係ないことから，ダイオキシン類よりも生成条件は厳しくなく，さまざまな燃焼によって生成する．

　PAHの発生源は多岐にわたる（図5.2）が，それらは二種類に大別される．一つは有機物や化石燃料の燃焼起源（pyrogenic），もう一つは石油そのものである（petrogenic）．燃焼起源PAHには高分子のPAHが多く含まれ，一方，石油起源

5 多環芳香族炭化水素

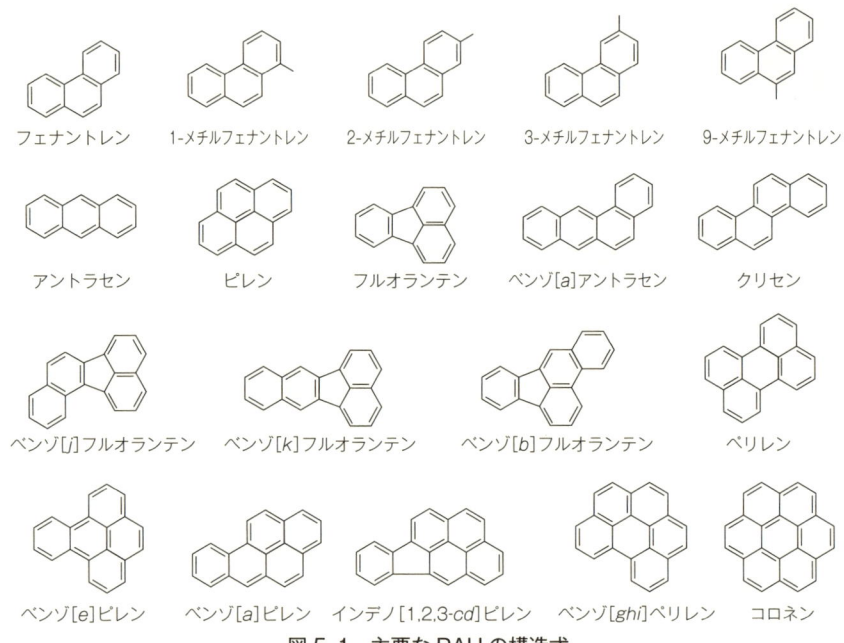

図5.1　主要な PAH の構造式

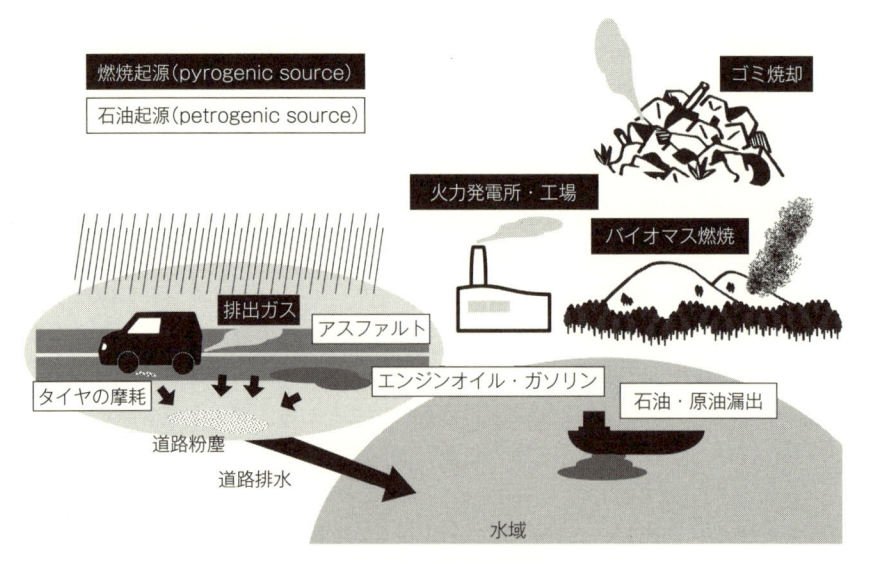

- フェナントレン
- 1-メチルフェナントレン
- 2-メチルフェナントレン
- 3-メチルフェナントレン
- 9-メチルフェナントレン
- アントラセン
- ピレン
- フルオランテン
- ベンゾ[a]アントラセン
- クリセン
- ベンゾ[j]フルオランテン
- ベンゾ[k]フルオランテン
- ベンゾ[b]フルオランテン
- ペリレン
- ベンゾ[e]ピレン
- ベンゾ[a]ピレン
- インデノ[1,2,3-cd]ピレン
- ベンゾ[ghi]ペリレン
- コロネン

図5.2　PAH の発生源

- 燃焼起源(pyrogenic source)
- 石油起源(petrogenic source)
- ゴミ焼却
- 火力発電所・工場
- バイオマス燃焼
- 排出ガス
- アスファルト
- タイヤの摩耗
- エンジンオイル・ガソリン
- 石油・原油漏出
- 道路粉塵
- 道路排水
- 水域

PAH は比較的低分子の PAH から構成される．燃焼起源には，バイオマス，木材，ゴミ等の燃焼も含まれる．点源の汚染源としては，火力発電所による石油燃焼や製鉄所による石炭やコークスの燃焼もある．石炭の乾留によりつくられるコールタールに高濃度の燃焼起源 PAH が含まれ，それが舗装等に使われ，PAH の負荷源になる場合もある[1]．石油起源 PAH は，石油そのものはもちろんだが，さまざまな石油製品にも含まれる．タンカー事故のような石油流出に伴い，石油起源の PAH は環境へ負荷される．ガソリンや軽油にはおもに低分子 PAH が含まれているので，日常的な自動車走行も PAH の大きな負荷源になる．アスファルトは石油の残渣からつくられているため，PAH が含まれており，道路の舗装のアスファルトが削れてできた粉塵には PAH が含まれる．タイヤにはアロマテックオイルという PAH を含む油が加えられており，タイヤの摩耗物にも PAH が含まれる．車のエンジンオイルももちろん石油起源 PAH と燃焼生成起源の PAH を含んでいる．また，自動車の排出ガスからは，ガソリンや軽油の燃焼により発生した PAH とともに，燃料の燃え残りの PAH や，潤滑油由来の石油起源 PAH も含まれる．

図 5.3 は，米国のさまざまな地域の湖から柱状堆積物を採取して PCB と PAH を測定した結果である．柱状堆積物は大都市，小・中都市，非都市域の湖や貯水池から採取された（図 5.3(a)）．年代測定より 1970 年から 2001 年の層を推定し，それぞれの PAH と PCB の濃度が測定された．図(b)と図(c)は，1970 年から 2001 年にかけての PAH と PCB の濃度変化をそれぞれ表している．PCB 濃度は多くの地点で横ばいまたは減少しているのに対し，PAH 濃度は上昇傾向にあった[2]．PCB は生産・使用が禁止されているので，環境中に残留している PCB 濃度は減少傾向にあるが，PAH については PAH を対象とした規制がなく環境への負荷は現在進行形で続いているため，環境中の濃度が増加傾向にあると考えられる．発生源への規制の有無によって環境中の濃度にも違いが認められるのである．

5.2 毒　性

PAH の一部の化合物には，急性毒性・発癌性・変異原性・内分泌攪乱作用をもつものがある．大気中の PAH が高濃度な地域では，ヒトへの発癌リスクの上昇が懸念されている．堆積物中に高濃度の PAH が蓄積している場合は，水生生物への影響も考えられる．表 5.1 は PAH の種類とその毒性を表したものである[3]．＋の数が多いほど発癌性が高い．毒性をもつ代表的な PAH として，ベンゾ[a]ピ

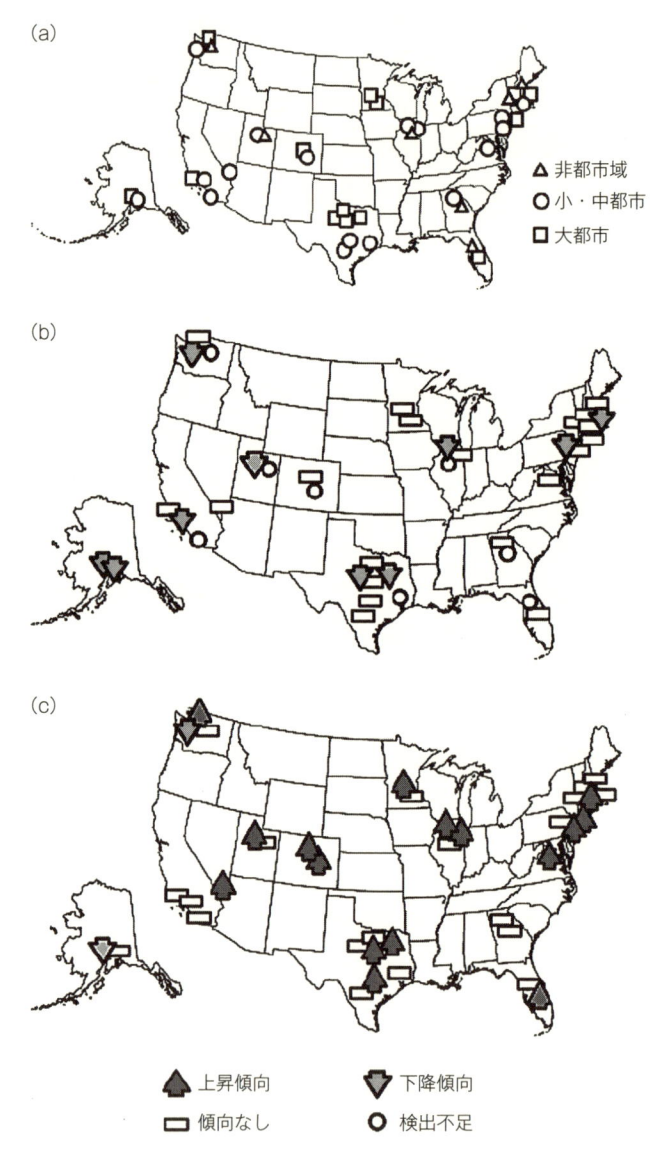

▲ 上昇傾向　▼ 下降傾向
□ 傾向なし　○ 検出不足

図5.3 米国の湖沼堆積物中におけるPCBおよびPAH濃度の
1970～2001年における経年変化
(a) サンプリング地点，(b) PCB，(c) PAH.
P. C. Van Metre and B. J. Mahler, *Environ. Sci. Technol.*, **39**, 5569 (2005).

レン(benzo[a]pyrene)がある．毒性を表す＋記号は三つであるが，ほかの発癌性が高いPAHよりも環境中での存在量が多い．毒性の有無は構造の微妙な違いに左右される．たとえば，ベンゾ[a]ピレンが毒性をもつのに対し，その異性体のベンゾ[e]ピレンは毒性がない．30年位前の分析技術だと両者を区別することは難しかったが，現在では可能となっている．

ダイオキシンやコプラナーPCBが平面的な構造ゆえに芳香族炭化水素受容体(aryl hydrocarbon receptor：AhR)と結合しやすかったように，平面的な構造であるPAHもAhRと結合することによってその毒性を発現させる．PAHがコプラナーPCBやダイオキシンと異なる点は，PAHはAhRと結合した後に薬物代謝酵素であるシトクロムP450によって水酸化反応を受けやすい点である．シトクロムP450は

表5.1 PAHの毒性

化合物	発癌性
ベンゾ[a]アントラセン	＋
7,12-ジメチルベンゾ[a]アントラセン	＋＋＋＋
ジベンゾ[a,j]アントラセン	＋
ジベンゾ[a,h]アントラセン	＋＋＋
ジベンゾ[a,c]アントラセン	＋
ベンゾ[c]フェナントレン	＋＋＋
ジベンゾ[a,j]フルオレン	＋
ジベンゾ[a,h]フルオレン	不明
ジベンゾ[a,c]フルオレン	＋
ベンゾ[b]フルオランテン	＋＋
ベンゾ[j]フルオランテン	＋＋
ベンゾ[j]アセアントリレン	＋＋
3-メチルコラントレン	＋＋＋＋
ベンゾ[a]ピレン	＋＋＋
ジベンゾ[a,l]ピレン	不明
ジベンゾ[a,h]ピレン	＋＋＋
ジベンゾ[a,i]ピレン	＋＋＋
インデノ[1,2,3-cd]ピレン	＋
クリセン	不明
ジベンゾ[b,def]クリセン	＋＋
ジベンゾ[def,p]クリセン	＋

＋：低い発癌性，＋＋：低～中程度の発癌性，＋＋＋：中程度の発癌性，＋＋＋＋：高い発癌性．
B. K. Afghan, and A. S. Y. Chau Eds., "Analysis of Trace Organics in the Aquatic Environment", p.221, CRC Press(1989).

ほかにもステロイドホルモンの合成にも関わっている酵素である．そのため，生理活性物質のバランスが崩れ内分泌系へ影響をおよぼす．さらに，水酸化の過程でエポキシドやオキシドになると，その構造からDNAを損傷し，奇形を起こしたり(催奇形性)，悪性の腫瘍を発生させたりする(発癌性)．このように代謝によって毒性が増す場合も存在するのである．

5.3 物理化学的性質と環境動態

PAHの物理化学的性質は，ベンゼン環の数や分子量によって蒸気圧とK_{OW}が変化する．図1.6や図1.9の蒸気圧とK_{OW}の一覧表において，PAHの蒸気圧やK_{OW}はPCBほどではないが比較的幅がある．PCBは塩素数の違いによって物理

化学的性質に幅があったが，PAH の場合はベンゼン環の数によって性質が変化している．

　幅があるとはいいつつも，PAH は全体としてみると疎水性が高い物質である．水の中では粒子に吸着した状態で多く存在する．図 5.4 は東京湾の海水中の溶存相と粒子相中の PAH の存在比である．3 環，4 環の PAH は溶存相にも 5〜40％程度存在しているが，5 環以上の PAH はほとんど粒子側に偏っている．これは，高分子になるほど疎水性が大きくなる(K_{ow} が大きくなる)というこれまでの各章で説明してきた法則(疎水性に依存した分配)により説明される．しかし，高分子 PAH はその法則から予想されるより多くの部分が粒子相に存在する．これは高分子 PAH の多くが燃焼により生成し，燃焼生成物中の煤と PAH は構造的な類似から親和性が高いため，および燃焼時に煤に焼き固められるように PAH が煤に

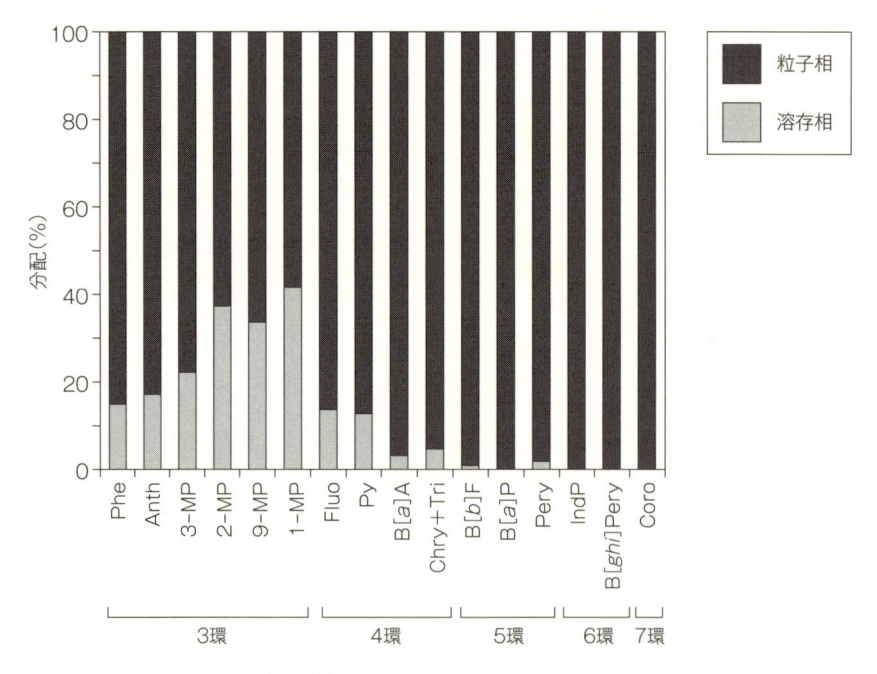

図 5.4　水環境中における PAH の粒子相と溶存相の分配

Phe：フェナントレン，Anth：アントラセン，MP：メチルフェナントレン，Fluo：フルオランテン，Py：ピレン，BA：ベンゾアントラセン，Chry：クリセン，Tri：トリフェニレン，BF：ベンゾフルオランテン，BP：ベンゾピレン，Pery：ペリレン，IndP：インデノピレン，BPery：ベンゾペリレン，Coro：コロネン．

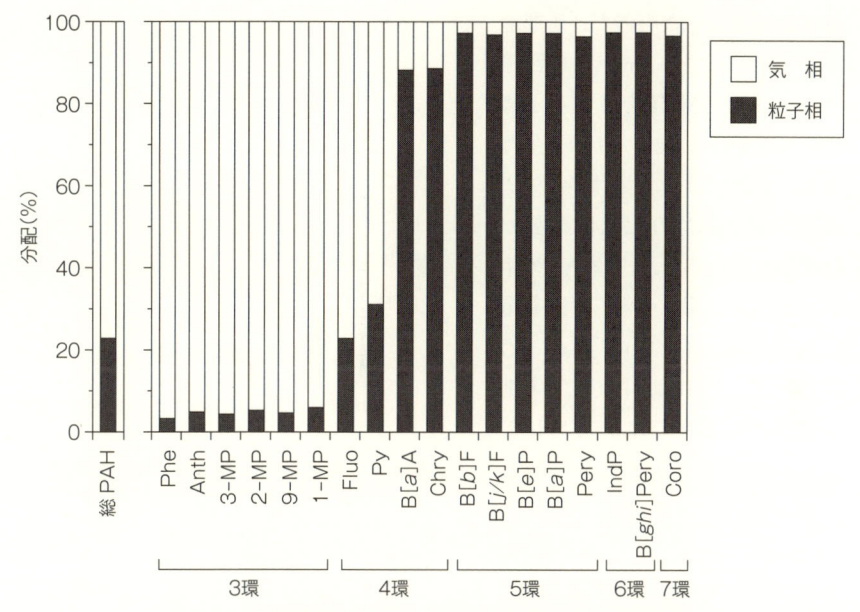

図 5.5 大気環境中における PAH の気相と粒子相の分配
M. Murakami *et al*., *Atmos. Environ*., **54**, 13 (2012).

取り込まれるため，水相に分配しにくいと考えられている．高分子 PAH の粒子への強い吸着は，高分子 PAH を生物が利用しにくく，微生物分解を受けにくいことの原因ともなっている．結果として，多くの PAH が堆積物中に蓄積されている．

PAH は大気中でも粒子相(エアロゾル)に多く存在する．図 5.5 は，PAH の気相と粒子相における存在割合を示したものである[4]．黒は粒子相，白は気相を表している．3 環，4 環の PAH は気相にも多く(10〜95％)存在するが，5 環以上の PAH は粒子相に存在する割合が非常に多くなる．この点は，気相に存在する同族異性体が多い PCB とはまた違った傾向である．PCB は地球規模に分散するが，PAH が発生源の近くにとどまりやすいのは，このような粒子への親和性の違いに起因すると考えられる．

5.3.1 大気中における動態

PAH の大気中での移動性を示した研究例がある．川崎，府中，奥多摩，志賀高原の 4 カ所で大気降下物(大気から降る塵と雨)を集め，PAH の乾性および湿

性沈着量を調べたものだ．工業地域である川崎を0kmとして距離別にPAHの沈着量を並べると図5.6のようになる．PAHの発生源の多い川崎では沈着量は多く，奥多摩や志賀高原など人間活動が少ないところへと，川崎からの距離が離れるに従いPAHの沈着量は指数関数的に減っていくことがわかる．PAHは川崎の工業地帯以外でも発生しているわけであるが，川崎を主要な発生源としてみると，発生源近くに大部

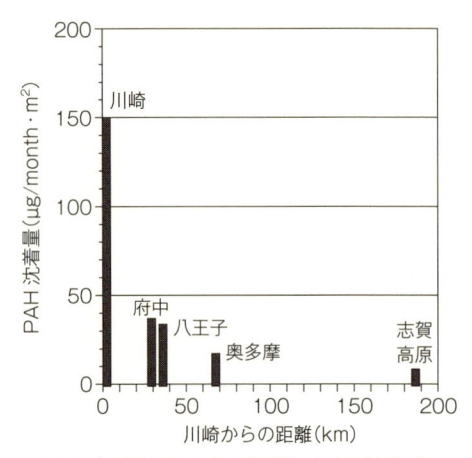

図5.6　発生源からの距離とPAH沈着量

分のPAHが沈着し，長距離輸送されるものは少ないことがわかる．一部のPAHは確かに大気経由で長距離輸送される．しかし，高分子PAHの蒸気圧が低いため，その多くは粒子相に存在し，結果として発生源近くに沈着しやすいのである．発生源付近への沈着は米国ボストン沿岸と沖合の堆積物中のPAHの測定により，ボストン近郊から沖合へと距離が離れるに従い，堆積物中PAH濃度が激減していることからも確かめられている[5]．

5.3.2　水環境中における動態

次に，水経由でのPAHの輸送について考えてみよう．自動車交通に起因するPAHは道路粉塵として路面に存在している．雨が降りはじめると，その直後はそれまでにたまっていた粒子が一斉に洗い流されるため，道路排水には懸濁粒子が多く含まれている．とくに，高速道路など交通量の多い道路の排水口からは，高速道路を走っていた自動車，高速道路のアスファルトに由来する道路粉塵を多く含む道路排水を採取することができる．

高速道路の排水口から水が流れはじめてから経時的に道路排水を採取し，濾過をして粒子相と濾液(溶存相)のそれぞれのPAHの濃度の時間変動を調べた結果が図5.7である．雨の降りはじめは晴天時に路面に蓄積していた粉塵が雨で洗い出されて懸濁物が高い濃度で出てくる．これをファーストフラッシュとよぶ．ファーストフラッシュに伴いPAH濃度もピークをもつ．さらに降雨の後半には

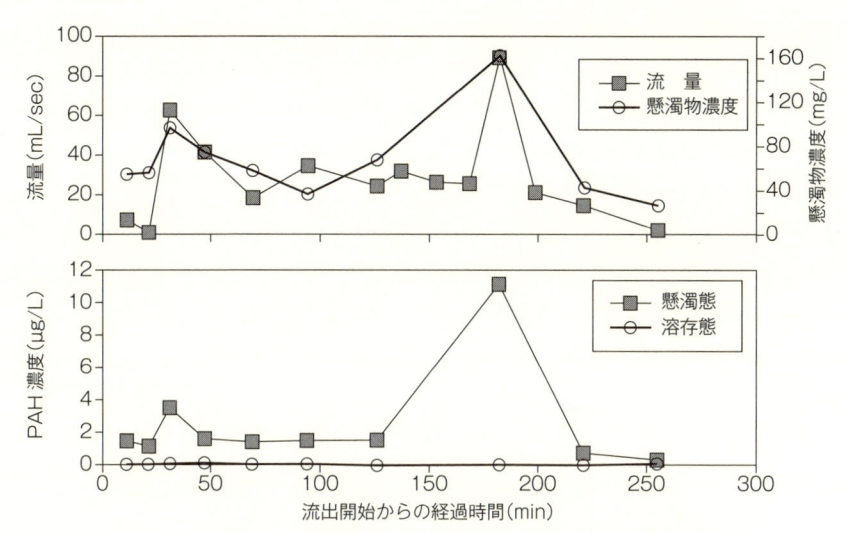

図 5.7　道路排水の懸濁物粒子中における PAH 濃度と流量の関係

　流量の増加に伴い懸濁物量も増加し，PAH 濃度のピークも観測された．この降雨イベント中に道路排水として負荷される PAH のうちの 98％が粒子吸着態であると計算され，PAH の水環境への負荷は粒子の動態に依存していることが確認された．そのため，粒子を除去できれば PAH の負荷は減らせるはずである．もちろん PAH と同じくらいの疎水性をもつほかの疎水性の汚染物質についても同様のことがいえる．このように，雨が降ると PAH は都市表面流出水として沿岸海域へと運ばれていく．そして疎水性が高いために堆積物へとたまっていくのである．

　ここまでは，PAH の発生源として交通に由来するものに注目してきた．しかし，環境全体への負荷を考えると，自動車由来の PAH の寄与は大きくないようだ．PAH の発生源は面源・点源について多岐にわたっているため，その実態を把握することは非常に難しいが，環境全体への PAH の負荷量に占める自動車排出ガスの割合は数〜20％程度（たとえば文献[6]など）と推定されている．それ以上に，人間が熱やエネルギーを得るために石炭・石油・天然ガス・木材を燃焼することによる PAH の割合のほうが多いということになる．しかし，PAH の点源の少ない都市域の道路近傍では，自動車排出ガスが主要な負荷源となる場合がある．さらに，排出ガス以外にも自動車に関連する PAH の負荷源も含めると，交通系は

決して無視できない PAH の負荷源である．最近，米国中部や東部の州で駐車場などの舗装に使うコールタールが摩耗したものが道路排水として水域へ流入し，PAH の大きな負荷源になっていることが明らかになり，テキサス州などではコールタールによる舗装を行わないようになってきている[1]．

5.4 起源推定

　PAH の発生源について，各発生源からの発生量を推定して，量的に調べることは非常に難しいが，PAH の組成比を用いた起源推定を行うことはできる．起源や発生源に応じて，発生する PAH は特異的な組成をもつ場合があり，環境中の PAH の組成を調べることで PAH の起源や発生源が推定できる．いろいろな PAH の組成が使われているが，石油起源 PAH と燃焼起源 PAH を判別するためのもっとも信頼性のある方法はアルキル PAH の割合を用いるものである．PAH のなかには，メチル基をもつ化合物が存在する．たとえば，フェナントレン (phenanthrene) にメチル基がついているものをメチルフェナントレンといい，メチル基の置換位置によって 5 種類の異性体が存在する．フェナントレンとメチルフェナントレンの割合は，起源により異なる．メチルフェナントレンはフェナントレンよりも熱力学的に不安定なので，高温での燃焼生成物中ではメチルフェナントレンはフェナントレンよりも少ない．一方，石油は地殻中で低温での有機物の変成により形成されるので，メチルフェナントレンに富んでいる．そこで，フェナントレン (P) に対するメチルフェナントレン (MP) の比 (MP/P 比) が，燃焼起源と石油起源の PAH を識別する指標として用いられている．煤，原油，エンジンオイル，アスファルト，タイヤ等，さまざまな PAH の起源物質について MP/P 比をとった結果，この比率が 0.5 まではガソリンの燃焼や煤，木材燃焼などの燃焼起源，MP/P 比が 2 より大きい場合はエンジンオイル，アスファルト，タイヤの摩耗など石油起源であると推定することができる[7]．MP/P 比が 0.5 と 2 の間に位置するものは，石油起源と燃焼起源が混合していることを意味する．環境中ではさまざまな起源から発生した PAH が混ざり合っているので，混合起源となる場合も多い．起源推定の比を使う際には，環境汚染が簡単に白黒をつけられるものではなく，複合的な要素が重なり合っていることも念頭に置いておくことも重要である．なお，メチル基をもつ PAH はフェナントレンだけではなく，クリセン (chrysene) やピレンなどにも存在するため，それらの物質やその総和を用いて

比をとることもある.

5.4.1 熱帯アジア堆積物中の PAH とその起源

図 5.8 は，熱帯アジア各国都市部の運河や沿岸の堆積物中における PAH 濃度(a) とその MP/P 比(b) を示したものである．比較対象として日本の PAH 濃度と，文献から集めた世界中のさまざまな地点の PAH 濃度も加えている．これは PAH 濃度の世界規模での幅を意味する[8]．PAH の濃度は，熱帯アジア各国の都市部で非都市部の 10～1,000 倍の濃度で検出されている．PAH は発生源の近くに沈着する傾向があるため，発生源が都市部に集中していることがうかがえる．MP/P 比を

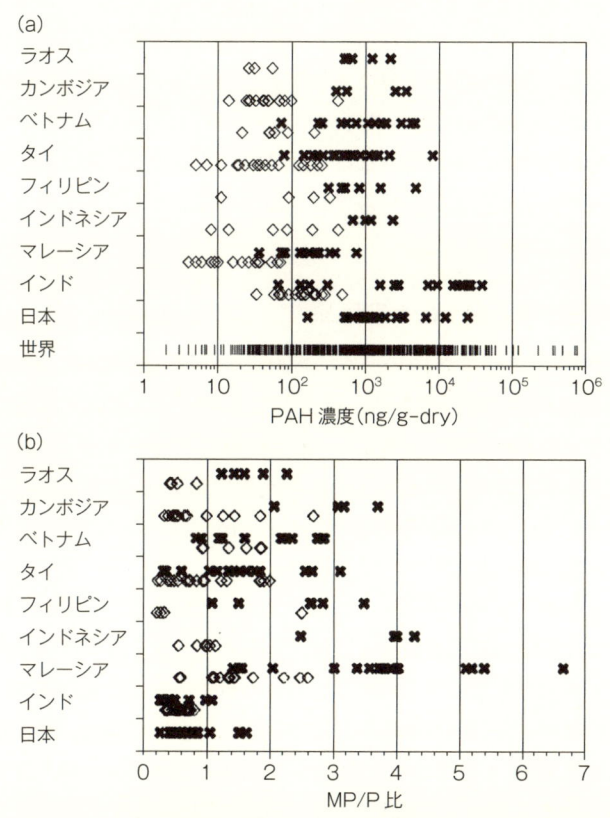

図 5.8 アジア堆積物中における PAH 濃度(a)と MP/P 比(b)
✕：都市部，◇：非都市部.
M. Saha *et al.*, *Mar. Pollut. Bull.*, **58**, 193, 196(2009).

みてみると，熱帯アジアの多くの都市部のPAH汚染は石油起源であることが推定される．インド（コルカタ）や日本，熱帯アジアの非都市域においては燃焼起源が多いことも読み取れる．

熱帯アジアの都市域における石油起源PAHは，タイヤの摩耗くずや車の排出ガス，廃エンジンオイルの漏出などが考えられる．排出ガスについては，燃えて出てくるPAHはもちろんあるが，燃え残った燃料の大気への放出も負荷源の一つである．廃エンジンオイルは，その管理の不十分さが原因となり得る．実際にマレーシアでは，廃エンジンオイルのリサイクル体制が整っていないために，廃エンジンオイルが意図的，非意図的に環境へ漏出し，水域の石油起源PAHの負荷源となっていることが明らかにされた[9]．首都クアラルンプール郊外ではドラム缶から廃エンジンオイルが漏れ出している光景も目撃されている．ほかの熱帯アジア諸国でも，自動車の不十分なメンテナンス，不十分な廃棄物管理によって石油由来のPAHが環境へ放出されている．それらは熱帯地域特有の頻繁な豪雨によって活発に水域へと洗い流される．経済的な背景や自然の要素が重なり，汚染物質の負荷が高まることは，熱帯アジアにおいて広くみられる問題なのかもしれない．

5.4.2 大気中のPAHとその起源

図5.8(a)の熱帯アジア各国のうち，PAH濃度が高いものの，その起源は燃焼由来の寄与が高かった国がある．インドである．インドの都市域の堆積物中PAH濃度はほかの熱帯アジア各国より1桁高い濃度のPAHを示していた．しかし，そのMP/P比は非常に低いことから，この高濃度のPAHは燃焼起源であることが強く示唆された．その原因を探るべく，年間を通して大気中のPAHを採取した筆者らの研究を紹介しよう．

試料を得るため，まずハイボリュームエアサンプラーという吸気装置を用いてフィルターに大気中の粒子を捕集させる．1週間に一度，24時間吸気させて捕集した試料を1カ月分まとめて一試料として，分析している．この調査は，インドのコルカタのほかに，東京（日本），ハノイ（ベトナム），北京（中国）で行った．図5.9がアジア5都市のPAH濃度の年変化である．PAHの濃度は北京，次にコルカタで高く検出された．東京と比較して，1～2桁は高い濃度である．そして，どちらも夏に低くなり冬に高くなる傾向にあった．季節変化の要因として，大気の安定度の違いも考慮に入れなければいけない．夏は大気の混合層が厚くなり，冬は

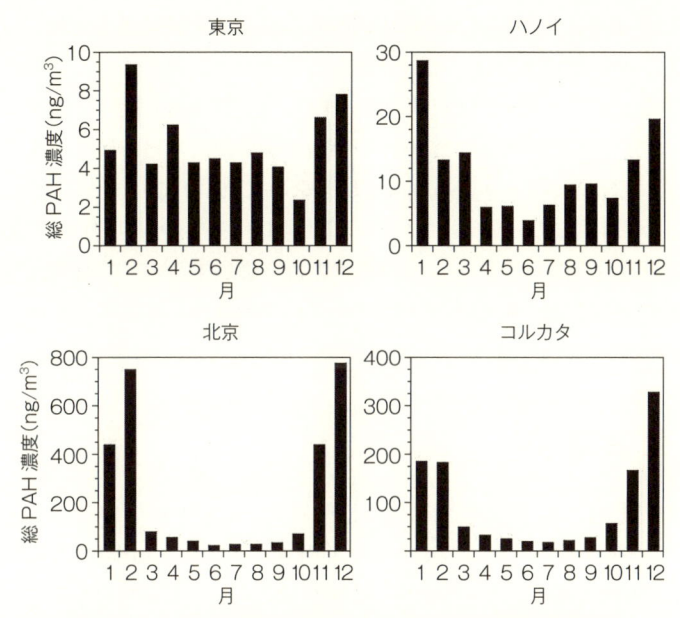

図 5.9 アジア 4 都市の大気中における PAH 濃度の季節変化

薄くなる．つまり，同じ量の物質が大気中に放出されても，冬のほうが入れ物（循環層）の大きさが小さくなるため，濃度が高く見えてしまうのである．この効果をマーカーとの比率をとり考慮に入れても，コルカタと北京では冬季に大気へのPAHの負荷が大きくなることが示された．両都市ともに MP/P 比やほかの組成比はいずれも燃焼起源を示しており，両都市において冬場の燃焼活動の活発化により大気中 PAH 濃度が増加したと考えられる．北京では，11～3 月の冬季の暖房用の石炭の燃焼がおもな原因と考えられる．コルカタは亜熱帯域に位置するため，11～3 月は冬季というよりは乾季であり，気温も暖房が必要になるほど下がらず，大気中 PAH 濃度の上昇は暖房由来とは考えにくい．コルカタでは乾季になると，レンガ生産等の野外での燃焼を伴う工業活動が活発化する．工業活動に伴う石炭燃焼が乾季に活発になることがコルカタにおける冬季の PAH 濃度の上昇の原因と考えられる．

図 5.9 にみたように，冬季の北京では，暖房用に大量の石炭を燃やすことにより，大気エアロゾル中の PAH 濃度が著しく高くなる．PAH には発癌性を有する成分が含まれることから，健康影響が懸念される．近年 $PM_{2.5}$（粒径 2.5 μm 以下

の微粒子)による大気汚染と，その中国からの飛来の影響が懸念されている．冬場の北京のPAH濃度からは，その懸念も当然のように思える．しかし，本章の前半で述べたように，粒子吸着性の強いPAHは，発生源の近くに急速に沈着するので，北京の冬に観測されたPAHがそのままの濃度で日本に飛来するとは考えにくい．実際に，図5.9にあるように東京の大気エアロゾル中のPAHは冬季に顕著な上昇を示していない．多少の濃度上昇は，冬季の大気混合層の薄さによるものであろう．PAHの日本人への健康影響を懸念するのであれば，もっと身近にあるPAH発生源，自動車排出ガスやタバコの煙などを気にするべきであろう．

5.5　生物濃縮

　自動車や暖房など人間の生活に伴う活動によって発生したPAHは，大気中に拡散すると発生源の近くで沈着し，そして雨が降ると表面流出により水域に入り堆積物中に蓄積される．では，水中の生物にはどのように蓄積をしていくのであろうか．

　一般に，疎水性の高い物質は粒子に吸着しやすく，生物濃縮(bioconcentration)をしやすい物質であることは概論ですでに述べたとおりである．また，生物増幅については，その物質が体内で代謝を受けやすいかどうかが鍵となっていることもすでに説明した．たとえば，PCBは疎水性が高く代謝も相対的に受けにくいので，生物濃縮も生物増幅も起こるが，PBDEのなかには代謝を受けやすく，生物増幅が起こりにくい成分がある．では，PAHはどのような生物濃縮をするのであろうか．図5.10では，PCBと同じように，窒素安定同位体比を横軸に，PAHの濃度を縦軸にとった[10]．窒素安定同位体比が高くなっても，PAH濃度は横ばいまたは減少する傾向にあった(図2.10)．クリセンと同程度の疎水性をもつPCBであるCB52(4塩素)は，正の傾きをもっていた．PCBでは食物連鎖を通して濃度が増幅したのに対し，PAHでは増幅がみられず，減少傾向を示すことが明らかになった．食物連鎖を通してPAHの濃度減少がみられることには，高次の生物における代謝と排出が寄与していると推察された．

　1章「概論」の図1.13のように，物質が生物に取り込まれて排泄されるさいには，吸収，分配，代謝，排泄といったさまざまなステップを要する．そのなかで，肝臓は異物を排出するために疎水性の物質に親水性を与えるべく，水酸化を行う．

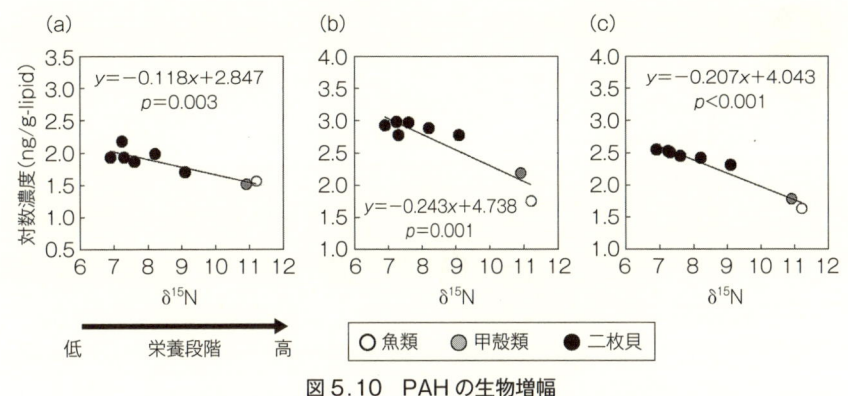

図 5.10 PAH の生物増幅
(a) アントラセン，(b) フルオランテン，(c) クリセン
I. Takeuchi *et al., Mar. Pollut. Bull.*, **58**, 663 (2009) をもとに作成.

5.2 節の毒性の項目でも述べたように，PAH は PCB と比較して生体内の代謝において水酸化反応を受けやすい．そのために，二枚貝や甲殻類よりも代謝能が高い魚類では代謝が起こり体外へ排出されるため，生物増幅は起こらないのである．

引用文献

1) P. C. Van Metre and B. J. Mahler, *Environ. Sci. Technol.*, **63**, 7222 (2014).
2) P. C. Van Metre and B. J. Mahler, *Environ. Sci. Technol.*, **39**, 5567 (2005).
3) B. K. Afghan, A. S. Y. Chau Eds, "Analysis of Trace Organics in the Aquatic Environment", CRC press (1989).
4) M. Murakami *et al., Atmos. Environ.*, **54**, 9 (2012).
5) M. J. Kennish, "Practical Handbook of Estuarine and Marine Pollution", CRC Press (1996).
6) A. H. Neilson Ed., "PAH and Related Compounds", Springer (1998).
7) M. Saha, H. Takada and B. Bhattacharya, *Environ. Forensics*, **13**, 312 (2012).
8) M. Saha *et al., Mar. Pollut. Bull.*, **58**, 189 (2009).
9) M. P. Zakaria, *Environ. Sci. Technol.*, **36**, 1907 (2002).
10) I. Takeuchi *et al., Mar. Pollut. Bull.*, **58**, 663 (2009).

6

石油汚染

　石油汚染は原初的な環境汚染の一つである．これまで述べてきたPCBやPBDEは人間が合成してきた化合物であり，ダイオキシン類は塩素を含むプラスチックの燃焼等により生成する化合物である．これらの物質は，その化学物質を使わないようにすれば減らすことができる．しかし，現代の社会において石油から完全に脱却して生活することはできない．つまり，石油汚染は人間が活動していると必然的に起こる汚染で，社会の近代化とともに古くから生じている汚染なのである．そのような意味から石油汚染は原初的な汚染ととらえられる．石油汚染のイメージは，タンカーが座礁したり油田で事故が起こったりすることによる原油流出，といったものがあるかもしれない．こうした事故による汚染は特定の水域に短時間に大量の石油が流出し，被害も顕在化しているが，実は日常的にも汚染が発生しているのだ．本章では，過去に起こった石油流出事故の事例と，石油に含まれる成分の残留性や毒性，環境中での分解性，分散剤の問題について述べる．

6.1　世界・日本で起こった石油流出事故とその影響

　世界では，2年に1回程度の頻度で大きな石油流出事故が発生している．表6.1に，世界の海・日本の海で起こったおもな石油流出事故をまとめた．
　1967年に起こったトリー・キャニオン号事故は，英国南西部近海〜フランス

6.1 世界・日本で起こった石油流出事故とその影響

表6.1 主要な石油流出事故

順位	年	海域	原因	推定量(t)
タンカー事故による原油流出				
世界				
1	1979	トリニダード・トバゴ沖	アトランティック・エンプレス号	287,000
2	1991	アンゴラ 700マイル沖	ABTサマー号	260,000
3	1983	南アフリカ ケープタウン70マイル沖	カストロ・デ・ベルバー号	252,000
4	1978	フランス ブルターニュ沖	アモコ・カディス号	223,000
5	1991	イタリア ジェノバ	ヘブン号	144,000
6	1988	カナダ ノバ・スコシア 700マイル沖	オデッセイ号	132,000
7	1967	英国 シリー諸島	トリー・キャニオン号	119,000
8	1972	オマーン オマーン湾	シースター号	115.000
9	1980	ギリシャ ナバリノ湾	イレネス・セレナーデ号	100,000
10	1976	スペイン コルーニャ港	ウルキオラ号	100,000
11	1977	ハワイ ホノルル 300マイル沖	ハワイアン・パトリオット号	95,000
12	1979	トルコ ボスポラス海峡	インデペンデンタ号	95,000
13	1975	ポルトガル ポルト	ヤコブ・マースク号	88,000
14	1993	英国 シェトランド島	ブレア号	85,000
15	1989	モロッコ大西洋沿岸 120マイル沖	カーク5号	80,000
16	1992	スペイン ラ・コルーニャ湾	エイジアン・シー号	74,000
17	1996	英国 ミルフォード・ヘイブン	シー・エンプレス号	72,000
18	1985	イラン ハールク島沖	ノヴァ号	70,000
19	1992	モザンビーク マプト沖	カティナP号	66,700
20	2002	スペイン ガリシア地方沖	プレスティージ号	63,000
⋮	⋮	⋮	⋮	⋮
35	1989	アラスカ プリンス・ウィリアム湾	エクソン・バルディーズ号	37,000
日本				
1	1997	島根県 隠岐島沖	ナホトカ号	6,240
2	1997	東京湾 中ノ瀬	ダイヤモンド・グレイス号	1,550
タンカー事故以外による原油流出				
1	1991	クウェート ペルシャ湾	湾岸戦争によるクウェート油田破壊	1,600,000
2	2010	メキシコ湾 ルイジアナ60マイル沖	BP社ディープウォーター・ホライズン油田事故	700,000
3	1979	メキシコ カンペチェ湾	IXTOC油田からの噴出	450,000〜1,400,000
4	1983	北ペルシャ湾	イラン・イラク戦争によるノールーズ油田破壊	140,000

J. W. Farrington, *Environment: Science and Policy for Sustainable Development*, **55**, 4–5 (2013);環境統計集 (http://www.env.go.jp/doc/toukei/contents/index.html) をもとに作成.

北部の海峡で発生した．その原油流出量は約 120,000 t にのぼった．それ以前は原油の国際的な移動量はそれほど多くなかったので，ここまで大規模な石油流出事故は発生していない．つまり，このトリー・キャニオン号が世界で初めての大規模な石油流出事故であったといえる．そのため，石油流出事故が起こると引き合いに出される事故である．この事故では大量の油処理剤（分散剤，界面活性剤からなる）を使用したことにより，生物へ大きな影響を及ぼした．そのときまかれた分散剤はノニルフェノールエトキシレート（nonylphenol ethoxylate）という，内分泌攪乱作用をもつ物質を生成したり，急性毒性をもったりしている物質であった．この石油と分散剤の影響が生物に及んだ結果，10,000 羽以上の海鳥が死亡した．このことは，事故後，分散剤の成分の変更につながった．

　1969 年には米国マサチューセッツ州郊外のウェスト・ファルマスにて 6,000 t の燃料油が流出する事故があり，多くのロブスター，魚類，軟体類等が死滅した．トリー・キャニオン号事故と比べると 10 分の 1 ほどの量であるが，この事故は石油汚染の研究（流出した石油の行方の理解）という点で重要な意味をもっている．ここはウッズホール海洋研究所（Woods Hole Oceanographic Institute）という海洋学の大きな研究所の近くであったため，この研究所の研究者によって，海底堆積物中での石油の残留やそれらの底生生物への影響についての基礎的な研究が行われた．また，事故が起こった時点での調査のみならず，10 年，20 年，30 年後と長期にわたって精力的な調査研究がなされた．このときの研究によって，油は通常水より軽く浮いているが一部の石油成分は海底に沈んで底生生物に影響することが明らかになった．海底は光や酸素の供給がないことから物質の分解が起こりにくい環境であり，一度海底に沈んだ石油成分も長期間海底にとどまる[1]．干潟の柱状堆積物試料を採取し，石油成分を分析した結果，石油由来の炭化水素が 30 年後も泥の中に残っていることが確認された[2]．石油が海底に運ばれること，長期間残留することを学術的に解明でき，石油汚染を考えるうえで大きな発見のあった流出事故といえる．

　1980 年代には 1960 年代よりも石油の使用量が増え，輸送量も多くなった．1989 年に起こったエクソン・バルティーズ号の事故では 37,000 t の原油が流出し，アラスカ湾の約 800 km の海岸に漂着した．36,000 羽の鳥と約 5,000 頭のラッコの死亡が確認されている．

　石油が流出するのは事故によるものだけではない．湾岸戦争で 1991 年にペルシャ湾全域のクウェートの油田が破壊され，人為的な石油流出が発生した．

6.1 世界・日本で起こった石油流出事故とその影響

1,600,000 t の石油が流出したと推定されている．

大規模な石油流出事故は，日本の近海でも発生している．1997 年 1 月に起こったナホトカ号重油流出事故は，重油を運搬していたタンカーが日本海で壊れたことにより生じた．6,240 t の重油が海上に流出し，10 府県の沿岸に漂着した．多くのボランティアが除去作業にあたった．

また，同年 7 月には東京湾でも原油流出事故が起きている．東京湾の中ノ瀬でタンカーが底触したためである．タンカーの底の種類は二重底と一重底の 2 種類があるが，この事故を起こしたタンカーは一重底であった．一重底は二重底と比べると一度に運べる石油量が多いが，そのぶん石油流出のリスクは高い．この事故は安全性より効率を重視したために起こったともいえる．原油の流出量は 1,550 t とほかと比べると規模は小さいが，京浜運河などの都心に近い運河に原油が漂着したり，低分子の石油成分が揮発し湾岸地域に風で運ばれたりといった被害が発生した．

最近起こった石油流出事故といえば，2010 年のディープウォーター・ホライズンの原油流出事故である．ディープウォーター・ホライズンとは，メキシコ湾内につくられた石油掘削施設である．海底油田から掘削した石油をパイプラインで製油所に運ぶ中継点となっていた．しかし，安全管理の不備から爆発・炎上が起こり，深海で掘削中だったがために原油の流出をただちに止めることができず，約 3 カ月間原油の流出が続いた．最終的な原油流出量は 700,000 t にのぼり，エクソン・バルディーズ号やトリー・キャニオン号の 10 倍以上にもなった．この事故により，多くの野生動物が被害を受け，また 2-ブトキシエタノールという毒性も懸念される分散剤がまかれた．

こうした石油による海洋汚染が起こるようになってから，いくつかの条約が生まれるようになった．もともと海洋に関する法律は，1960 年代に領海や公海を定めたジュネーブ海洋法条約が制定されていた．その後それを前身とした，海洋に関する一般的な原則を定めた国連海洋法条約が 1982 年に採択，1994 年に国際的に発効した[3]．日本では 1996 年 7 月に発効している．

それ以外に，石油汚染に特化した条約が存在する．一つは「1973 年の船舶による汚染の防止のための国際条約に関する 1978 年の議定書(マルポール 73/78 条約)」である[4]．1967 年のトリー・キャニオン号の大規模な油流出事故等をきっかけに「1973 年の船舶による汚染の防止のための国際条約(マルポール条約)」が定められた．当時，タンカーの大型化や油以外の有害物質の海上輸送の増加が進

んでいたため，油だけでなくその他の有害物質についても盛り込まれた条約となった．しかし，マルポール条約は技術的に満たせない事項が多く発効には至らず，マルポール条約に修正を施したマルポール 73/78 条約が 1978 年に採択された．日本は 1983 年 6 月に加盟，10 月から発効している．なお，マルポールとは，marine pollution の略である．

マルポール 73/78 条約は事故だけではなく，石油輸送活動に伴う汚染についても効力を発した．タンカーは石油を積んで目的地に行き，石油をおろした後は船の安定性のためにタンクに海水を積んで帰り，石油産出国にて石油を積む前にその水を捨てる．この水をバラスト水とよぶ．バラスト水にはタンク中の油が含まれているため，累積では石油流出事故以上の石油汚染源となっていたのである．この条約が発効される前までバラスト水の放流には規制がなかった．

マルポール 73/78 条約では，タンカーを日常的に運航する際に，バラスト水を流してもよい海域・禁止する海域なども定めている．その効果により，日本における 1990 年代のタールボール（油塊，詳細は後述）漂着・漂流量は 1970 年代の 1 割程度にまで激減した．

もう一つは「油による汚染に係る準備，対応及び協力に関する国際条約」(OPRC 条約)である[5]．OPRC 条約は，大規模な油流出事故発生時における各国の対応や協力体制を整備するための条約である．海洋環境保全への配慮から生まれた方策として，1990 年 11 月に採択され，95 年 5 月に国際的に発効し，日本では 96 年 1 月に発効している．

6.2 石油汚染の発生源

ここまでは事故を中心に述べてきたが，海洋における石油汚染の発生源は事故による流出よりも，実は日常的な負荷のほうが大きい．たとえば，湾岸戦争の前後にペルシャ湾で行われた石油汚染の調査では，湾岸戦争後のほうが石油炭化水素による汚染レベルは減少していた．当初，湾岸戦争時に油田が破壊されて大量の石油がペルシャ湾に流出したことから，湾岸戦争後に汚染レベルは上昇したのではないかと懸念されたが，ペルシャ湾のカキや堆積物中の炭化水素の量は，戦争後のほうが減っていた．戦争期間中にタンカーの航行や産油がなかったことにより，日常的な負荷が減ったためと考えられる[6]．石油流出事故による汚染よりも日常の負荷源の寄与のほうが多いことが示された一例である．

表6.2に，世界の石油汚染の発生源の割合を統計的に示した[7]．これによると，タンカーの事故等，石油の輸送に関わる割合は12%程度である．以前は高い割合を占めていたバラスト水も近年は非常に低い割合となった．石油汚染の発生源で石油輸送に関わる洗浄水以上の割合を占めるのが，都市・工業からの排水（表6.2中「石油の消費」に該当）である．石油のほとんどは陸上で使用，燃焼されるが，石油由来の炭化水素の大部分が最終的には海域へと入っていっている．その他起源として，天然由来の負荷源も存在する．海底や湖底から自然に湧き出す石油である．人為的な負荷源が減少した影響もあり，現在では負荷源の約半分が天然起源

表6.2　石油の年間の負荷源
（1990〜1999年の平均）

項　目	負荷量(千 t)
天然の漏出	600
石油の採掘	38
プラットフォーム	0.86
大気沈着	1.3
油濁水	36
石油の輸送	150
パイプライン	12
タンカー	100
工程上の排出	36
沿岸施設	4.9
大気沈着	0.4
石油の消費	480
陸由来（河川および表面流出）	140
タンカー以外の船舶	7.1
工程上の排出	270
大気沈着	52
航空機燃料	7.5
合　計	1,300

J. W. Farrington, *Environment: Science and Policy for Sustainable Development*, **55**, 10 (2013) をもとに作成．

となった．石油はもともと地殻の中で熱と圧力がかかる環境下において，生物の死骸から自然にできたものである．人類が誕生する以前からも石油は自然に湧き出していた，つまり一定量の石油は自然界にもともと存在していたのである．このことは，石油の微生物分解を考えるうえで重要なことである．すなわち，石油を分解する微生物も石油と一緒に太古の昔から存在し，進化してきたので，石油を分解できる微生物が低密度ながら自然界には多種存在するわけである．一方，たかだか数十年の間に地球上に登場した合成化学物質であるPCBの場合にはそれを分解する微生物がきわめて限られている．

6.3　石油の成分と毒性

では石油とは，いったい何からできているのであろうか．その主成分は，無色透明な低分子量の炭化水素である．原油や重油は黒くて粘性のあるイメージだが，これは窒素や酸素，硫黄を含む分子量500以上の高分子の炭化水素によってもた

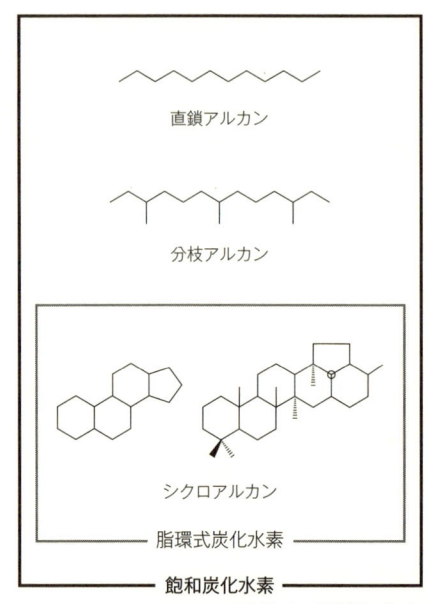

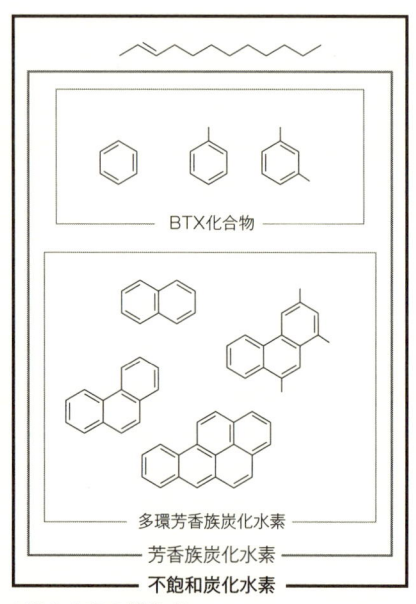

図6.1　石油に含まれる炭化水素の構造式

らされる性質である．炭化水素のうち分子量 500〜50,000 の縮合多環芳香族をレジン (resin) とよび，これらが層状構造をとるものをアスファルテン (asphaltene) とよぶ．アスファルテンの分子量は 1,000〜100,000 にもなる．レジンは分子量が小さいため，粘性も低く低分子の有機溶媒に溶解するが，アスファルテンは分子量が大きく，粘性も高く有機溶媒には溶けにくい．

　石油汚染による毒性を考えるうえで重要なのは炭化水素の種類である (図 6.1)．炭化水素は飽和炭化水素と不飽和炭化水素とに大別され，不飽和炭化水素の一種として芳香族炭化水素がある．芳香族炭化水素は毒性を有するものが多い．飽和炭化水素は直鎖アルカン，分枝アルカン，シクロアルカン，およびそれらが組み合わさったものから構成される．また，芳香族炭化水素以外の炭化水素は脂肪族炭化水素と総称される．

　急性毒性が高い炭化水素の代表は BTX である．BTX とはベンゼン (benzene)，トルエン (toluene)，キシレン (xylene) の総称である．いずれも揮発性が高い．そして 5 章でも説明したとおり，ベンゼンが複数縮合した高分子の PAH にも発癌性や内分泌攪乱性といった毒性がある．PAH の発生源はいろいろあるが，そのうちの一つが石油である．以上をまとめると，石油中の炭化水素で問題があるの

は，毒性が強い BTX および PAH であり，急性毒性はベンゼン環 1~2 個，発癌性等の長期毒性をもつ成分はおもにベンゼン環 4 個以上の PAH である.

我々が日常的に使用しているガソリンや灯油は，原油を精油場で精製することでつくられる.原油を蒸留して沸点の低いものから目的に応じて取り出していく.そのため，ガソリンや灯油には高分子の PAH はわずかしか含まれておらず，急性毒性が高い BTX を多く含む.一方，潤滑油やアスファルトなどは長期的な毒性が高い高分子の PAH を多く含んでいる.

では，石油は実際に生物へどのような影響を与えるのだろうか.石油による生物への影響は，物理的なものから化学的なものまで幅広く，(1) 石油が生物の表面を覆うことによる影響，(2) 急性毒性，(3) 長期毒性などがあげられる.

(1) 石油が生物の表面を覆うことによる影響

この例として，表面が石油に覆われて羽毛の撥水・保温効果が低下し，体温維持ができなくなった海鳥の凍死があげられる.石油中の毒性を体内に取り込むことによる影響も考えられるが，表面を覆うことによる影響が大きいとされている.また，海藻が石油に覆われると光合成や呼吸が阻害されるため，海藻の死滅も引き起こし得る.

(2) 急性毒性

前述のとおり低分子の PAH が原因となる.ベンゼン，トルエン，キシレンのほか，ナフタレン，フェナントレンのようなベンゼン環が 2 個または 3 個縮合した低分子の PAH も高い急性毒性をもつ.これらの急性毒性の感受性は生物によって異なる.動物プランクトンのほうが植物プランクトンよりも敏感である.魚の感受性は魚種により大きく異なるが，成魚よりも幼魚や卵の感受性が高い.また，カニ等の甲殻類は石油に敏感である.

(3) 長期毒性

石油による長期毒性には，発癌性や催奇形性，内分泌攪乱作用が含まれる.長期の毒性は，すべての石油成分が有するわけではなく，おもに高分子の PAH で確認されており，具体的にはベンゾ[a]ピレン，ベンゾ[b]フルオランテン，クリセンなどがあげられる.また，PAH が生物体内で代謝(酸化)されることにより毒性が高くなる場合もある.

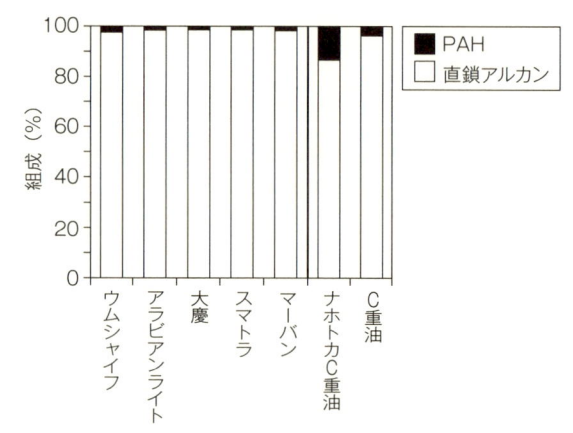

図6.2 原油および重油中のPAHおよび直鎖脂肪族炭化水素の組成
堀之内愛ほか，沿岸海洋研究，37, 23 (1999)をもとに作成．

6.4 石油成分の環境動態

　図6.2は原油と重油に含まれる直鎖脂肪族炭化水素（直鎖アルカン）とPAHの割合を示したものである．同じ原油でも産地で成分比が異なる．原油の中ではPAHの割合は低いが，蒸留の際の高沸点留分の重油ではPAHの割合は高くなっている．重油流出事故を起こしたナホトカ号が輸送していたC重油（ナホトカC重油と略す）はとりわけPAHの割合が高いという特徴があった[8]．つまり，生物に長期的な影響を与えやすい重油ということになる．ナホトカ号の重油流出事故のさいには，分散剤の大規模な散布はなかった．これは長期的な視野に立った環境保全という点で評価される．この重油を分散剤で分散させると，長期的な毒性をもつ成分が環境中へ広がってしまうことになる．産地や種類によって含まれている成分に違いがあるということは，それによって講じる対策も異なってくる．海上保安庁では，世界の各地から得られた原油を分析してその成分のデータベースを構築している．石油汚染が起きたときの対策として，汚染源になるものにどんなものが含まれているのかを知ることが重要となる．
　図6.3は，環境中に流出した石油の挙動を示した模式図である．流出した石油は油膜として浮いているため，低分子のものは揮発して大気へと飛んでいく．また，低分子の成分は粘性が低く，水溶性も相対的に高いので一部水に溶け

6.4 石油成分の環境動態

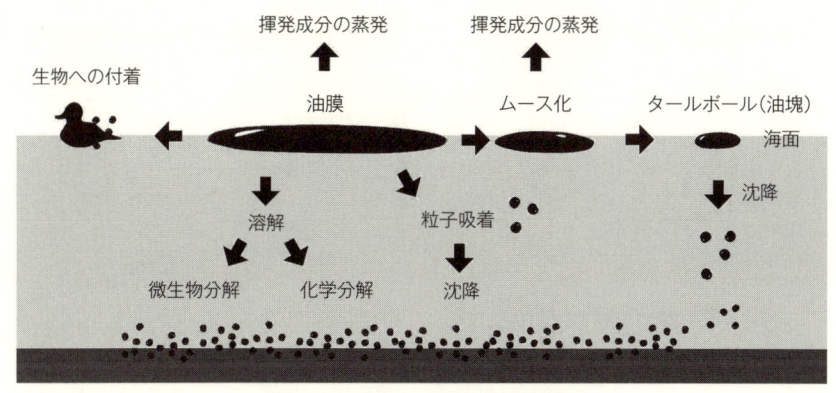

図6.3 流出した石油の変成過程

（図中ラベル：生物への付着／揮発成分の蒸発／油膜／揮発成分の蒸発／ムース化／タールボール(油塊)／海面／溶解／粒子吸着／沈降／微生物分解／化学分解／沈降）

る．こうして残った油膜の成分の比重は重く，粘性は高くなり，タールボールとなる．やがてタールボールの比重が水より大きくなると沈降し，海底に沈降する．石油が海底に溜まるプロセスはタールボール以外にも，懸濁粒子に吸着したり，凝集したりすることでも沈降していく．また，懸濁粒子に吸着した石油が魚に取り込まれ，糞便として排泄されたものが沈降していく経路もある．さまざまなプロセスで海底に到達した石油は，酸素も光もない環境では分解されにくく，海底に保持され続けることになる．

ナホトカ号の石油流出事故後，兵庫県の海岸に半年に一回程度で足を運び，約2年間の間で経時的に石油成分がどれくらい減っていくかを調査した例がある[8]．その結果では，アルカンでは炭素鎖の長いもの，PAHではベンゼン環の数が多いものほど残留することが明らかになった．ベンゼン環の数が2個の成分や，炭素数が16のアルカンは2年後にはほとんど残っていなかった．低分子の成分が消失したことから，揮発，海水への溶解，微生物分解により消失したと推察されたが，現場の観測からだけではこのなかのどれが働いているのかはわからなかった．そのような場合には，室内実験を併用することが有効である．

そこで筆者らは，石油の挙動を調べるためにマイクロコズムを用いた室内実験を行った．マイクロコズム実験とは，微生物が関与する自然現象の作用因子を研究するために，微生物を含む小さな実験系(通常三角フラスコレベル)をつくって，条件を変化させた実験を行うものである．東京湾の海水に石油と堆積物を混ぜた系を作成し，好気的な系／嫌気的な系や栄養塩を入れた系／入れない系，など，微生物分解に関するさまざまなファクターを変えることで，石油に含まれる

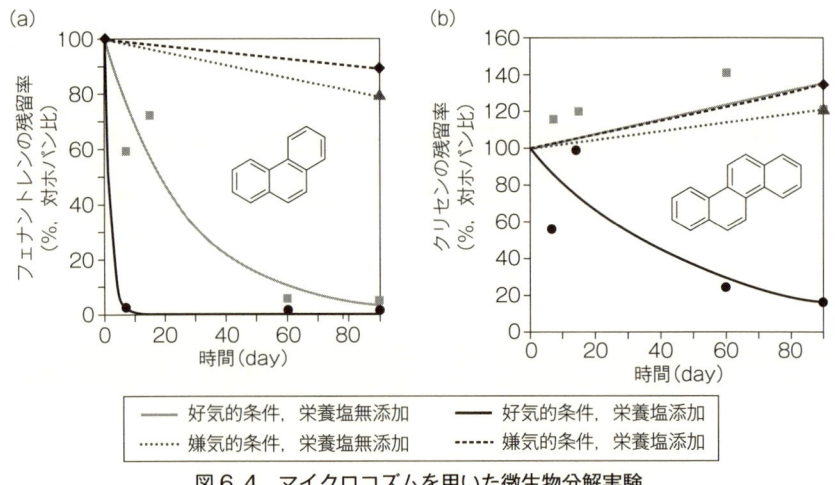

図6.4 マイクロコズムを用いた微生物分解実験
(a)フェナントレン，(b)クリセン．

凡例：
- 好気的条件，栄養塩無添加
- 嫌気的条件，栄養塩無添加
- 好気的条件，栄養塩添加
- 嫌気的条件，栄養塩添加

PAHがどのように分解されるのかを調べた．

その結果を示したものが図6.4(a)である．横軸は培養日数，縦軸は0日目を100％とした残存するフェナントレン(3環，分子量178)の割合である．好気的・栄養塩無添加の条件，つまり天然の条件では，20日の培養で50％のフェナントレンが分解された．ここに栄養塩を添加すると，10日後にはほぼ100％分解された．栄養塩の添加により微生物活性が上がり，分解が促進されたことがわかる．図からは，嫌気的条件下では，栄養塩の有無にかかわらずあまり分解されないこともわかる．海底の堆積物は通常嫌気状態である．つまり，堆積物に石油成分が入るとたとえ微生物がいても分解は起こりにくいのである．一方，図6.4(b)は，ベンゼン環四つが縮合したクリセン(分子量228)の結果である．嫌気的な状態はもちろん，栄養塩がないと好気的でも微生物分解が起こりにくい．好気的で栄養塩があると，90日で20％くらいに減少した．図6.4(a)と(b)を比較すると，ベンゼン環の数がフェナントレンより一つ増えただけで，微生物分解が非常に起こりにくくなることがわかる．

もう一つ実験の例を示す(図6.5)．環境中は系自体が複雑なので，疑似的な生態系を作成した実験を行うことも必要となる．ここで紹介する実験系では，海水中に石油が流出した際に，環境中でどのような挙動を示すかを，沈降という垂直方向の動きも含めた消失・分解過程を調べた．実験系は直径1.5 m，高さ3 mの

6.4 石油成分の環境動態

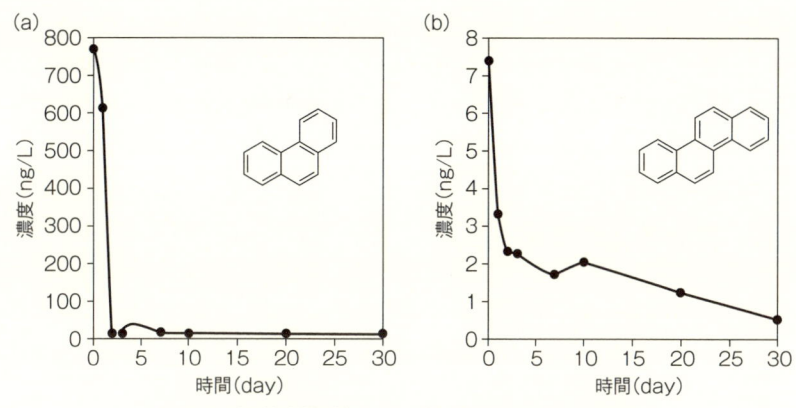

図6.5 疑似生態系(メソコズム)中でのPAHの挙動
(a)フェナントレン，(b)クリセン．

タンクに海水5,000 L を満たしたものである．そこへ重油を添加し，実験開始から0, 1, 2, 3, 6, 10, 20, 30日後の水中のPAH濃度がどのように変化するかを測定した．このような，現場で起こっていることを再現する実験系をメソコズムという．

メソコズムを用いた実験の結果，6日目の水中のフェナントレンは，0日目のわずか2%しか残っていなかった(図6.5(a))．一方，クリセンは，フェナントレンほどの減少は認められなかったものの，水中の濃度は25%程度にまで減少していた(図6.5(b))．マイクロコズムの結果では，栄養塩を添加しない場合クリセンの微生物分解はほとんど起こらなかったため，この結果は微生物分解以外の要因があると考えられた．その要因として，揮発や沈降などの経路があげられる．それぞれの経路の寄与を見積もるため，タンクの底に沈降する粒子を採取する装置(セディメントトラップ)を入れた別のメソコズム実験を行った．沈降した分はセディメントトラップで捕集した粒子の分析により実測し，大気へ揮発した分は蒸気圧から推定した．これらを総じて，メソコズム実験の結果から推定される海水中での石油の行方は，6日後のフェナントレンの場合，36%が揮発，2%が残留，62%が微生物分解，0.3%が沈降と見積もられた．一方，6日後のクリセンはフェナントレンと比較して分子量が大きいため揮発しにくく，微生物分解も受けにくい．その結果，残留する成分の割合は多くなる．ただし，疎水性が高いので粒子吸着性が高くなるため沈降する割合も多くなる．揮発，残留，微生物分解，沈降の割合は，それぞれ，0%，61%，15%，24%と試算された．

これらの現場での観測，マイクロコズム，メソコズム実験を組み合わせてわかっ

たことは，一つは低分子の成分は比較的速やかに微生物分解されるということである．つまり，急性毒性は高いが残留性は低い．一方，高分子の成分は微生物分解されにくく長期間海洋環境中，とくに海底堆積物中に残留する．長期的にみると慢性的な毒性をもつ成分が長期間海洋環境中にとどまることになる．

6.5 石油汚染の浄化

　石油の流出事故により海洋が汚染された場合，それらを除去する方法は複数ある．一番シンプルな方法は，物理的除去である．石油をすくう，石油回収船で回収する，吸着マットを使用する等，手間はかかるが環境への影響は一番小さい．
　化学的処理は，分散剤，すなわち界面活性剤と粘性の低い有機溶剤の混合物を用いる除去方法である．化学的処理といっているが，実際には化学的に分解するわけではない．「分散剤」であって「分解剤」ではない．油膜や油の塊は微生物が分解しにくい状態だが，界面活性剤と有機溶剤の混合物をまいて分散させると微生物が分解しやすくなる．そのため，微生物分解が促進され，毒性の低下につながる．しかし，水中の石油成分が増加したり，生物に石油成分が取り込まれやすくなったりするため，毒性は増加するとの見方もある．そのため，化学的処理の実施は，海域や流出した石油の種類によって個別に判断が行われる．また，トリー・キャニオン号事故のさいに用いられた分散剤のように昔は界面活性剤そのものの毒性もあったが，近年では低毒性の分散剤の開発も進んでいる．しかし，分散剤自体の毒性はつねに考慮しておくべきである．
　生物学的に流出した石油を処理する方法もある．微生物の栄養源となる窒素やリンなどの栄養塩(栄養製剤)を散布する方法や石油成分の分解菌(微生物製剤)を散布する方法の利用である．前者はもともと存在する微生物を利用する方向性だが，後者は新たな生物種の生態系への導入という点で生態系のバランスを壊す可能性を含んでいる．このように，環境汚染を自然環境の自浄作用(生分解機能)を強化して浄化・修復することをバイオレメディエーション(bioremediation)という．バイオレメディエーションは石油汚染に限らず，汚染された土壌に植物を植えて汚染物質を吸収させたり，土壌中の有害化学物質を微生物に分解させたりする等，広く用いられる手法である．
　石油の化学的処理と生物学的な処理について，実験結果も併せて解説しよう．栄養塩の添加により微生物の活性を上げて，石油成分の微生物分解を促進するバ

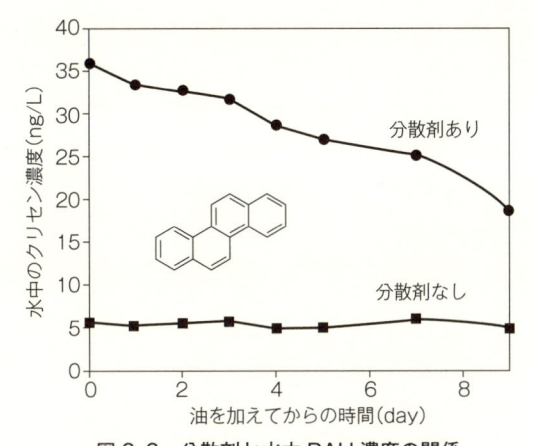

図 6.6　分散剤と水中 PAH 濃度の関係
M. Yamada *et al*., *Mar. Pollut. Bull*., **47**, 105(2003)をもとに作成.

　バイオレメディエーションの効果はマイクロコズムの実験(図 6.4)を使って説明したとおりである．化学的処理，すなわち分散剤を添加するという方法の効果についてはメソコズム実験で検討した．図 6.6 は図 6.5 で示したメソコズムと類似の系に分散剤を加えて実験した結果である[9]．クリセンは分散剤がない状態では分解されにくく実験期間を通して濃度変化は認められないが，分散剤がある状態では日の経過とともに濃度が減少し，分解が促進されていることが観察された．確かに，分散剤を加えると微生物分解が起こりやすくなるというメリットは確認された．しかし，そこには分散剤を添加することによって水中の PAH 濃度が増しているという事実も存在する．実際に 0 日目の水中のクリセン濃度は，分散剤がない場合は 5 ng/L 程度だが，分散剤を添加した場合は 36 ng/L であった．その後微生物分解を受けて減少しても，9 日目の濃度は約 20 ng/L と，依然として分散剤を添加しない場合(5 ng/L)よりも高い濃度を維持している．これは，水の表面に浮いていた油が分散剤の効果によって分散されて水中に溶けたためと考えられる．

　このようなことが起こり得るので，ナホトカ号の重油のように高分子の PAH が多く含まれる場合は，長期的な毒性の高い成分が拡散してしまうため分散剤の使用は避けるべきである．一方，東京湾原油流出事故で流出したような高分子 PAH の少ない石油の場合は分散剤をまいても分散剤による悪影響は少ないと考えられる．実際に，ナホトカ号の事故の場合は分散剤はまかれず，東京湾では分

散剤がまかれた．しかし実は，これら二つの流出事故での分散剤の散布の有無の判断は，石油成分をもとに行われた判断ではなく，ほかの要因(漂着の有無など)をもとに行われた判断結果が，石油成分からの判断と一致しただけである．分散剤を散布するか否かの判断を事故直後に迅速に行えるように，石油成分のデータベースや迅速分析体制を構築することが重要である．

引用文献

1) M. Blumer and J. Sass, *Science*, **176**, 1120(1972).
2) C. M. Reddy et al., *Environ. Sci. Technol.*, **36**, 4754(2002).
3) United Nations, "国連海洋法条約(Convention on the Law of the Sea)"
   http://www.un.org/Depts/los/index.htm
4) International Maritime Organization, "マルポール条約"
   http://www.imo.org/en/About/Conventions/ListOfConventions/Pages/International-Convention-for-the-Prevention-of-Pollution-from-Ships-(MARPOL).aspx
5) International Maritime Organization, "OPRC 条約"
   http://www.imo.org/en/About/Conventions/ListOfConventions/Pages/International-Convention-on-Oil-Pollution-Preparedness,-Response-and-Co-operation-(OPRC).aspx
6) J. W. Readman, *Nature*, **358**, 662(1992).
7) J. W. Farrington, *Environ. Sci. Policy Sustain. Dev.*, **55**, 3(2013).
8) 堀之内愛ほか, 沿岸海洋研究, **37**, 23(1999).
9) M. Yamada et al., *Mar. Pollut. Bull.*, **47**, 105(2003).

7

合成洗剤

7.1 合成洗剤とは

　本章では，合成洗剤による環境汚染について述べる．合成洗剤は本書で取り扱う人為起源の有機化合物のうち，日常でもっとも目にする機会の多いものと思われる．合成洗剤に含まれている成分，その構造と物理化学的性質，毒性，そして環境中における挙動について触れていく．

　合成洗剤は，日用品の多くに含まれている．台所や洗濯用，住居用の洗剤はもちろん，シャンプー，リンス，ボディーソープなど，人間の体に直接触れるものにも使用されている．合成洗剤の主たる効力をもつ成分は界面活性剤(surfactant)であり，洗剤成分のうち20〜40%がそれに相当する．界面活性剤とは，親水基(hydrophilic group)と疎水基(hydrophobic group)を併せもった化合物のことである（図7.1）．親水基があるために，水に溶けることが可能であると同時に，疎水性である衣類に付着した皮脂や汚れを吸着することができる．汚れにくっついた界面活性剤は油汚れを衣類からはがし，疎水基と汚れを内側に，親水基を外側にした状態で丸くまとまる．この状態をミセルという．これは衣類に限らず，食器の汚れについても同様である．このような働きをもつ界面活性剤が洗剤の主成分である．洗剤の残りの大半はビルダー(効力増進剤, builder)とよばれる物質で構成されている．ビルダーは，硬水の軟水化，金属イオンの封鎖，pH調整などに

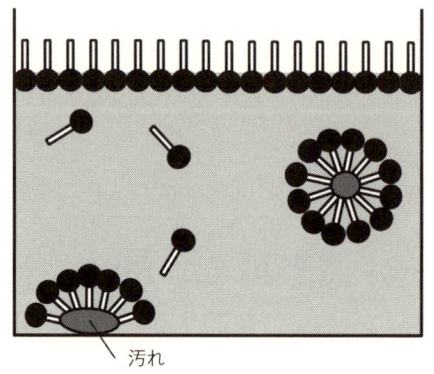

図7.1　界面活性剤の模式図と働き

より界面活性剤の働きやすい環境をつくる．また，洗濯用洗剤の中には蛍光増白剤(fluorescent whitening agent：FWA)なども1％以下の割合で含まれている．これは，だんだん黄ばんでくる白い衣類を白く見せるために用いられている．

7.2　界面活性剤の種類

　界面活性剤は親水基の性質から4種に大別できる．それぞれ，陰イオン系界面活性剤，陽イオン系界面活性剤，非イオン系界面活性剤，両性イオン系界面活性剤である．陰イオン系界面活性剤は，その名のとおり水中では陰イオンとして存在するものである．界面活性剤のなかでもっとも主要なもので，石鹸もその一つである．そのほか，直鎖アルキルベンゼンスルホン酸塩，アルキル硫酸エステル塩，アルキルエーテル硫酸エステル塩，α-オレフィンスルホン酸塩等がある．陽イオン系界面活性剤は，リンスや柔軟剤等に用いられている．第四級アンモニウム塩，イミダゾリニウム塩，エステルアミド型第三級アンモニウム塩等，窒素にアルキル基が付着しているものが多い．比較的毒性は高いが，分解性が高いために使用されている．非イオン系界面活性剤は，ポリオキシエチレンアルキルエーテル，アルキルジメチルアミンオキシド，脂肪酸ジエタノールアミド，アルキルグリコシド等が該当する．衣料用洗剤，台所用洗剤，住居用洗剤，クレンザー，身体洗浄剤等その用途は幅広い．国内での生産量も陰イオン系界面活性剤に次いで多い．両性イオン系界面活性剤は，カルボベタイン，アミドベタイン，アミドアミノ酸塩などで，台所用洗剤やシャンプーに用いられている．

図 7.2 は，1950 年から 1990 年代なかばまでの界面活性剤の国内生産量の推移を表したものである．1950 年代は合成洗剤の使用は少なく，石鹸の需要が高かった．しかし，1960 年頃から合成洗剤の需要が高まりはじめ，陰イオン系と非イオン系の界面活性剤が主流になっていく．1970 年代半ばの二度の生産量の減少は，石油危機によるものである．1990 年以降は陰イオン系界面活性剤の需要が減り，販売量は緩やかに減少している[1]．図 7.3 に，本書で扱う合成洗剤の成分を記載した．図 7.3(a) の直鎖アルキルベンゼンスルホン酸塩(linear alkylbenzenesulfonate：LAS)は，量的にもっとも多く使われている家庭用合成洗剤に含まれる陰イオン系界面活性剤である．スルホ基が親水基で，アルキル基が疎水基にあたる．合成洗剤に配合されている LAS はアルキル基の炭素数 10～14 の同族体の混合物である(近年はアルキル炭素数 14 の LAS は家庭用合成洗剤には含まれていない)．また，各同族体について，ベンゼン環が置換するアルキル炭素の位置の異なる異性体が複数存在する．ただし，アルキルベンゼンがフリーデル・クラフツ反応で合成されるので，アルキル鎖の末端(1 の位置)にベンゼン環が置換した異性体は合成洗剤中には含まれない．

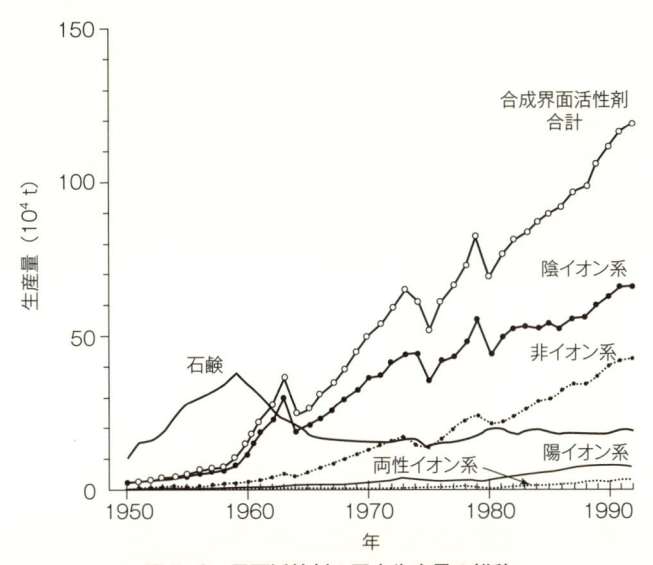

図 7.2　界面活性剤の国内生産量の推移
山田春美ほか 著，"身近な環境問題：「環境と人にやさしい洗剤」を求めて"，p.151, 環境技術研究協会(1994)．

LAS は，直鎖アルキルベンゼン（linear alkylbenzene：LAB, 図 7.3(b)）にスルホ基を付加する反応によって合成される．しかし，反応に供した LAB が 100% 合成されるわけではなく，市販の合成洗剤にはスルホン化されずに残った LAB が数百 µg/g 含まれている[2]．LAS は 1960 年代後半から使用されているが，それより前は直鎖ではなく分枝鎖型のアルキル基がついた分枝型アルキルベンゼンスルホン酸塩（ABS）が用いられていた（図 7.3(c)）．分枝したアルキル基は微生物による分解を受けにくいことからハード型 ABS とよばれていた．しかし，河川

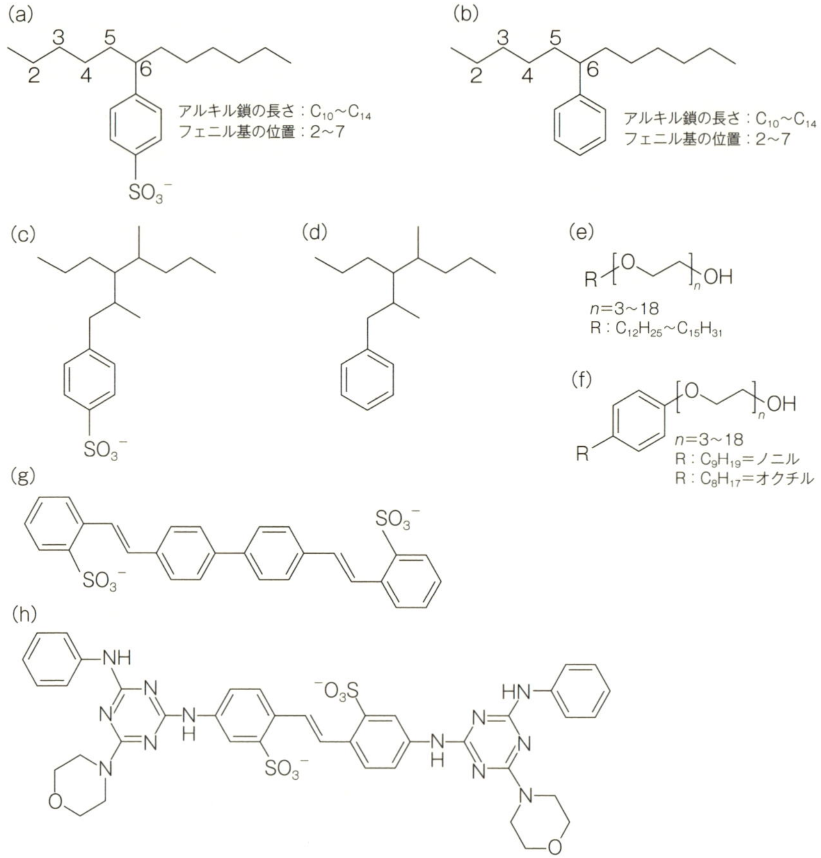

図 7.3 主要な合成洗剤の構造式
(a) 直鎖アルキルベンゼンスルホン酸塩（LAS），(b) 直鎖アルキルベンゼン（LAB），(c) ハード型アルキルベンゼンスルホン酸塩（ABS），(d) 分枝型アルキルベンゼン（TAB），(e) アルキルエトキシレート（AE），(f) アルキルフェノールエトキシレート（APE），(g) 蛍光増白剤（DSBP），(h) 蛍光増白剤（DAS1）．

の発泡などの目に見える環境問題が起こったことで成分の変更がはかられ，LASが使われるようになった．この置き換えのことをソフト化という．

ABSの原料となっている分枝型のアルキルベンゼンはプロピレンの4重合体であり，tetrapropylene-based alkylbenzene(TAB, 図7.3(d))とよばれる．LAB同様に，TABはハード型ABSの不純物として合成洗剤中に存在していた．

非イオン系界面活性剤の代表としては，アルキルエトキシレート(alkyl ethoxylate：AE, 図7.3(e))とアルキルフェノールエトキシレート(alkylphenol ethoxylate：APE, 図7.3(f))があげられる．AEは家庭用の合成洗剤にも配合されている．APEは，現在では家庭用のものには使われていないが，工業的な用途で用いられている．AEとAPEの場合は，エトキシ基が親水基である．AEやAPEはエトキシ基の数が異なる(1分子中に3～18個)同族体の混合物である．さらに，AEの場合はRで表される疎水基は炭素数が12～15の直鎖炭化水素の混合物である．APEの場合は疎水基はアルキルベンゼンで，アルキル基は分枝型のノニル基(炭素数9)がおもに使われている．APEのノニル基は分枝型であるため，APEが完全に分解されるまでには時間がかかる．ベンゼン環をもっている物質のほうが油汚れに対して親和力が高いため，APEは工業用洗剤としていまだに使用されている．

7.3 LASの環境動態

7.3.1 物理化学的性質

環境中での挙動を追うにはまずその物理化学的性質を知らなくてはならない．LASの場合，その物理化学的性質は6章まで述べてきたような化合物とは異なってくる．LASは水溶性の塩で揮発性は低い．そのため，大気輸送は起こらない．一方疎水性については，LASのような水中で電離してイオン化する物質については，K_{OW}を単純に扱うことができない．pHによって分配が変わってくるためである．図1.9におけるLASの$\log K_{OW}$の値は，pH 7を仮定したものとみてほしい．LASの$\log K_{OW}$は1～3とかなり低く，水中ではほとんどが溶存相に存在する．粒子に吸着して輸送される割合は低い物質である．たとえば，懸濁物量10 mg/L程度の都市河川水中の実測では3%程度が粒子吸着態として存在し，97%程度は溶存相に存在する[3]．

7.3.2 微生物分解経路

　LASの環境動態でもっとも重要なプロセスは，微生物による分解である．ここではまず，分解の定義について述べる．究極的分解とは有機物が完全に分解された状態のことで，すべての構成元素が水や二酸化炭素等の無機物になるということである．ただし，そこまでのプロセスを追うことは非常に難しい．ここで述べる分解は，あくまでも一次分解，つまりその化合物の一部でも変成してその物質でなくなることと定義する．

　LASの分解径路を図7.4に示した．LASが分解されるときは，最初にアルキル基の末端がカルボニル基に変化するω酸化が起こる．これをスルホフェニルモノカルボン酸(sulfophenyl alkyl monocarboxylic acid：SPMC)とよぶ．それ以降はアルキル基の炭素数が2個ずつ減っていくβ酸化が起こる．炭素数が12だったものが，10，8，6……と短くなっていく．また，アルキル基の反対側末端でもω酸化が起こってカルボニル基が2個になることもある．これをスルホフェニルジカルボン酸(sulfophenyl alkyl dicarboxylic acid：SPDC)とよぶ．カルボニル基の数，炭素鎖の長さに限らず，これらの分解産物はスルホフェニルカルボン酸(sulfophenyl alkyl carboxylic acid：SPC)と総称されている．この分解産物も親物質と同じような強い毒性をもつこともある[4]ので気をつける必要がある．また，分解産物として比較的安定なものも存在し，それが二次処理水や環境中の水から検出されることもある(図7.5)．LASの下水処理場の除去率は99％程度である．

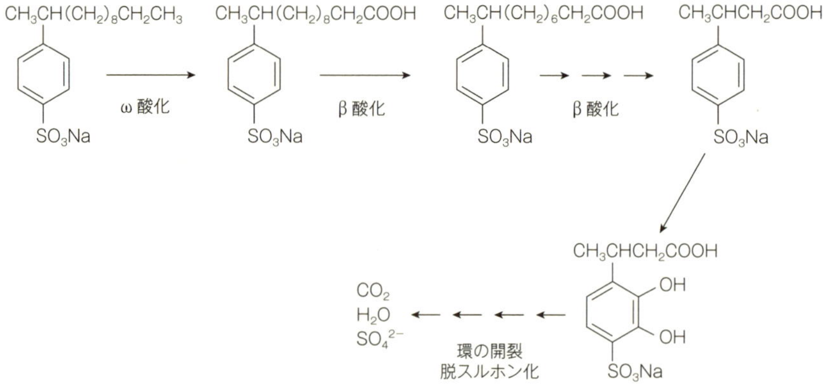

図7.4　LASの分解経路

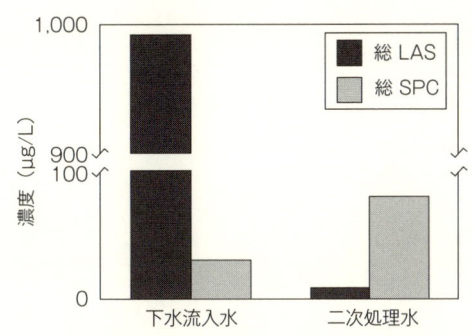

図 7.5　下水流入水および二次処理水における LAS 濃度と SPC 濃度
真名垣聡ほか, 水環境学会誌, **28**, 626 (2005).

分解したものがすべて SPC として残留しているわけではないが, 二次処理水中では LAS よりも SPC のほうが多くなっている[5]. 河川水中においても, LAS より SPC のほうが高い濃度で検出される河川が多い[5]. LAS は分解されるといっても, 見かけ上なくなっただけで, その分解産物は確実に環境中に存在しているのである.

7.3.3　微生物分解条件

　LAS の分解経路はすでに述べたとおりだが, その微生物分解を支配する主要因は, 水温と酸化還元状態である. 微生物分解は低温条件下や嫌気条件下では起こりにくい. 図 7.6 は異なる水温で LAS の微生物分解性を調べた実験結果である. 水温 27℃では, 2 日程度ですべて分解されるのに対し, 水温が下がるにつれて分解にかかる日数が増えていき, 水温 10℃の実験区ではほとんど分解を受けなかった[6]. 10℃は冬場に環境中で実際に観測される河川の水温と同等である. 図 7.7 は 1984 年から 1985 年にかけて河川水中の LAS 濃度の季節変化を調べた例である[7]. 多摩川の田園調布堰で夏から春にかけて 2 週間に 1 回の頻度でサンプリングを行った. 当時は多摩川流域の下水道普及率は約 62% と低く (2013 年現在 99%), 現在より高い濃度の LAS も多摩川から検出されていた. 多摩川の河川水中 LAS の濃度は, 夏場に低く冬場に高い傾向にあった. その原因は, 夏場は水温が高く微生物の活性も高く, 冬場は水温が低く微生物の活性が低いために分解されずに LAS 濃度が高いまま残っていたからと考えられる. 分解性はメーカーが製品を販売する場合に室内実験でチェックしているが, その時の設定温度は 25℃である. 実際の環境中ではもっと低い温度の場合も多々あり, 分解性試

132　7　合成洗剤

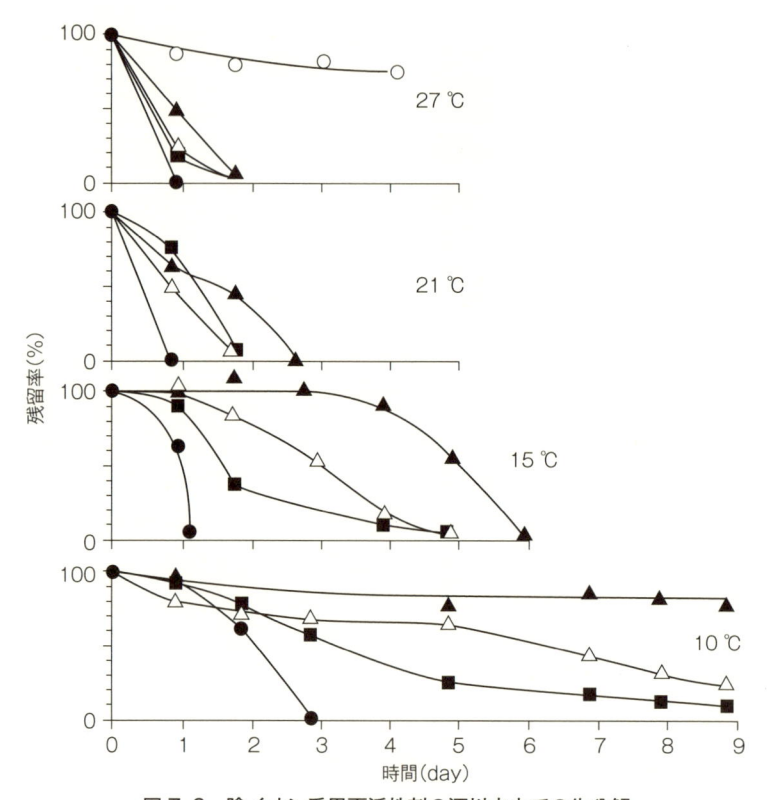

図7.6　陰イオン系界面活性剤の河川水中での生分解
○：ABS, ▲：LAS, ●：アルキル硫酸エステルナトリウム, ■：アルキルエーテル硫酸エステルナトリウム, △：α-オレフィンスルホン酸ナトリウム(AOS).
菊池幹夫, 日本水産学会誌, **51**, 1861(1985).

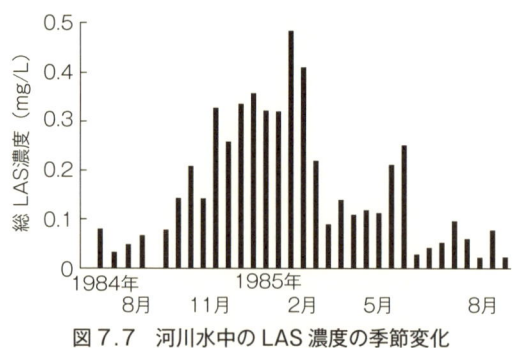

図7.7　河川水中のLAS濃度の季節変化
高田秀重, 石渡良志, 水質汚濁研究, **11**, 572(1988).

験は環境残留性を過小評価していると考えられる．

　水温と同時にもう一つ重要な条件が酸化還元状態である．下水中でのLASの微生物分解性を調べる実験においては，曝気して系を酸化的(好気的)に保った状態では経時的なLAS濃度の減少が認められるものの，曝気を行わず系が還元的(嫌気的)になった状態では分解がほとんど起こらない結果であった[8]．嫌気的な条件は滞留した河川や海域の堆積物中でしばしば観測され，堆積物中へのLASの蓄積も確認されている[2]．ただし，嫌気条件下でも長い時間かけて微生物分解が進むことも最近報告されている[9]．

　水環境中でのLASの物質収支とその季節変化について，千葉県の手賀沼への流入河川河口域をモデルケースにして計算した例がある[10]．夏の場合，河口域に入ってきたLASの8割以上は微生物分解を受ける．さらに，6%ほどが堆積物への沈降により除去され，そして河口域から出ていく割合は8%程度である．一方，冬の場合は河川からの流入量の1割程度しか微生物による分解を受けない．堆積物への沈降も10%程度であり，大部分は河口域から流れ出ていくことになる．LASの環境負荷が水温に大きく支配されていることがわかる．LASの疎水性が小さいため粒子吸着による堆積物への除去の寄与は全体としては小さいこともわかる．ただし，河川堆積物や下水汚泥中からも確かにLASは検出されることから，LASの粒子吸着は無視できないし，微生物分解が抑制された低温期の水環境では，堆積物への沈降・蓄積も物質収支においては相対的に寄与が大きくなる．

7.4　LASの毒性

　合成洗剤の毒性はLASが多く研究されているので，それを例として紹介する．図7.8はLASの急性毒性の閾値(24時間後におけるLC_{50},)についてさまざまな文献のデータをまとめたものである[11]．一つ一つのプロットは一つの生物を表しており，藻類，ミジンコ，その他無脊椎動物，魚等で実験が行われている．これらの水棲生物を用いた試験におけるLC_{50}の最小値はおおよそ0.1 ppm(100 μg/L)であるが，それより低い濃度でも影響は出てくる．たとえば，忌避行動のような低濃度で起こる影響は，これよりも2桁低い1.5 μg/Lという濃度で生じるという報告もある[12]．LASは1999年よりPRTR法(化学物質排出把握管理促進法)で使用量等が監視されている物質である[13]．PRTR法に登録されていることは，環境省が有害性を認めていることを意味している．さらに，LASが毒性を有す

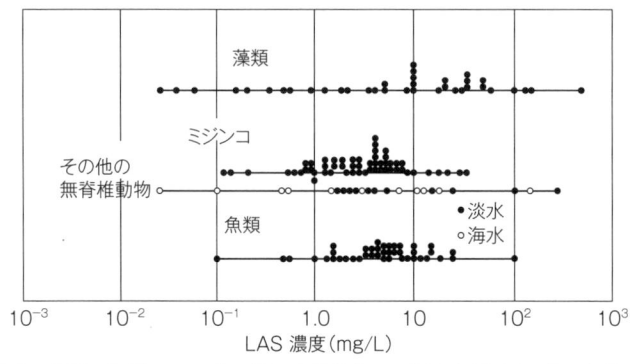

図7.8 藻類,ミジンコ,その他無脊椎動物,魚類におけるLASの急性毒性
R. A. Kimerle, *Tenside surfactants detergents*, **26**, 170(1989).

表7.1 LASの水生生物の保全に係る水質環境基準

水域	類型	水生生物の生息状況の適応性	基準値 (mg/L)
河川および湖沼	生物A	イワナ,サケマス等比較的低温域を好む水生生物およびこれらの餌生物が生息する水域	0.03 以下
	生物特A	生物Aの水域のうち,生物Aの欄に掲げる水生生物の産卵場(繁殖場)または幼稚仔の生育場としてとくに保全が必要な水域	0.02 以下
	生物B	コイ,フナ等比較的高温域を好む水生生物およびこれらの餌生物が生息する水域	0.05 以下
	生物特B	生物Aまたは生物Bの水域のうち,生物Bの欄に掲げる水生生物の産卵場(繁殖場)または幼稚仔の生育場としてとくに保全が必要な水域	0.04 以下
海域	生物A	水生生物の生息する水域	0.01 以下
	生物特A	生物Aの水域のうち,水生生物の産卵場(繁殖場)または幼稚仔の生育場としてとくに保全が必要な水域	0.006 以下

環境省報道発表資料,"水生生物の保全に係る水質環境基準の項目追加等に係る環境省告示について"(http://www.env.go.jp/press/16494.html).

ることと大量に使われている化学物質であることから,2013年3月より水生生物の保全に係る水質環境基準の項目に追加された[14].その基準値は淡水域(河川・湖沼)で20〜50 µg/L,海域で6〜10 µg/Lと定められた(表7.1).これらの濃度は,毒性試験で求められた無影響濃度(NOEC)やLC_{50}から算出された値である.毒性試験の結果から環境基準値を設定するさいには,一般にNOECには推定係数,LC_{50}には推定係数と種比で割り算をした濃度をもとに基準値が設定されている.このような推定係数や種比を総称してアセスメント係数(または安全係数)とよ

び，LAS の場合推定係数と種比はそれぞれ 10 を用いている．アセスメント係数は，毒性試験と環境中での条件の違いや種差・個体差による感受性の違いを考慮するために経験的に定められる値である．毒性試験で得られた濃度をアセスメント係数で割った薄い濃度を基準値にすることで，リスクを避ける方針をとっている．ただし，前述のとおりアセスメント係数は経験から設定された値であるため，アセスメント係数を小さく見積もってしまった場合には基準値以下の濃度であっても影響が出てしまう可能性があることも留意が必要である．

　LAS の水質目標値は，魚種や生物の生育段階も考慮して設定が行われている．海域に棲む生物は淡水魚よりも汚染物質に対して敏感なので，海域の目標値は低く設定されている．また淡水域でも，渓流に棲息する魚のほうが中流域の魚よりも汚染物質の影響を受けやすいので，渓流域では低い目標値が設定されている．さらに，同じ生物種でも稚魚や幼魚のほうが影響を受けやすいので，それらが棲息する水域ではより低い目標値が設定されている．

　LAS の物性や環境動態も踏まえて，日本の水環境で検出される LAS 濃度とその影響を考えてみよう．下水中の LAS 濃度は 1,000〜2,000 µg/L 程度である．日本の下水道普及率は 70% である．大都市中心に下水道が普及しているが，日本の人口の 30% を擁する下水道未普及地域は地方都市の新興住宅地に多く，それらの地域を流れる川へは基本的に未処理の家庭雑排水が流入する．その結果，地方都市の新興住宅地を流れる中小河川を中心に数十〜数百 µg/L の LAS が検出される．下水処理過程での LAS の除去効率が 99% 程度であるために，下水処理水中の LAS 濃度は 10〜20 µg/L 程度である．これに自然水による希釈が加わり，それらの大都市を流れる河川では水中の LAS 濃度は数 µg/L 程度である．環境省のモニタリングでも 2007〜2011 年の観測例 891 地点の 7% に相当する 63 地点で一番低い目標値の 20 µg/L を超える LAS が検出されている[15]．多くの地点では目標値以下であるが，これで水域の健全性は常時保たれているのであろうか？　実は，いくつか考慮すべき問題がある．

　第一は，本節の冒頭で述べた忌避行動の起こる濃度が環境省の目標値で考慮されていない点である．忌避行動は目標値よりも 1 桁低い 1.5 µg/L で起こるという報告があり，下水処理水中の LAS 濃度はこれよりも 1 桁高い．全国一級河川から 18 河川 20 地点について LAS の測定を行った結果，LAS 濃度が淡水域の環境基準値(生物特 A)の 20 µg/L を超える河川は 1 地点であったが，7 地点で忌避行動の起こる濃度の 1.5 µg/L を超えていた[5]．魚は水中の化学物質を検知する能力

が高い．たとえば，サケが生まれた川に帰るさいに，地磁気とともに水中の溶存成分を検知し，溶存成分により生まれた川を特定しているという説もある．河川水中の溶存成分を検知できるのであれば，生体異物である LAS を避けて，LAS のない水域へと魚が逃げることも当然かもしれない．第二は，目標値は LAS についての値であり，その分解産物で毒性も有する SPC については考慮されていない点である．7.3.2 項「微生物分解経路」で述べたように，日本の多くの河川で LAS よりも SPC のほうが濃度が高く，SPC も水棲生物への毒性を有する．第三の問題点は，通常のモニタリングが晴天時に行われており，雨天時越流下水の寄与が見落とされている可能性がある．1 章で述べたように，大都市圏では合流式の下水道が採用されており，雨天時には未処理の下水が公共用水域に流入する．時間降雨数 mm の雨でも雨天時越流が起きる流域もあるので，その場合には通常の下水処理では除去される LAS が河川水を汚染している可能性がある．そして，第四の問題点は，次項で述べる合成洗剤中に含まれる難分解性の成分である．

7.5 合成洗剤由来の難分解成分

合成洗剤の中にはごく微量に難分解性の成分が含まれている場合がある．

図 7.3(b) で紹介した直鎖アルキルベンゼン (LAB) は，LAS の合成の原料の化学物質である．LAS は，LAB にスルホ基を導入して合成する．このような有機合成の場合，最終的な生成物の中に一部の原料が残ることがある．残っていることで製品に問題があるかというとそうでもなく，LAB がごく微量に含まれていると油汚れの落ちがいいという利点もある．結果的に，LAS を含む洗剤の中には 1% 以下の LAB が含まれることとなる．LAB は親水基のスルホ基がついていないため，疎水基の塊である．そのため，水には溶けず粒子に吸着しやすい．東京湾と流入河川で堆積物中の LAB 濃度を測定すると，河川堆積物では数 µg/g，湾内北西部に広く 1 µg/g の濃度で LAB が広がっている（図 13.2(a)）[2]．なお，LAB を測定することにより，生活排水由来の物質がどこまで広がっているかを把握することができる，つまり，LAB は生活排水汚染の指標として用いることができるのである．(13.2 節参照)

合成洗剤に含まれている成分のなかで，もう一つ分解されにくい物質がある．蛍光増白剤 (FWA) だ．蛍光増白剤としては 4,4′-bis(2-sulfostyryl)biphenyl (DSBP, 図 7.3(g)) と 4,4′-bis[(4-anilino-6-morpholino-1,3,5-triazin-2-yl)amino] stilbene-2,2′-disulfonate(DAS1, 図 7.3(h))が多く使用されている．いずれも複数のベンゼン環を含む多数の共役二重結合を有し，長波長の紫外線を当てると青白く光る．白という字が入っているが，汚れを壊す訳ではない．シャツなどだんだん黄ばんでいく白い服に，紫外線が当たると青白く見える成分を乗せて，黄色と青色で光的に中和して白く見せているにすぎない．一方，同じく「白くする」漂白剤は，酸化的に汚れを壊しているのでまた別のメカニズムである．

表7.2 下水処理場におけるFWA二次処理効率

	DSBP	DAS1
日本の処理場[a]		
A処理場[*1]	46〜59%	71〜88%
B処理場[*1]	20〜44%	57〜78%
C処理場[*2]	33%	68%
スイスの処理場[b]	27〜60%	51〜77%

[*1] 3回のスポットサンプルの値の平均値
[*2] 24時間コンポジットサンプルの値
a) Y. Hayashi, S. Managaki and H. Takada, *Environ. Sci. Technol.*, **36**, 3556(2002).
b) T. Poiger *et al.*, *Environ. Sci. Technol.*, **30**, 2220(1996).

　ベンゼン環が微生物分解を受けにくいので，スチルベン型の蛍光増白剤は微生物分解しにくく，下水処理場での除去効率も低い．下水処理場における蛍光増白剤の二次処理効率は，DSBP が 27〜60%，DAS1 が 51〜77% である（表 7.2）[16]．下水処理場による除去は微生物分解よりも活性汚泥への吸着が主であると考えられる[17]．しかし，下水処理場で除去されなかった分は放流水として環境中に放出されていることになる．

　実際に，下水処理の普及にかかわらず，日本の河川中の蛍光増白剤濃度は数十〜数千 ng/L の範囲で検出されている．スチルベン型の蛍光増白剤はイオン性の物質であるので，K_{ow} として表現できないが，河川水中では 95〜97% 程度が溶存相に存在し，3〜5% 程度が粒子に吸着相に存在する[16]．多摩川でも拝島など比較的上流では全国の低濃度の地域と同程度だが，下流に行くにつれてその濃度は高くなる．また表流水中において蛍光増白剤は光分解しやすいが，地下水に入ると受けにくくなる．地下水中の DSBP 濃度は検出できない地点もあるが，700 ng/L 弱で検出される地点も存在していた．河川を流れる蛍光増白剤はやがて海へと流れ込む．東京湾の表層水を調べると，湾奥北西部で DSBP の濃度は高く，南東の千葉方向へと広がっている（図 7.9）．また，湾奥北西部の濃度を季節ごとに比較すると，夏季で濃度が高くなっている．これは，雨量の多い夏季に雨天時越流が起こりやすいため，越流した未処理の下水由来の DSBP が検出されていることを示している．

　合成洗剤に特異的なこれらの難分解の成分を調べると，生活排水による環境汚

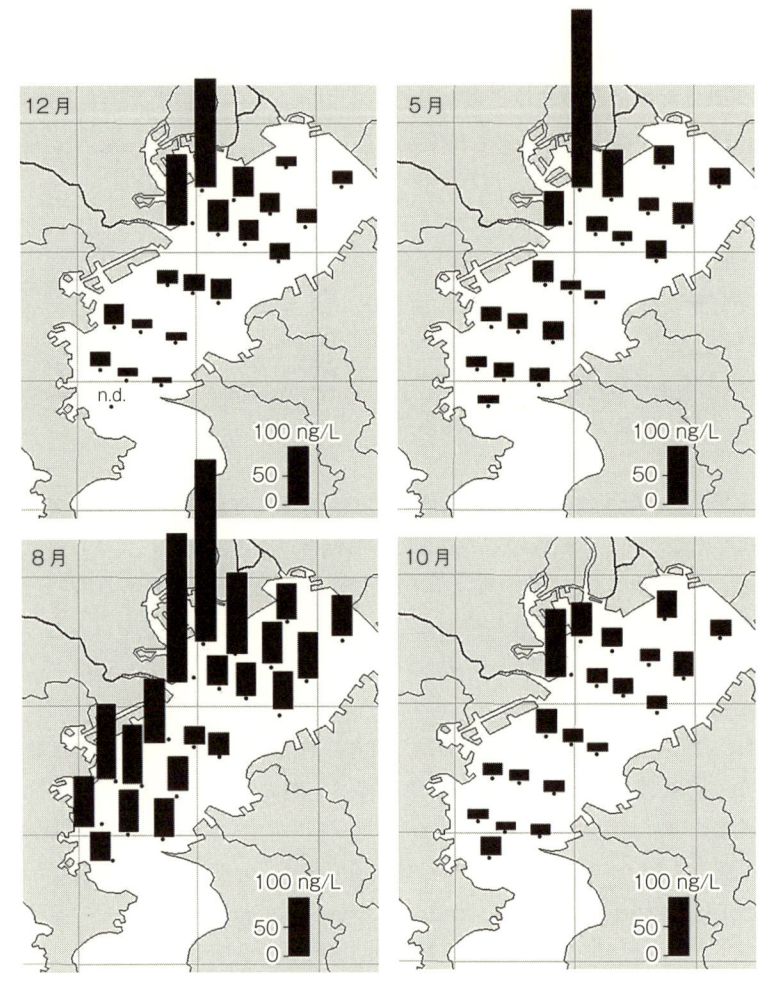

図7.9 東京湾表層海水中の DSBP の平面分布
S. Managaki *et al., Mar. Pollut.* Bull., **52**, 286 (2006) をもとに作成.

染の広がりを把握することができる.生活排水に限らず,このような起源特異的な化学物質を指標として利用して汚染状況の把握を行う手法については13章で詳細に述べる.

引用文献

1) 日本界面活性剤工業会ホームページ
   http://www.jp-surfactant.jp/surfactant/history/index.html
2) H. Takada and R. Ishiwatari, *Environ. Sci. Technol.*, **21**, 875(1987).
3) H. Takada, R. Ishiwatari and N. Ogura, *Environ. Sci. Technol.*, **26**, 2517(1992).
4) R. A. Kimerle and R. D. Swisher, *Water Res.*, **11**, 31(1977).
5) 真名垣聡ほか, 水環境学会誌, **28**, 621(2005).
6) 菊池幹夫, 日本水産学会誌, **51**, 1859(1985).
7) 高田秀重, 石渡良志, 水質汚濁研究, **11**, 539(1988).
8) H. Takada and R. Ishiwatari, *Environ. Sci. Technol.*, **24**, 86(1990).
9) P. A. Lara-Martin *et al.*, *Environ. Sci. Technol.*, **44**, 1670(2010).
10) 天野耕二, 福島武彦, 中杉修身, 水質汚濁研究, **13**, 577(1990).
11) R. A. Kimerle, *Tenside surfactants detergents*, **26**, 169(1989).
12) 立川 涼, 日高秀夫, 日本農芸化学会誌, **52**, 263(1978).
13) 環境省, "PRTRインフォメーション広場"
    http://www.env.go.jp/chemi/prtr/risk0.html
14) 環境省報道発表資料, "水生生物の保全に係る水質環境基準の項目追加等に係る環境省告示について"
    http://www.env.go.jp/press/16494.html
15) 環境省報道発表資料, "水生生物の保全に係る水質環境基準の項目追加等に係る環境省告示について(第2次報告)"
    http://www.env.go.jp/press/16182.html
16) Y. Hayashi, S. Managaki and H. Takada, *Environ. Sci. Technol.*, **36**, 3556(2002).
17) T. Poiger *et al.*, *Water Res.*, **32**, 1939(1998).

8

フッ素系界面活性剤

8.1 フッ素系界面活性剤とは

　界面活性剤は7章「合成洗剤」で登場したが，本章で紹介するフッ素系界面活性剤(perfluorinated surfactant)の用途は洗剤ではない．撥水剤として，カーペット，皮革，紙，パッケージ，繊維等の表面加工に用いられたり，消火薬剤，写真のフィルム，シャンプー，床ポリッシャー等に使われてきた物質である．製造開始時期は1948年とその歴史は古い．主要なフッ素系界面活性剤として，ペルフルオロ

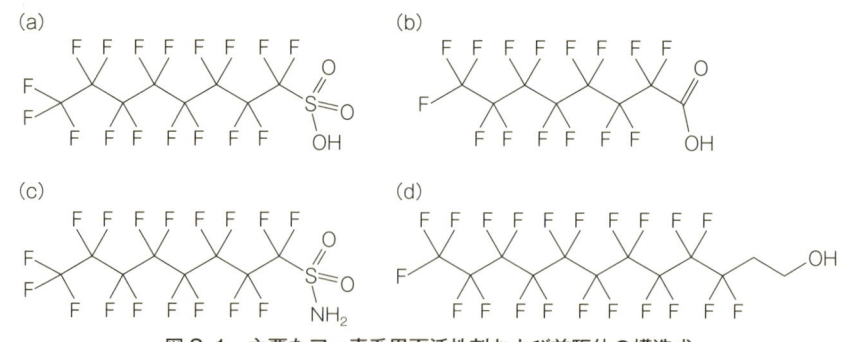

図8.1　主要なフッ素系界面活性剤および前駆体の構造式
(a)ペルフルオロオクタンスルホン酸(PFOS)，(b)ペルフルオロオクタン酸(PFOA)，
(c)ペルフルオロオクタンスルホンアミド(FOSA)，(d)8:2 フルオロテロマーアルコール(FTOH).

オクタンスルホン酸(perfluorooctanesulfonic acid：PFOS, 図8.1(a))とペルフルオロオクタン酸(perfluorooctanoic acid：PFOA, 図8.1(b))があげられる.

しかし，1990年代後半に世界中の野生生物中のさまざまな組織からPFOSが検出され，生物濃縮性が明らかになった[1]．PFOSをはじめとするフッ素系界面活性剤の発癌性や発達毒性，生殖毒性も多数報告されるようになった[2]．2005年には米国のオハイオ州の化学工場付近に住んでいる8～18歳の男女6,000名以上について疫学調査が行われた[3]．血清中フッ素系界面活性剤濃度の結果を男女混合で4群に分けたところ，PFOS濃度がもっとも高かった群(27 ng/mL以上)の男子群(平均36.0 ng/mL)はPFOS濃度がもっとも低かった群(14.3 ng/mL以下，平均10.2 ng/mL)と比べて男性ホルモンであるテストステロン(testosterone)濃度の増加が最大190日遅れる傾向が認められた．女子の場合はPFOS濃度がもっとも高かった群(平均35.2 ng/mL)とPFOA濃度がもっとも高かった群(58 ng/mL以上，平均151.0 ng/mL)において，最大138日の初潮の遅れが示唆された．これはPFOSやPFOAの影響によって思春期が遅くなっていることを示した調査結果である．

2000年からPFOSやPFOAは産業界で自主規制がはじまり，その後2009年にはPFOSおよびその塩(ナトリウム塩，カリウム塩等)，それらの原料物質であるペルフルオロオクタンスルホン酸フルオリド(perfluorooctanesulfonic acid fluoride：PFOSF)が製造・使用，輸出入に関して制限が設けられるようになった．しかし，PFOSは1970～2002年までの間に450～2,700 tが，PFOAは1951～2004年までに2,700～6,200 tが環境中に排出されたと推計されている[4,5]．

8.2 構造と物理化学的性質

界面活性剤が疎水基と親水基を一つの分子の中に併せもつことは7章で述べた．フッ素系界面活性剤の疎水基はペルフルオロアルキル鎖，すなわちアルキル基の水素がすべてフッ素で置換されたものである．炭素−フッ素結合は，フッ素の電気陰性度の強さのため，結合エネルギーが大きく，化学的に安定な結合である．このような化学的特徴によりフッ素系界面活性剤は化学的(光分解，熱分解)・生物学的(微生物分解，代謝)に安定である．親水基はさまざまであるが，主要なものはスルホ基またはカルボキシ基で，それぞれペルフルオロアルキルスルホン酸(perfluoroalkylsulfonic acid：PFAS)，ペルフルオロカルボン酸(perfluorocarboxylic acid：PFCA)とよばれる．PFAS，PFCA ともにペルフルオロアルキル鎖の炭素数の異なる同族体がある．PFOS は PFAS の一種で，その炭素数は 8 である．また，PFOA は PFCA の一種で，その炭素数は同じく 8 である．PFOS，PFOA 以外の異なる炭素数の PFAS，PFCA も環境中には存在しているが，非意図的に生成したものと考えられている．

　フッ素系界面活性剤は親水基が水中においてイオンとして存在できるため水溶性は高い．直鎖アルキルベンゼンスルホン酸(LAS)やフッ素系界面活性剤のように，水中でイオン化する物質は，水中の pH によってイオン化の程度が変わるため一概に疎水性の程度を K_{ow} で示すことはできない．本書では，イオン化する化合物の中性条件下における log K_{ow} を図 11.2 に示しており，その値は PFOS で 4.49，PFOA で 4.81 である[6]．この値は，本書でこれまで述べてきた化合物のなかでは比較的低い．しかし，フッ素系界面活性剤は炭素数が増すと疎水性も上がり，炭素数 13 の PFTDA の log K_{ow} は 8.16 と高塩素の PCB と同程度に高い(図 11.2)．フッ素系界面活性剤は LAS と同じく界面活性剤であるが，化学的・生物学的に安定である．難分解性の疎水基をもつため生物濃縮性がある．一方，イオン化する親水基をもつため水溶性も高い．このような化学的な特性のため，疎水性の難分解性の有機汚染物質とも，親水性かつ易分解性の有機汚染物質とも異なる挙動を示すことが予想できる．

　フッ素系界面活性剤の話をするうえで欠かせないのが「前駆物質」である．前駆物質とは，それが分解すると目的の物質となるような，いわば「親化合物」にあたる物質のことである．PFOS の前駆物質には，PFOS のスルホ基がスルホンアミドになったペルフルオロオクタンスルホンアミド(perfluorooctane sulfonamide：FOSA，図 8.1(c))やペルフルオロオクタンスルホンアミドエタノール(perfluorooctane sulfonamidoethanol：FOSE)等がある．PFOA の前駆物質の代表例として，フルオロテロマーアルコール(fluorotelomer alcohol：FTOH，図 8.1(d))がある．テロマー(telomer)とは，テトラフルオロエチレンをもとに連鎖反応で直鎖のペルフルオロアルキル基を効率よく生成する製法(テロメリゼーション)を意味しており，構造を表した名称ではない．もっとも主要なものが 8:2 FTOH であり，8:2 という数字は炭素数数が 8 のペルフルオロアルキル基と炭素数数 2 のアルキル基の組合せを意味している．8:2 だけでなく 6:2 や 10:2 などの組合せもある．アミドもテロマーも，末端の構造が変化すると最終的に PFOS や PFOA やその他の炭素数の PFCA になり得る物質であり，PFOS や PFOA と同様の用途の

ほか，フッ素系ポリマーの不純物として含まれている[7]．

フッ素系界面活性剤およびフッ素系界面活性剤の前駆体の一部は，蒸気圧が $10^{-1} \sim 10^1$ Pa 程度と比較的高い揮発性をもつ(図 1.6)[6]．これが環境中の動きに大きく影響している．

8.3 環境中の起源

フッ素系界面活性剤の起源は大きく直接起源と間接起源に分けられる．直接起源とは，PFOS や PFOA そのものが環境中に入っていくことを意味している．一方，間接起源とは，環境中に排出された時点では PFOS や PFOA ではない「前駆物質」が環境中での分解を経て PFOS や PFOA になるような起源を示す．

8.3.1 直接起源

直接起源を述べる前に，まずは図 8.2 を見てみよう．この図は 2004 年から 2005 年にかけての全国の 18 河川水中における，PFOS と炭素数 7～13 の PFCA および FOSA の，濃度および組成を示している[8]．フッ素系界面活性剤が多く検出された河川のうち，炭素数 8 の PFOA の割合が高い河川が多いなか，多摩川や庄内川，大和川といった都市河川では PFOS も比較的多く検出されている．こ

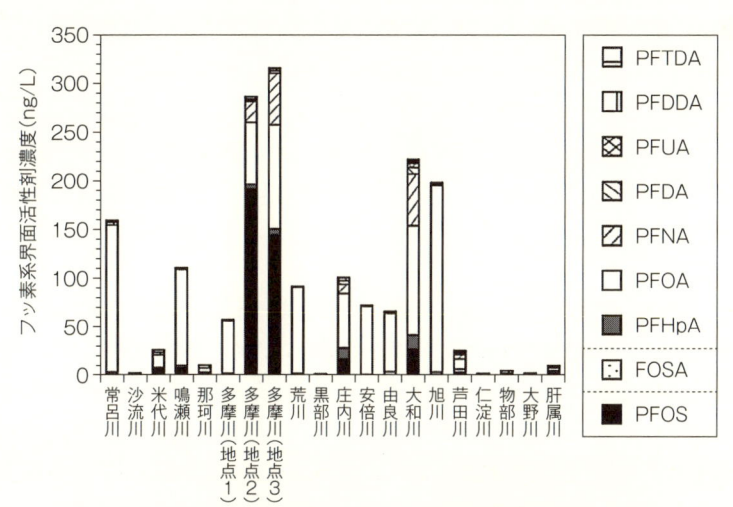

図 8.2 日本全国一級河川におけるフッ素系界面活性剤の分布
M. Murakami *et al.*, *Environ. Sci. Technol.*, **42**, 6569(2008)．

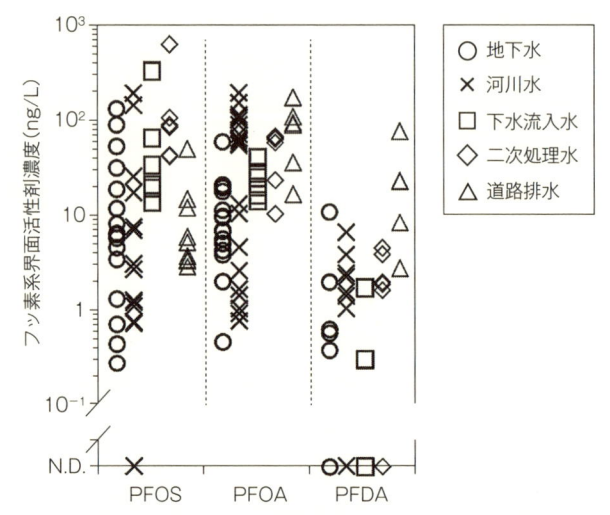

図8.3 地下水，河川水，下水流入水，二次処理水，道路排水中の PFOS, PFOA, PFDA 濃度

M. Murakami *et al.*, *Environ. Sci. Technol.*, **43**, 3482(2009)をもとに作成.

の組成の違いがフッ素系界面活性剤の起源を紐解くための重要な鍵となる.

図8.3に河川中，地下水中，下水流入水，下水二次処理水，道路排水中のPFOSとPFOA，そして炭素数10のPFDA濃度を示した．河川水の濃度と比較して下水流入水や二次処理水中においてPFOSは高濃度に検出されており，下水が河川中のPFOSの起源となっていると考えられる[9]．このことが，多摩川のように二次処理水を多く含む都市河川においてPFOSが高い割合であった理由であろう．PFOSが下水起源であることを決定づける根拠として，PFOSの分布が生活排水のマーカーと類似しているデータもある(図13.15)．マーカーについては13章で詳細に述べる.

一方，PFOAの場合，下水流入水や下水二次処理水中の濃度が河川水よりも1桁程度低い．下水以外にPFOAの起源があると考えられる．道路排水中のPFOA濃度は，河川水中のPFOA濃度と同程度であり，河川水へのPFOAの負荷源となる可能性もある．PFOA以外のPFCAにおいても道路排水において比較的高濃度で含まれており，炭素数が長いPFCAでは道路排水中濃度が下水中濃度よりも高いことがとりわけ顕著である(例：PFDA，図8.3)．これらは，自動車のワックスやガラス洗浄剤として使用されたものが道路粉塵として道路上に残留し，降雨

によってそれらが洗い流されたことによって発生していると考えられる．しかし，図8.3に示した河川水の採取は晴天時に行っており，雨天時に負荷される道路排水の寄与は考えにくい．そのため，河川水中のPFOAはハイテク産業などの工場排水からの寄与が一つの可能性として考えられる．ただし，図8.3に示した全国一級河川の調査では，PFOAが高濃度だった河川について具体的な工場や業種までは特定できなかった．PFOAの濃度や下水マーカーとの比較から，下水あるいは都市排水以外の負荷源の寄与が大きいことが明らかになった．

8.3.2 間接起源

図8.3の下水流入水と二次処理水に着目してみると，未処理下水よりも二次処理水において濃度が高いことが読み取れる．このデータを下水処理場ごとに詳しく表したものが図8.4である．処理場によって流入するPFOSおよびPFOA濃度に違いはあるが，処理前よりも処理後に濃度が上昇する傾向が認められた[10]．下水処理の過程で分解される物質の場合，二次処理水中濃度は未処理下水よりも低いが，フッ素系界面活性剤のように二次処理水の濃度が高くなることは何を意味しているのか．その答えが「前駆物質」にある．PFOSやPFOAの前駆物質

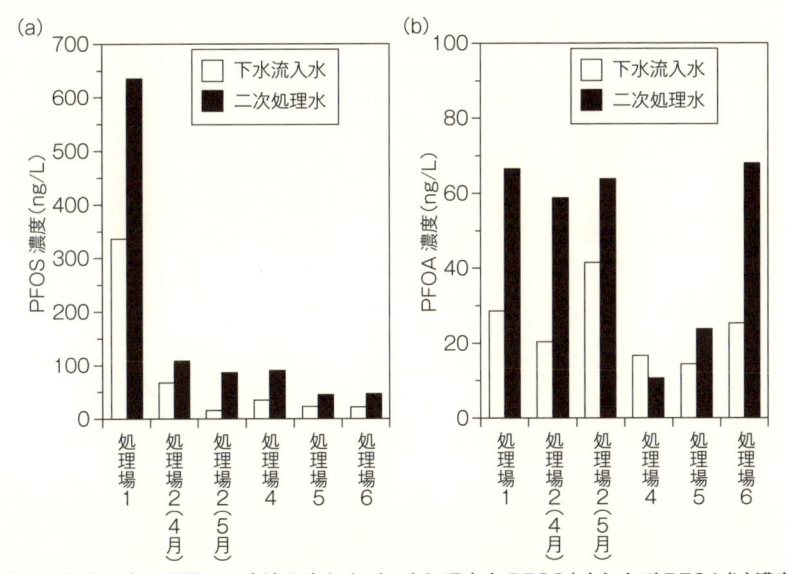

図8.4　都内下水処理場の下水流入水および二次処理水中PFOS(a)およびPFOA(b)濃度
M. Murakami, H. Shinohara and H. Takada, *Chemosphere*, **74**, 490 (2009).

が二次処理にて分解を受けることにより，PFOS や PFOA へと変化する．生成したPFOS や PFOA はそれ以上の分解を受けにくく，もともと含まれていたものに生成した分が加わるため，結果的に二次処理水中で濃度が高くなってしまうのである．この傾向は日本だけでなく世界中の処理場で確認されており，世界54箇所の下水処理場において，処理後に濃度が上がったのは PFOA で45箇所，PFOS で25箇所に及んでいる[11]．

前駆物質の分解によるフッ素系界面活性剤の生成は水環境中だけではなく，大気中でも起きる．前駆物質が大気へ排出される経路としては，製品からの揮発や，下水処理場や廃棄物の埋立地などからの揮発があげられる[12, 13]．大気中に排出された前駆物質は大気中のOHラジカルと反応して分解する．窒素酸化物(NO_x)が多い都市域では OH ラジカルは NO_x と反応するため前駆物質からの PFOS や PFOA の生成は起こりにくいが，一方で NO_x の少ない極域では起こりやすいと考えられている[14]．FTOH の大気中での滞留時間は20日といわれており[15]，大気経由で極域まで輸送されるに十分なだけの時間がある．図8.5は2005年に北大

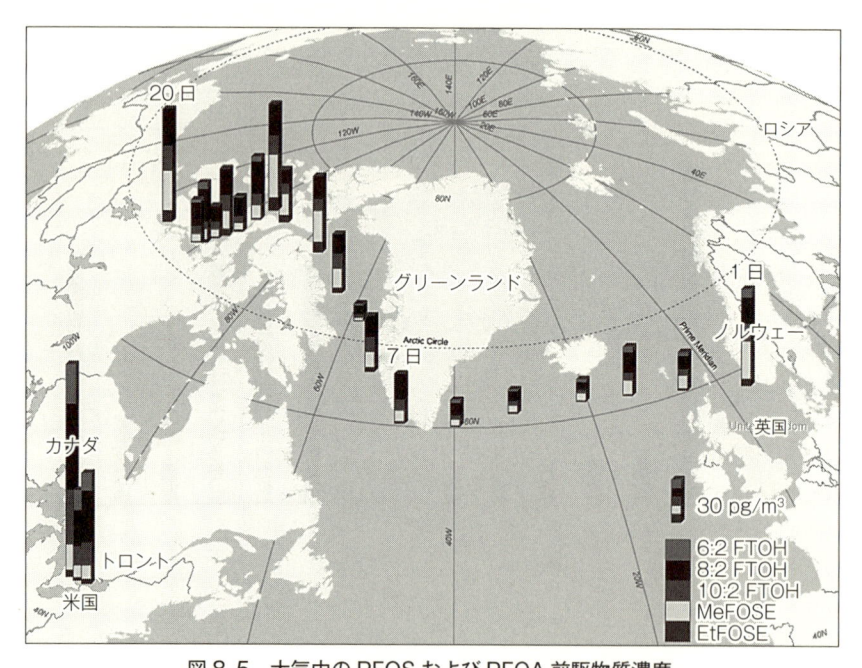

図 8.5　大気中の PFOS および PFOA 前駆物質濃度
M. Shoeib, T. Harner and P. Vlahos, *Environ. Sci. Technol.*, **40**, 7580 (2006).

西洋や五大湖，カナダの極域の大気を捕集し，その FTOH や FOSE 濃度を測定した結果である．都市域のトロントで濃度が高いだけではなく，大気を介して人間活動の少ない地点まで FTOH が輸送されていることがみてとれる[16]．

PFOS の汚染状況を正確に把握するためには，こうした前駆物質も含めて包括的かつ面的な調査が必要である．

8.4 環境中における動態

面的および直接・間接起源をもつフッ素系界面活性剤は環境中でどのような挙動をとっているのだろうか．河川に下水処理水や道路排水からフッ素系界面活性剤が流入しているのは図 8.2 で示したとおりであるが，河川水はやがて海へとたどり着く．フッ素系界面活性剤は大量の海水で希釈されながらも難分解性のために沖合まで運ばれることが予想される．一方で，水溶性が高いが疎水性も高いことがフッ素系界面活性剤の特徴であり，一部は堆積物中にも存在している．フッ素系界面活性剤は水中のカルシウム濃度が高くなると電荷の違いにより粒子に分配しやすくなることが明らかになっており[17]，海洋環境中では堆積物に取り込まれやすくなると考えられる．

堆積物中のフッ素系界面活性剤の例として，東京湾の柱状堆積物中の PFOS, PFOA, PFTDA 濃度を示す（図 8.6）．1970 年代以降からの PFOS・PFOA の使用量増加や近年の PFOS の業界自主規制の効果による濃度の停滞・減少が反映されており，経年的なフッ素系界面活性剤

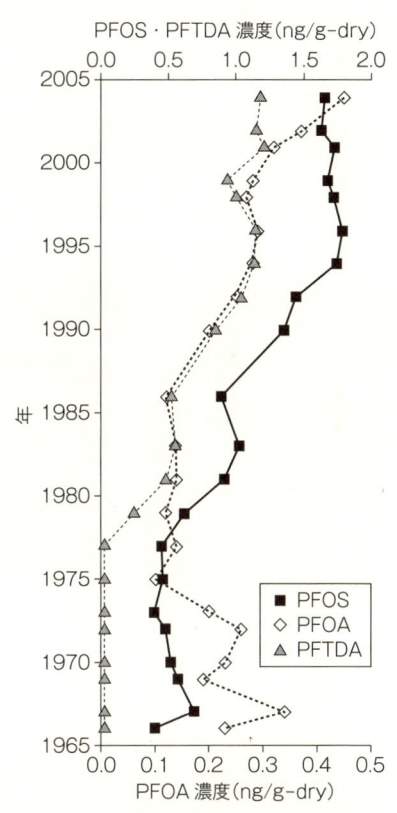

図8.6 東京湾柱状堆積物中の PFOS，PFOA および PFTDA 濃度の鉛直分布

Y. Zushi *et al.*, *Environ. Pollut.*, **158**, (2010)をもとに作成．

の濃度変化の推移を確認することができる[18]．なお，堆積物中では，河川中では主要だったPFOSやPFOAよりも炭素鎖が長く疎水性の高いPFTDA（log K_{OW}：8.2[6]）のほうが高濃度で検出されている．これは，疎水性の高い成分のほうがより粒子に吸着しやすいためである．

粒子への吸着も起こる一方で，フッ素系界面活性剤は土壌を浸透して地下水からも検出される．そしてその濃度は，河川水と同程度に検出されている（図8.3）．フッ素系界面活性剤の水溶性が高くかつ難分解性であるという物理化学的な性質から，土壌に浸透しやすく微生物分解を受けることなく地下帯水層まで到達できてしまうためであろう．一方で，土壌中で前駆物質が微生物分解を受けてフッ素系界面活性剤が生成されることも起こり得る．

下水処理場での除去が行われず，さらに地下水にまで含まれているとなると，懸念されるのは水道水中におけるフッ素系界面活性剤の濃度である．浄水処理におけるPFOSおよびPFOAの除去は，沈殿処理や砂濾過，オゾン処理，塩素処理などでは効果は得られないが，粉末活性炭やナノ濾過膜，逆浸透膜によって90％以上の除去率が確認されている[11]．しかし，コストの面からこれらが導入されている浄水場は限られており，水道水はフッ素系界面活性剤のヒトへの曝露源となり得るのである．そのため，2009年以降は国内において水道水質基準の要検討項目にPFOSおよびPFOAが加えられている．

ヒトへの曝露は水道水だけではない．フッ素系界面活性剤は家庭で使用している製品中に含まれているため，製品から揮発したフッ素系界面活性剤やその前駆物質が室内環境中においても存在していることが報告されている．たとえば，一般家庭のハウスダストからPFOS，PFOAをはじめとするフッ素系界面活性剤が，その室内の空気中からは前駆物質が検出されている[19]．別の研究では室内空気中の前駆物質濃度とヒト血清中PFOA濃度の間に有意な相関があり，ヒトへのフッ素系界面活性剤曝露が生じていることが示されている[20]．

8.5 生物濃縮

室内環境からのヒトへの曝露の報告や，本章の冒頭で紹介した疫学調査では，血液中のフッ素系界面活性剤濃度を測定している．PCBやPBDEなどの疎水性の高い物質の場合は，それらが生物の脂肪組織に蓄積しやすい物質なので脂質の割合の高い母乳などがモニタリング媒体として使用されてきた．しかし，水溶性

の高いフッ素系界面活性剤の場合は体内における分布がそれらとは異なる傾向を示す．図8.7はニジマスの組織中のフッ素系界面活性剤濃度を示したものであるが，水溶性が高いフッ素系界面活性剤は血液に可溶なため血漿や腎臓中においてその濃度が高い[21]．そうした性質から，世界各国のヒト血清中のPFOS・PFOAを測定することで，各国の曝露傾向を比較することも可能である（図8.8）．1988年から2004年の間に採取したヒト血清中のPFOS・PFOA濃度は北米で高い傾向があるものの桁が変わるほどではなく，ヒトがまんべんなくフッ素系界面活性剤に曝露されていたことを示している[22]．なお，ノルウェーの調査において，ヒト血清中のPFOS濃度を経年的に調べたところ2000年以降は頭打ちになったことが報告されており，規制の効果が確認されている[23]．

　ヒトが世界規模で曝露されているように，PFOSは世界各地の野生動物（海棲哺乳類や海鳥等）の肝臓や血漿中からも検出されていたことが2002年に報告された（図8.9）[24]．粒子吸着性が高いだけの物質であれば発生源の近くに粒子としてとどまるが，水溶性が高いことから海流に乗って沖合まで運ばれることが予想さ

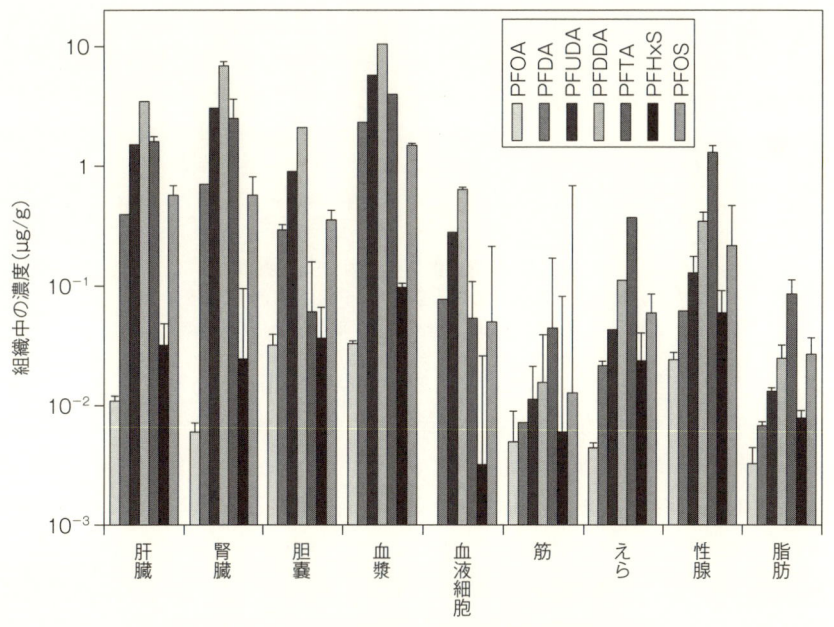

図8.7　ニジマスの組織中フッ素系界面活性剤の分布
J. W. Martin *et al.*, *Environ. Toxicol. Chem.*, **22**, 200 (2003).

150　8　フッ素系界面活性剤

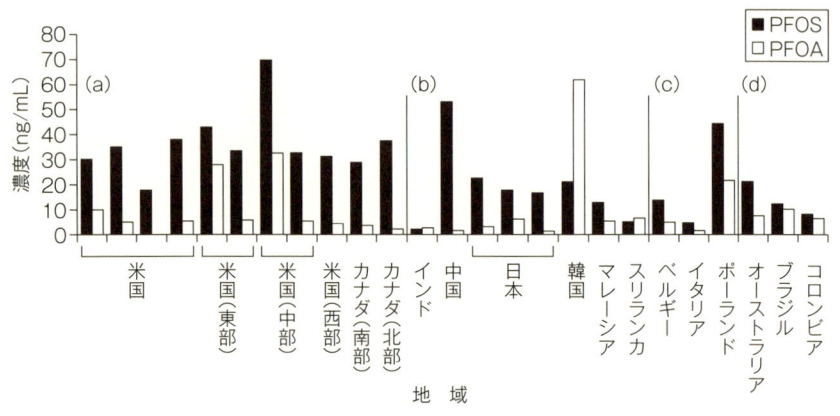

図 8.8　世界各国のヒト血清中 PFOS および PFOA 濃度
(a)北米, (b)アジア, (c)ヨーロッパ, (d)南半球.
M. Houde *et al.*, *Environ. Sci. Technol.*, **40**, 3467 (2006).

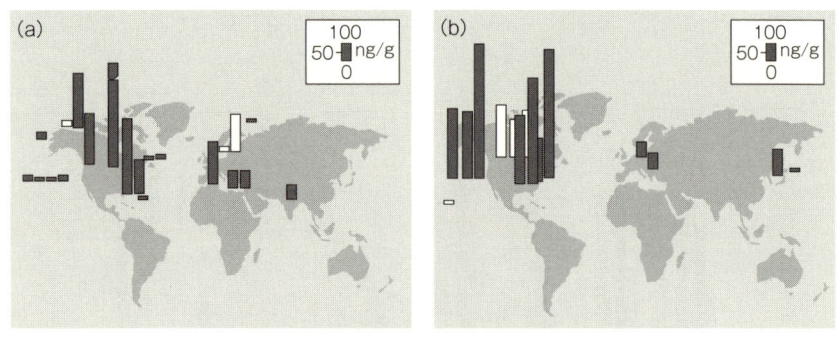

図 8.9　世界の野生生物中 PFOS 濃度
(a)海棲哺乳類, (b)魚食性鳥類. 濃い色は肝臓を, 白色は血漿を示す.
J. P. Giesy and K. Kannan, *Environ. Sci. Technol.*, **36**, 151A (2002).

れる．さらに，揮発した前駆物質による地球規模の汚染が広がっていることも原因であろう．魚だけでなく高次の生態系からも検出されたことから，フッ素系界面活性剤は生物増幅をする物質と予想できる．PFOS と食物連鎖の関係を調べると，栄養段階が高くなるにつれてフッ素系界面活性剤濃度が高くなっている(図8.10)．ただし，この生物増幅を詳細に見ると，藻類から魚類にかけての増幅は起こっておらず，生物増幅は魚類からアザラシやホッキョクグマなどの海棲哺乳類にかけてのみ認められている[25]．魚類はえら呼吸を通して周囲の水と血液の間で分配平衡が生じるため，魚類の体内に入ったフッ素系界面活性剤も分配の結果

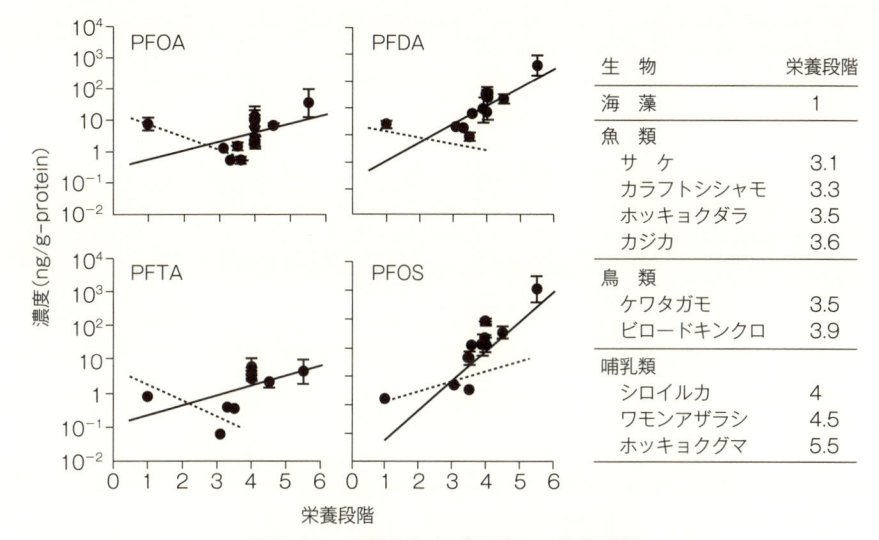

図 8.10　PFOS および PFCA の生物増幅
B. C. Kelly *et al*., *Environ. Sci. Technol*., **43**, 4040 (2009).

体外へ排泄されやすいことが要因と考えられる.

　さらに注目すべきは，この生物増幅を示した図におけるフッ素系界面活性剤濃度の単位である. 2 章「有機塩素化合物」や 4 章「臭素系難燃剤」で示した生物増幅は脂質あたりの濃度と栄養段階の関係だった. しかし，フッ素系界面活性剤においてはタンパク質あたりの濃度で示されている. フッ素系界面活性剤濃度と栄養段階の関係性は，脂質あたりの濃度よりもタンパク質あたりの濃度で示したほうがより明瞭に示される[25]. 近年，このような脂質との分配だけでは説明しきれない生物濃縮についての研究も注目されている[26].

　フッ素系界面活性剤のような疎水性と親水性を備えた物質の環境中や生物中における挙動は，単に疎水性の高い物質とも水溶性の高い物質とも異なる. このようなユニークな挙動は，環境汚染化学の概念として覚えておくべき重要なポイントの一つである.

引用文献

1) C. Lau *et al*., *Toxicol. Sci*., **99**, 366 (2007).

2) J. P. Giesy and K. Kannan, *Environ. Sci. Technol.*, **35**, 1339(2001).
3) M.-J. L.-Espinosa *et al.*, *Environ. Sci. Technol.*, **45**, 8160(2011).
4) A. G. Paul, K. C. Jones and A. J. Sweetman, *Environ. Sci. Technol.*, **43**, 386(2009).
5) K. Prevedouros *et al.*, *Environ. Sci. Technol.*, **40**, 32(2006).
6) U. S. Environmental Protection Agency, "EPI-suite™ ver.4.11" (2012).
7) M. J. A. D.-Panililio and S. A. Mabury, *Environ. Sci. Technol.*, **40**, 1447(2006).
8) M. Murakami *et al.*, *Environ. Sci. Technol.*, **42**, 6566(2008).
9) M. Murakami *et al.*, *Environ. Sci. Technol.*, **43**, 3480(2009).
10) M. Murakami, H. Shinohara and H. Takada, *Chemosphere*, **74**, 487(2009).
11) 村上道夫, 滝沢 智, 水環境学会誌, **33**, 103(2010).
12) M. Schlummer *et al.*, *Environ. Int.*, **57-58**, 42(2003).
13) L. Ahrens *et al.*, *Environ. Sci. Technol.*, **75**, 8098(2011).
14) D. E. Ellis *et al.*, *Environ. Sci. Technol.*, **38**, 3316(2004).
15) D. E. Ellis *et al.*, *Environ. Sci. Technol.*, **37**, 3816(2003).
16) M. Shoeib, T. Harner and P. Vlahos, *Environ. Sci. Technol.*, **40**, 7577(2006).
17) C. P. Higgins and R. G. Luthy, *Environ. Sci. Technol.*, **40**, 7251(2006).
18) Y. Zushi *et al.*, *Environ. Pollut.*, **158**, 756(2010).
19) L. S. Haug *et al.*, *Environ. Sci. Technol.*, **45**, 7991(2011).
20) A. J. Fraser *et al.*, *Environ. Sci. Technol.*, **46**, 1209(2012).
21) J. W. Martin *et al.*, *Environ. Toxicol. Chem.*, **22**, 196(2003).
22) M. Houde *et al.*, *Environ. Sci. Technol.*, **40**, 3463(2006).
23) L. S. Haug, C. Thomsen and G. Becher, *Environ. Sci. Technol.*, **43**, 2131(2009).
24) J. P. Giesy and K. Kannan, *Environ. Sci. Technol.*, **36**, 147A(2002).
25) B. C. Kelly *et al.*, *Environ. Sci. Technol.*, **43**, 4037(2009).
26) S. Endo, J. Bauerfeind and K-U. Goss, *Environ. Sci. Technol.*, **46**, 12697(2012).

9

内分泌攪乱化学物質

9.1 内分泌攪乱化学物質とは

　内分泌攪乱化学物質への社会的関心が高まったのは，1996年にシーア・コルボーン著の『奪われし未来（原題：*Our Stolen Future*）』[1]が出版されたことが契機であった．もちろんそれ以前から生物に関係する異常は起こっており，学術的には研究はされていてメカニズムも調べられていた．
　当時，さまざまな国や場所で生殖に関する異常が発生していた．発癌や遺伝子の損傷や奇形の誘発などでは説明することができず，このような異常は体内に入ってきた化学物質が内分泌系を攪乱するためではないか，と疑われはじめるようになった．そのため，これらの物質を総称して内分泌攪乱化学物質（endocrine disrupting chemicals）とよぶようになった．環境ホルモンという名称は一般向けにつくられた言葉であり広く浸透している．本書では内分泌攪乱化学物質という用語を使うが，両者は同義である．
　内分泌攪乱化学物質は，広義には環境中に存在する化学物質のうち，生体内に入ったさいにホルモンの作用を攪乱する物質である．生殖だけでなく，生物の内分泌系に関わるものの総称である．『奪われし未来』が出版された当時は，性や生殖等に関する異常を引き起こす物質，とくに体内で女性ホルモンの受容体と結合して女性ホルモンと同じように働くものがおもに研究されていた．そのため，内

分泌攪乱化学物質は女性ホルモン様作用を示すものとして認識されていることが多いが，これはあくまでも狭義である．たとえば，PCB や PBDE は甲状腺機能の攪乱を引き起こすことが報告されている．そのため，最近は広義で取り扱われることが多い．

　内分泌攪乱化学物質を知るためには，まずは生物におけるホルモンの働きを知らなくてはならない．生物の細胞の中で化学物質が作用するには，DNA に働きかけて信号を出す必要がある．そのうち，ホルモンは受容体（レセプター）と結合することではじめて核に信号を送ることができる．ホルモンと受容体は鍵と鍵穴のような関係をしている．ホルモン（鍵）は受容体（鍵穴）に分子的に適合する構造をもっており，女性ホルモンには女性ホルモンの受容体が存在している．女性ホルモンはつねに分泌されているわけではなく，生物個体の特定の成長段階にさらに特定の時期に生合成され体内へ放出（分泌）されるものである．分泌されたものが女性ホルモン受容体と結合し，女性ホルモンが来たという信号が DNA に送られることにより作用が起こる．一方狭義の内分泌攪乱化学物質は，分子構造の一部が女性ホルモンに似ているために，その化学物質が女性ホルモンの受容体と結合してしまい，生体が女性ホルモンが来たと勘違いをしてしまうことによって攪乱が生じるのである．では，実際に女性ホルモンやそれを攪乱する内分泌攪乱化学物質がどのような構造をもっているかをみてみよう．

9.2　内分泌攪乱化学物質の種類と構造

9.2.1　内分泌攪乱化学物質の種類

　内分泌攪乱化学物質による内分泌の攪乱は，毒性の発現の一形態である．けっして 1990 年代に新しい化学物質が登場したわけではなく，汚染とその影響自体は 1950 年代から起こっていた．日本では，1998 年には女性ホルモン様作用が疑われる約 70 種の化学物質がリストアップされ，国をあげての研究が進められた．女性ホルモン作用をもつと疑われていた物質を種類ごとに分類すると，① 過去に使われていて現在使用が禁止されている物質：PCB，有機塩素系農薬，② 現在使われている農薬（規制・監視中）：シマジン，アトラジン，③ 現在燃焼活動等により生成している物質（規制・監視中）：ダイオキシン，ベンゾ[a]ピレン，④ 界面活性剤関連物質：アルキルフェノール，⑤ プラスチックの添加剤等：ビスフェノール A，アルキルフェノール，のように大まかに分けることができる．

9.2 内分泌攪乱化学物質の種類と構造

内分泌攪乱化学物質の毒性はその構造の一部が女性ホルモンに似ているために生じる．そのため，その構造を具体的にみる前に，まず女性ホルモンの構造をみてみよう．女性ホルモンは総称してエストロゲン(estrogen)とよばれるが，主要なものはエストロン(estrone：E1)，エストラジオール(17β-estradiol：E2)，エストリオール(estriol：E3)の3種類である(図9.1(a)～(c))．E2はベンゼン環にヒドロキシ基がついたフェノールをもった構造であり，E2の「2」はヒドロキシ基が2個あることを意味している．E2の17位のヒドロキシ基がケトンに変化したものがE1であり，E2の16位が水酸化されてE3となる．女性ホルモンの活性についてはまた後ほど述べるが，もっとも活性が強いのはE2である．

一方，内分泌攪乱化学物質の一種であるノニルフェノール(nonylphenol：NP)は，分子の全体の構造はE2とは異なり，環もヒドロキシ基も一つずつしかない(図9.1(d))．しかし，内分泌攪乱化学物質は本来のホルモンと似たような構造をもっていることが重要である．E2とその受容体において，鍵と鍵穴の構造になっているのが，フェノール基である．すなわち，ノニルフェノール分子のフェノールの部分が鍵に相当し女性ホルモン受容体の鍵穴の部分に結合すると考えられている．同様に，ノニルフェノールとは炭素鎖の長さが異なるオクチルフェノール(octylphenol：OP，図9.1(e))や，フェノール構造をもっているビスフェノー

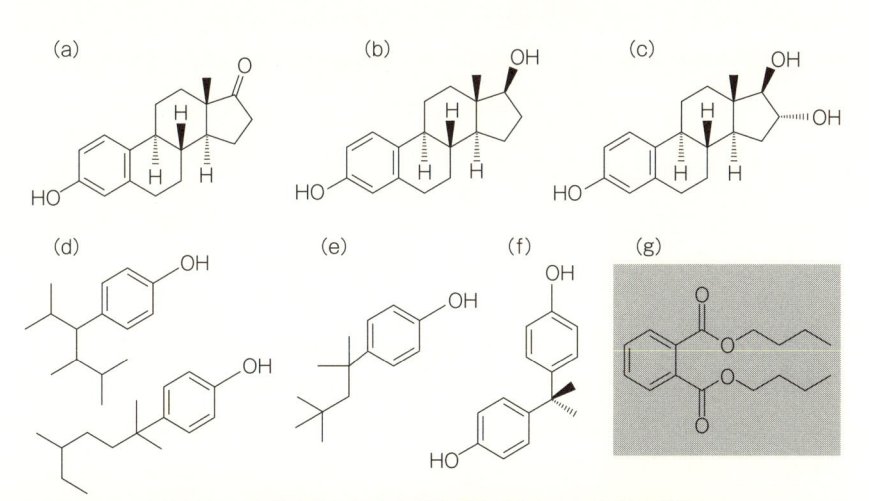

図9.1 女性ホルモンと内分泌攪乱が疑われる物質の構造式
(a)エストロン(E1)，(b)エストラジオール(E2)，(c)エストリオール(E3)，(d)ノニルフェノール，(e)オクチルフェノール，(f)ビスフェノールA，(g)フタル酸ジブチル(DBP)*．

* 現時点では明らかな内分泌攪乱作用は認められていない．

ル A(bisphenol A：BPA, 図 9.1(f))も, 同様の機構で女性ホルモン受容体の鍵穴の部分に結合する. ただし, 鍵(フェノール構造)だけがあればいいのかというとそうでもなく, まわりの部分の構造も関係している. たとえば, ノニルフェノールにはノニル基の構造の異なる多種の異性体が存在するが, 内分泌攪乱作用をもつ異性体ともたない異性体が存在する. また, フェノール構造だけでなく, ベンゼン環にヘテロ原子が一つ置換した構造も, 内分泌攪乱作用をもつことが明らかになっている. 2 章「有機塩素化合物」で紹介した DDT や DDE は, ベンゼン環にヘテロ原子である塩素が一つ置換している. フタル酸エステル(例：フタル酸ジブチル(dibutyl phthalate, 図 9.1(g))は, DDT ほど単純ではないが, ヘテロな官能基をもつことによって同様に作用していると疑われた.

7 章まで述べてきた化学物質はその物理化学的性質でひとくくりにして環境動態等を議論してきたが, 内分泌攪乱化学物質は毒性の発現形態でくくった総称なので, 物性で一概にくくることはできない. 図 1.9 の K_OW の表の中で内分泌攪乱作用が確認されたものは, DDT のように疎水性の高いものから, log K_OW が 3 〜4 程度のノニルフェノールやビスフェノール A のように疎水性が比較的小さい成分まで, 疎水性は広い範囲にわたる. DDT についてはこれまでの章で述べてきた物質なので, 本章ではフェノール系の内分泌攪乱化学物質, すなわちアルキルフェノールとビスフェノール A, に焦点をあてる. これらのフェノール系内分泌攪乱化学物質は, これまで示してきた疎水性の物質より水に溶けやすい特徴がある.

9.2.2 アルキルフェノール

アルキルフェノールの 1 種であるノニルフェノールは, ノニル基(炭素鎖 9 のアルキル基)が置換しているフェノールである. プロピレンを三量化したノネンをフェノールと結合させて合成される. プロピレンの三量化の組合せは複数存在するため, ノネン, そしてノニルフェノールには異性体が複数存在する.

環境中に存在するノニルフェノールは工業用の洗浄剤に由来するが, ノニルフェノール自体は洗浄剤としての作用をもっているわけではない. 非イオン系の界面活性剤の一種のノニルフェノールエトキシレート(nonylphenol ethoxylate：NPEO)が微生物分解されることによって, ノニルフェノールが生成される(図 9.2). NPEO は 7 章「合成洗剤」で紹介したアルキルフェノールエトキシレート(APE, 図 7.3(f))の一種であり, 親水基として 3〜18 個のエトキシ基をも

つ．好気的な分解によってエトキシ基が短くなっていき，最終的に1個になりノニルフェノールモノエトキシレート（nonylphenol monoethoxylate：NP_1EO）が生成し，さらにそれが嫌気的な環境下でエトキシ基がヒドロキシ基になるとノニルフェノールになる．下水処理過程は基本的には好気的な過程であるが，活性汚泥の消化処理等の嫌気的な処理も行われ，それによりノニルフェノールの生成が促進される．また，下水処理で生成したNP_1EOが環境水へ放流され，堆積物に取り込まれると，その場の嫌気条件でノニルフェノールが生成する可能性もある[2]．NPEOは1998年までは家庭用の合成洗剤として市場に出回ることもあったが，業界の自主規制等により現在は家庭用合成洗剤としては市販されていない．

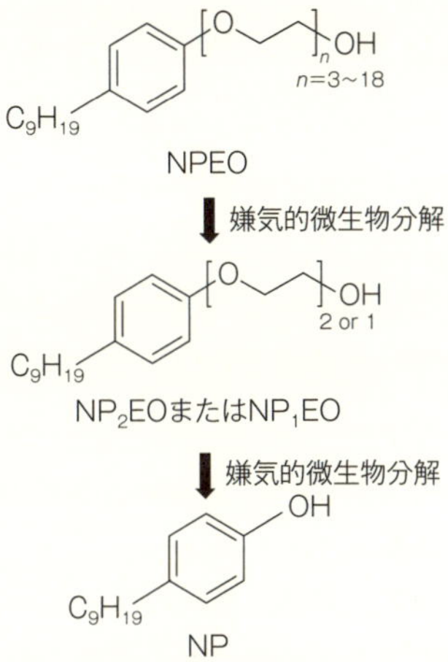

図9.2 ノニルフェノールエトキシレート（NPEO）からのノニルフェノール（NP）の生成過程
W. Giger, P. H. Brunner and C. Schaffner, *Science*, **225**, 623 (1984) をもとに作成．

アルキルフェノールにはオクチルフェノールも含まれる．オクチルフェノールは炭素鎖が8のアルキル基がフェノールに結合している化学物質である．ノニルフェノールとは炭素鎖が一つ異なるだけだが，両者は合成の仕方が違う．オクチルフェノールのオクチル基は単一の化合物で，それがフェノールに結合しているために異性体は1種類しか存在しない．オクチルフェノールはノニルフェノール同様オクチルフェノールエトキシレート（octylphenol ethoxylate：OPEO）が分解されて生成する．

ノニルフェノールとオクチルフェノールはともに界面活性剤の原料として使用されるとともに，プラスチックの添加剤やその原料としても使用されている．プラスチックの酸化防止剤として用いられているトリスノニルフェニルホスファイト（tris(nonylphenyl)phosphite：TNP）は，好気的な分解や加水分解を受けるとノニルフェノールを生成する．そのため，TNPが含まれているプラスチックからは同時にノニルフェノールも検出される．また，プラスチック同士がくっつかないようにするための剥離剤として，界面活性剤が添加されることもあり，こうした用途にもノニルフェノールやオクチルフェノールおよびその誘導体が用いられる．

9.2.3 ビスフェノールA

ポリカーボネートはヘルメットや車の車体，給食食器など広く使われている硬いプラスチックである．そのポリカーボネートの構成単体がビスフェノールAである．ビスフェノールAとホスゲンが交互に連結するとポリカーボネートとなる．「bis」は2を表す接頭語であり，ビスフェノールAは2個のフェノールが結合した構造をもつ．「A」はアセトン(acetone)に由来する．アセトンとフェノールを反応させることでビスフェノールAが合成される．疎水性は低く，log K_{OW} は3.32とノニルフェノールよりさらに親水性が高い[3]．

ビスフェノールAはポリカーボネートのほかに，エポキシ樹脂としてコーティング剤，樹脂，塗料の原料にもなっており，それらからも溶出する．また，ポリ塩化ビニル等のほかのプラスチックの添加剤としての用途もある．

9.2.4 フタル酸エステル

フタル酸エステルには内分泌攪乱作用は現在認められていないが，内分泌攪乱化学物質を語るうえでは紹介しておきたい物質の一つである．1998年に環境庁が内分泌攪乱化学物質への対応方針として「環境ホルモン戦略計画SPEED'98」を策定したさいは，フタル酸エステルも調査対象物質の一つであった．しかし，その後の調査では内分泌攪乱作用は認められないと判断された．一方で，生殖・発生毒性や発癌性を考慮して日本や欧米では一部のフタル酸エステルの子供向けおもちゃへの使用が規制されている．日本では，一部がPRTR法(化管法)で第一種指定化学物質に指定されている[4]．内分泌攪乱化学物質の一種ではないと科学的に判断されたが，その他の生物影響が懸念されている物質である．

フタル酸エステルはおもにポリ塩化ビニルの可塑剤(プラスチックに柔軟性を与えるための添加剤)として用いられているが，その他プラスチックの原料，塗料，接着剤等幅広い用途がある．フタル酸エステルは無水フタル酸とアルコールを縮合させて合成される．アルキル基の種類によっていくつかのフタル酸が存在しており，物理化学的性質は結合させるアルコールの種類に依存する．例えば，フタル酸ジブチル(dibutyl phthalate：DBP)はアルコールに由来するアルキル基が短いために疎水性が低いが(log K_{OW}=4.5)，フタル酸ジシクロヘキシル(dicyclohexyl phthalate：DCHP, log K_{OW}=6.2)のように環状構造をとったり，フタル酸ジ(2-エチルヘキシル)(di-(2-ethylhexyl)phthalate：DEHP, log K_{OW}=7.6)のようにアルキル基が長くなったりすると疎水性は高くなる[5]．この物理化学的性質の違いが添加剤としての幅広さをもたらしている．

9.3 内分泌攪乱作用の検出

内分泌攪乱作用がこのような多岐にわたる物質によってもたらされ得ることが，どのように明らかにされていったのか，1990年代～2000年頃に行われた代表的な研究を例にみてみよう．

9.3.1 生物と内分泌攪乱化学物質

1980年代から英国では淡水魚に雌雄同体等の生殖異常が問題となっていた．1994年，環境中における生殖異常が何によって引き起こされているかを調べるべく，野外調査と室内実験を組み合わせて研究が行われた[6, 7]．英国南東部のエア川で雄のニジマスをケージ内で3週間飼育し，その血液を調べるという実験である．血液検査は，体の形態学的な異常が発生する前に生化学的な異常が起こっていないかを検知するために行う．生殖異常の兆候を検知するためには，ビテロジェニンの測定を行うのが有効である．ビテロジェニンは卵黄タンパク質で，雄には存在しないか，存在しても極微量である．血液からビテロジェニンが検出された場合，女性ホルモンが作用した証拠となる．では，3週間後の雄のニジマスの血液中のビテロジェニン濃度はどのようになっただろうか．図9.3は，横軸に上流（M1）と下水処理場の下流側の測点（M2～M4），縦軸にニジマスの血漿中のビテロジェニン濃度を示した図である．各地点の左が曝露前，右が曝露後の値である．地点名の下の数字は下水処理場からの距離を表している．LCはlaboratory controlの略であり，実験室で飼育していたニジマスを対照区として用いている．M5は下水処理場の放流口だが，こちらは3週間のうちにニジマスが死亡してしまったためデータを得ることはできなかった．下水処理水中のノニルフェノールも含む化学物質の急性毒性によりニジマスが死亡してしまったと推定されている．

3週間飼育した結果，下水処理場の下流側で雌にしか存在しないはずのビテロジェニンが雄の血液中から高濃度で検出された．当時，英国のエア川では羊毛工場の廃水が下水処理場に流れ込んでいた．その羊毛工場ではNPEOを羊毛洗浄剤として使用しており，それらが下水処理場でノニルフェノールになったことが原因と考えられる．これらの地点の河川水から検出されたノニルフェノール濃

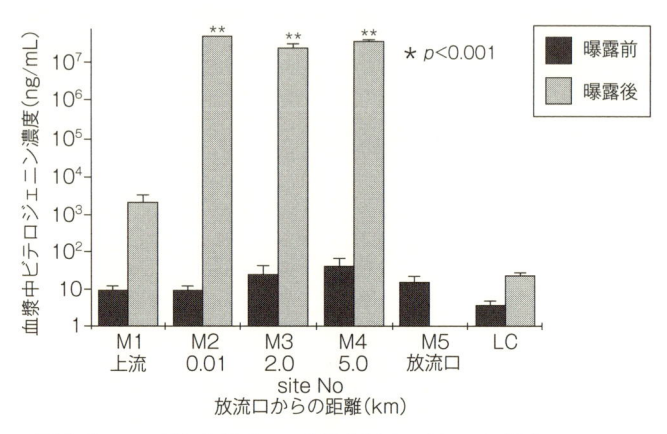

図 9.3 エア川におけるマス血漿中ビテロジェニン濃度
J. E. Harries *et al., Environ. Toxicol. Chem.*, **16**, 538 (1997).

度は，82〜330 µg/L であった．このような濃度がビテロジェニン濃度の上昇を引き起こすのであろうか？　そのため次に以下のような室内実験を行った．濃度の異なるノニルフェノールを添加した水をそれぞれ用意し，それをガラス水槽に入れ，その中でニジマスを飼育しビテロジェニン濃度が上昇するかどうかを調べたのである．ノニルフェノール濃度が 5 µg/L までの低濃度の実験区では対照区と差がなかったが，ノニルフェノール濃度が 20.3 µg/L 以上の実験区のニジマス血液中ではビテロジェニン濃度が増加した．エア川の下水処理場下流の河川水中のノニルフェノール濃度 (82〜330 µg/L) はこの値を上回っており，水中のノニルフェノールが雄のニジマスのビテロジェニン濃度上昇を引き起こしている物質と特定された．この研究は，モニタリングと室内実験を組み合わせて原因物質を特定できた貴重な研究である．また，この室内曝露実験の結果から，ノニルフェノール濃度 10 µg/L が淡水魚への生殖異常の閾値と考えられ，それに安全係数の 0.1 をかけた濃度の 1 µg/L がノニルフェノール規制の国際的な目安と考えられた[8]．

9.3.2　環境中の内分泌攪乱化学物質と女性ホルモン

環境中の内分泌攪乱化学物質が生物に作用しているかどうかを調べるためには，内分泌攪乱化学物質だけを測定していては明らかにはできない．同時に女性ホルモン類が環境中でどのように分布しているかを知らなくてはいけない．

1990 年代，日本においても東京の多摩川で生殖異常が起きているコイが見つ

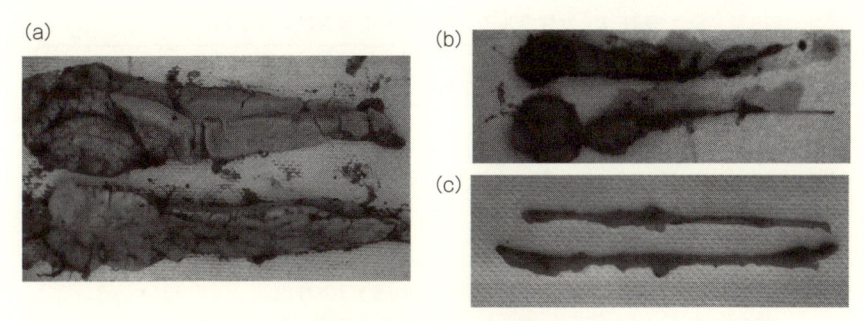

9.3 内分泌攪乱作用の検出　161

図 9.4　多摩川の下水処理場の放流口付近に生息していたオスのコイの精巣
a) 正常個体，b) および c) 異常個体.
中村 將, 井口泰泉, 科学, **68**, 566 (1998).

かっていた．図 9.4 は多摩川の下水処理場の放流口付近に生息していたオスのコイの精巣の写真である．図 9.4(a) は正常な精巣だが，図 9.4(b), (c) のように精巣が委縮したり，断裂してしまった個体も存在していた．当時の多摩川の水中のノニルフェノール (NP)，オクチルフェノール (OP)，フタル酸エステルのフタル酸ブチルベンジル (BBP) と DCHP，ビスフェノール A (BPA)，E1，E2 の濃度を測定すると，確かにノニルフェノールやオクチルフェノールが高い濃度で検出されていた (図 9.5)[9])．これだけみると，ノニルフェノールが生殖異常の原因のようにも思える．しかし，この 500 ng/L (0.5 μg/L) というノニルフェノール濃度はほかの内分泌攪乱物質に比べると確かに高いが，エア川から検出された濃度はもちろん，ノニルフェノールが淡水魚に生殖異常を起こし得る濃度 10 μg/L よりも

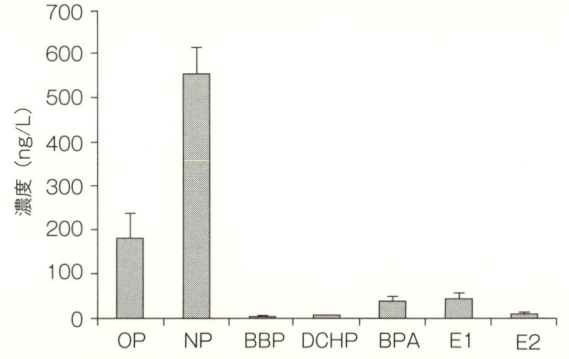

図 9.5　下水処理水中の内分泌攪乱が疑われた物質および女性ホルモン類濃度
N. Nakada *et al.*, *Environ. Toxicol. Chem.*, **23**, 2812 (2004) をもとに作成.

表9.1 女性ホルモン比活性と等量濃度の算出例

	女性ホルモン比活性	河川中濃度 (ng/L)	女性ホルモン等量濃度 (ng/L-EEQ)
ノニルフェノール(NP)	1/4,700	561	0.12
オクチルフェノール(OP)	1/12,000	155	0.01
ビスフェノール A(BPA)	1/5,400	38.8	0.01
エストロン(E1)	1/6.6	20.8	3.15
エストラジオール(E2)	1	2.25	2.25

N. Nakada *et al., Environ. Toxicol. Chem.*, **23**, 2807(2004)をもとに作成.

かなり低い.一方,女性ホルモンの E2 や E1 は濃度はそれぞれ,2.25 ng/L, 20.8 ng/L とノニルフェノールに比べて1～2桁低い.しかし,室内実験では女性ホルモンが淡水魚に生殖異常を引き起こす濃度は E2 では 1 ng/L, E1 については 25 ng/L と報告されおり,多摩川の水中の女性ホルモンの濃度はこれらを超えていたり,近い値を示した.このことから,多摩川のコイの生殖異常はフェノール系内分泌攪乱化学物質ではなく,女性ホルモンにより引き起こされたと考えられる.このように,生殖異常の原因物質としての評価には,その物質の濃度だけでなく,内分泌攪乱の活性を踏まえたうえで評価しなくてはいけない.

化学物質の内分泌攪乱の活性は,女性ホルモン受容体(レセプター)と結合する能力で定量的に評価・比較される.それは,本章のはじめに説明したように,化学物質が女性ホルモンレセプターと結合することから内分泌攪乱がはじまるからである.ノニルフェノール等の内分泌攪乱化学物質は女性ホルモンのレセプターと結合する能力はあるが,その結合能は本物の女性ホルモンにはかなわないため,その活性には差が生じる.定量的に評価するために,女性ホルモンのうちもっとも活性が高い E2 の活性を1としたときのそのほかの化合物の活性(比活性)にて比較を行う.そして,この比活性と各成分の濃度を掛け算したものを女性ホルモン当量濃度(estradiol equivalent concentration：EEQ)とよぶ.表9.1は図9.5で示した各成分の濃度から EEQ を求めたものである.比活性が E2 の 4,700 分の 1 であるノニルフェノールの多摩川の水中の EEQ は, 1/4,700×561 ng/L=0.12 ng/L-EEQ となる.一方,E2 の場合は 1×2.25 ng/L=2.25 ng/L-EEQ となる.こうして算出したフェノール系内分泌攪乱化学物質と女性ホルモンの EEQ をそれぞれ合計すると,フェノール系内分泌攪乱化学物質の EEQ は 0.14 ng/L-EEQ, 女性ホルモンの EEQ は 5.40 ng/L-EEQ となる[9].女性ホルモンの EEQ のほうがフェノール系内分泌攪乱化学物質の EEQ より1桁高く,女性ホルモンが内分泌攪乱

にはより大きな寄与があると計算される．環境中の濃度が低くても，比活性が高ければ相対的な寄与は女性ホルモンのほうが高いのである．EEQ は，3 章で示した TEF×濃度＝TEQ と似た概念であり，あくまでも複合的な影響を 1＋1＝2 という相加的(additive)なものと仮定したものである．しかし，毒性影響は 1＋1＞2 のように相乗的(synergetic)な場合も，1＋1＜2 の拮抗的(antagonistic)なパターンも考えられる．

体内の E1，E2 は代謝されて尿中に排泄され，下水処理場へと入っていく．女性ホルモンは内因性の物質ではあるが，人為起源の物質である．下水処理場での水の滞留時間が長ければきちんと除去されるが，大きな都市の場合は下水処理場での下水の滞留時間が短く，女性ホルモンは十分に除去されずに出てきてしまう．オゾン処理等のもっと高度な方法を用いれば E1 や E2 を分解することもできるが[10]，コストとのバランスが難しいのが現状である．以上より，1990 年代の多摩川はノニルフェノールの濃度は高いが，女性ホルモンの活性を考慮すると内分泌攪乱化学物質の影響は受けていなかった．しかし，湾奥部の運河[11]やゴミ処分場の浸出水[12]のように，ノニルフェノールの濃度が非常に高濃度な場合，EEQ に換算してもノニルフェノールが卓越することもあることを忘れないようにしてもらいたい．

9.4　環境中の内分泌攪乱化学物質

ここまではフェノール系内分泌攪乱化学物質による内分泌攪乱について述べてきたが，本節ではこれらの物質の環境中での存在や動きに焦点をあてる．

9.4.1　環境動態

ノニルフェノールをはじめとする内分泌攪乱化学物質が環境中に広がっていることはすでに述べてきたとおりである．それがどこまで広がっているかを濃度とともに示した図が図 9.6 である．図 9.6 は下水，下水処理水，河川表層水，東京湾表層海水，東京湾底層海水中のノニルフェノール濃度を示している．疎水性の大きい化合物の場合は大半が懸濁粒子に吸着して移動しており，粒子は陸から比較的近いところに沈降・堆積するため，水を移動しての長距離輸送は起こりにくい．一方，ノニルフェノールは中程度の疎水性をもち log K_{OW} は 4.48 で，河川水中では約 90％ が水に溶けて存在する．そのため，水を通しての移動が起こりや

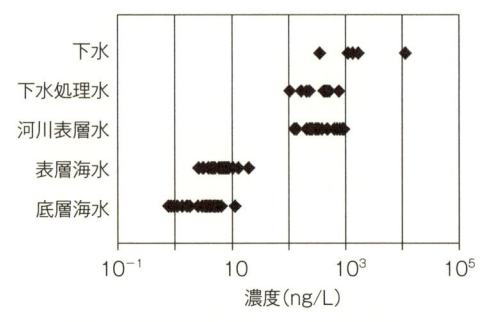

図 9.6 下水(*n*=5), 下水処理水(*n*=11), 河川表層水(*n*=47), 東京湾表層海水(*n*=28), 底層海水(*n*=25)中のノニルフェノール濃度範囲
「環境ホルモン・水産生物に対する影響実態と作用機構」編集委員会 編,"環境ホルモン・水産生物に対する影響実態と作用機構", p.22, 恒星社厚生閣(2006).

すく東京湾の湾口部の海水からも検出される.

また, ノニルフェノールは疎水性が中程度なので, 一部は粒子に吸着される. 河川水中では約10%が粒子に吸着しており, 堆積物中からもノニルフェノールは検出される. 東京湾の湾奥部の堆積物中からは1gあたりμgオーダーの濃度でノニルフェノールが検出される場所もあった(図13.2(b)). 下水処理場やポンプ所の近くで高い濃度を示しており, 同じく下水由来の化合物であるLABの濃度が高い地点と一致している(図13.2(a)). つまり, 下水, とくに雨天時越流下水に由来すると考えてよいだろう. 前述のように, 下水処理水や河川水中で女性ホルモン当量濃度がもっとも高い成分はE2だが, E2はノニルフェノールよりも疎水性が低い ($\log K_{\mathrm{OW}} = 4.01$)[5]. そのため, 粒子にノニルフェノールが分配してもE2はノニルフェノールほど粒子に分配することができない. 相対的にみると, 堆積物中のノニルフェノールの女性ホルモン当量濃度が女性ホルモンのそれを超える地点も出てくるのである[11]. さらに, 堆積物は嫌気的な環境下に存在しているため, 処理しきれなかったNPEOがノニルフェノールに還元されることも考えられる. 堆積物は, 水中よりも女性ホルモン当量濃度におけるフェノール系内分泌攪乱化学物質の寄与が高くなる場所なのである.

9.4.2 歴史的変遷

フェノール系内分泌攪乱化学物質は最近まで環境汚染物質として注目されていなかったので, モニタリングデータも少なく, 環境汚染の歴史的な傾向に関する

9.4 環境中の内分泌攪乱化学物質   165

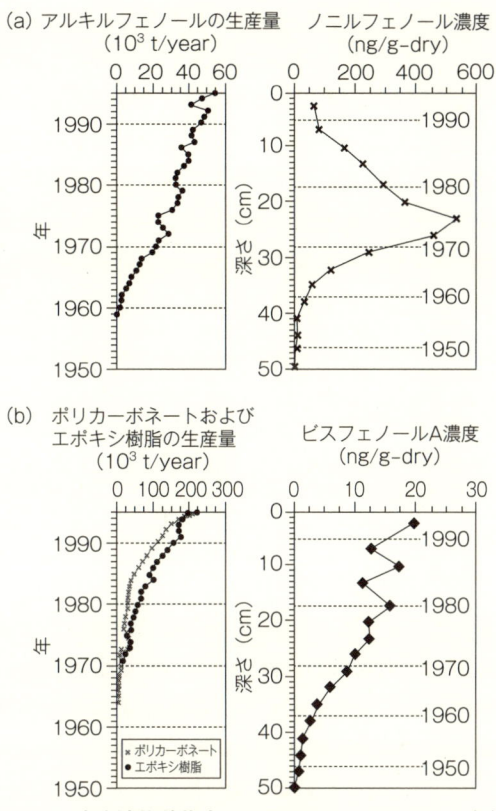

図9.7 東京湾堆積物中におけるノニルフェノール(a)とビスフェノールA(b)の濃度と生産量の推移
奥田啓司ほか, 沿岸海洋研究, **37**, 101, 102 (2000).

情報が限られている．このような情報のギャップを埋めるために，柱状堆積物が利用される場合がある．図9.7(a)は東京湾の柱状堆積物の鉛直分布である[13]．左は国内での生産量の推移，右は柱状堆積物中のノニルフェノール濃度である．ノニルフェノールは1950年以前は検出されないが，1960年代に濃度は急増し，1970年代半でピークを迎え，その後現在に向けて濃度は減少傾向にある．ノニルフェノールの検出されはじめと濃度の増加は，ノニルフェノール生産の開始・増加と一致している．しかし，ノニルフェノールの生産量自体は増えているにもかかわらず，堆積物中に保存されている量が減少している理由はなぜだろうか？その答えは，下水処理場の普及率の向上により，流域から東京湾へ流入するノニ

ルフェノールが減少したためと考えられる．下水処理においてノニルフェノールは70％程度除去されるため[14]，流域での下水道の普及により，流域からのノニルフェノールの流入量が減ったと考えられる．対照的なのはビスフェノールAである（図9.7(b)）．左にポリカーボネートとエポキシ樹脂の生産量，右にビスフェノールA濃度を示している．ビスフェノールAは塗装等にも使われ，雨で洗われた道路排水等の都市表面流出により東京湾へ負荷される割合が多い化学物質である．すなわち下水処理場を通らずに負荷される割合が多いため，下水道の普及にかかわらず，生産量の増加に伴って水域への負荷が高まっていると考えられる．

なお，柱状堆積物中ではポリカーボネートやエポキシ樹脂の生産開始の年代に対応する層よりも深い層からビスフェノールAが検出されている．ビスフェノールAの疎水性が比較的小さいことから，間隙水に溶出し鉛直的に移動した可能性も考えられ，柱状堆積物中での鉛直分布の解釈には注意する必要もある．

9.4.3 生物濃縮

内分泌攪乱化学物質であるノニルフェノールの疎水性は，これまで述べてきたPCB等の疎水性の物質よりも低い．だからといって生物濃縮をしないわけではない．東京湾で採取したムラサキイガイからPCBよりも高い濃度でノニルフェノールが検出された[15]．生物濃縮はしているのである．では，生物増幅はするのだろうか？ これまでに何度も栄養段階の指標である窒素安定同位体比を横軸に，化学物質の濃度を縦軸にとった図を示してきた（図2.10，図4.9，図5.10）．

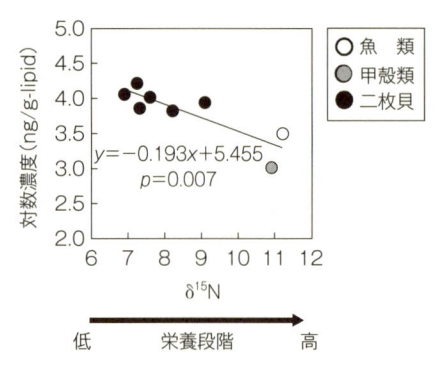

図9.8 ノニルフェノールの生物増幅
I. Takeuchi *et al.*, *Mar. Pollut. Bull.*, **58**, 663 (2009)をもとに作成．

用いた生物は，二枚貝，甲殻類，そして魚類である．食物連鎖を通した濃度増幅がPCBでは起こり，PBDEは代謝の受けやすさによって同族異性体により異なり，PAHは濃度増幅しなかった．アルキルフェノールの場合，甲殻類や魚類におけるノニルフェノール濃度は二枚貝よりも低く，食物連鎖を通した濃度の増幅ではなく減少傾向を示すことが明らかになった(図9.8)[16]．5章で述べたPAHに似た，代謝されやすい物質に特有のパターンである．アルキルフェノールは，体内に取り込まれても，ヒドロキシ基がついていてもともと水溶性が高いので水溶性を上げるための第一相反応を体内で起こす必要がなく，そのまま排泄されたり，すぐに第二相の抱合反応を受けて，体外に排泄されたりするため，高次の生物には蓄積しにくいと考えられる．二枚貝よりも高次の生物である甲殻類や魚類では代謝能が高いことが関係しているのだろう．

引用文献

1) T. Colborn, D. Dumanoski and J. P. Myers, "Our Stolen Future: Are We Threatening Our Fertility, Intelligence, and Survival? A Scientific Detective Story", Dutton(1996)；邦訳：長尾 力 訳, "奪われし未来", 翔泳社(1997).
2) W. Giger, P. H. Brunner and C. Schaffner, *Science*, **225**, 623(1984).
3) M. Ahel and W. Giger, *Chemosphere*, **36**, 1471(1993).
4) 環境省, "PRTRインフォメーション広場"
   http://www.env.go.jp/chemi/prtr/risk0.html
5) U. S. Environmental Protection Agency, "EPI-suite™ ver.4.11" (2012).
6) J. E. Harries *et al.*, *Environ. Toxicol. Chem.*, **15**, 1993(1996).
7) J. E. Harries *et al.*, *Environ. Toxicol. Chem.*, **16**, 534(1997).
8) R. Renner, *Environ. Sci. Technol.*, **31**, 316A(1997).
9) N. Nakada *et al.*, *Environ. Toxicol. Chem.*, **23**, 2807(2004).
10) N. Nakada *et al.*, *Water Res.*, **41**, 4373(2007).
11) 東京湾海洋環境研究委員会 編, "東京湾―人と自然のかかわりの再生", 恒星社厚生閣(2011).
12) E. L. Teuten *et al.*, *Phil. Ttrans. R. Soc. B*, **364**, 2027(2009).
13) 奥田啓司ほか, "沿岸海洋研究", **37**, 97(2000).
14) N. Nakada *et al.*, *Water Res.*, **40**, 3297(2006).
15) T. Isobe *et al.*, *Envirn. Monit. Assess.*, **135**, 423(2007).
16) I. Takeuchi *et al.*, *Mar. Pollut. Bull.*, **58**, 663(2009).

10

プラスチック汚染

10.1 プラスチックと添加剤

　内分泌攪乱化学物質であるノニルフェノールはプラスチックの添加剤としても使われている．ノニルフェノールが内分泌攪乱作用をもつことに最初に気がついたのは，米国ボストンのタフツ大学医学部の Dr. Ana Soto であった．彼女は乳癌細胞の異常増殖のメカニズム解明に向けて日夜研究していた．女性ホルモンがあると乳癌細胞が異常増殖するため，女性ホルモンの濃度を変えて細胞を培養する実験を行っていた．しかし，1989 年に対照区である女性ホルモンを添加しない実験系で乳癌細胞が異常増殖する現象が起こり，実験を行ううえでかなり困る事態となった．この原因が，ノニルフェノールだった．実験に用いたプラスチックの試験管から添加剤由来のノニルフェノールが溶出したのである．そして，ノニルフェノールがヒトの乳癌細胞を増殖させることも同時に明らかになった．このことはノニルフェノールによりホルモンが攪乱され，子宮内膜症や乳癌等が引き起こされるということを意味する非常にショッキングな報告であった．

　この報告を受けて，1998 年～2000 年代初頭に生活のなかのプラスチックからノニルフェノールが出てくるのでは，と調査が行われた[1]．対象としたのは，使い捨てのプラスチック製のコップや皿などである．その結果，いくつかの製品からノニルフェノールが高濃度で検出されたのである（図 10.1）．9 章で述べたノニ

10.1 プラスチックと添加剤　*169*

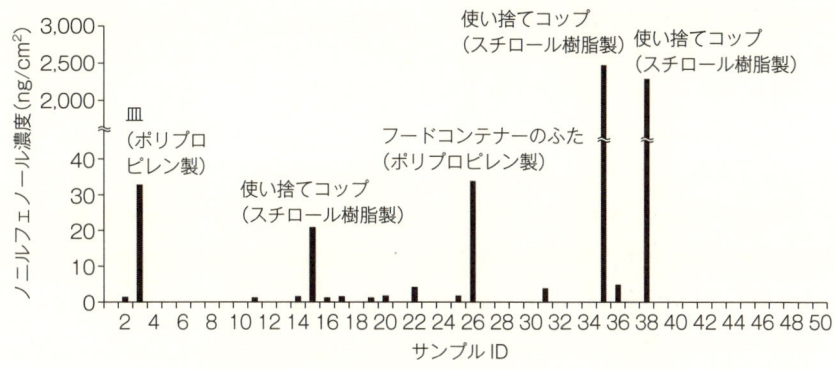

図10.1 プラスチック製食器・コップ等からのノニルフェノールの溶出（1998年調査）
磯部友彦ほか，環境化学，**12**, 624（2002）をもとに作成．

ルフェノールは洗浄剤を起源とするものが主だったが，プラスチックの場合は酸化防止剤として添加されるトリスノニルフェニルホスファイト（tris（nonylphenyl）phosphite：TNP）がおもな起源であり，製造後の酸化や加水分解でノニルフェノールを容易に生成する．また，TNP はノニルフェノールを原料としてつくられるので，TNP 中にノニルフェノールが残ったままの場合もある．また，プラスチックの剝離剤として用いられているノニルフェノールエトキシレート（nonylphenol ethoxylate：NPEO）もノニルフェノールの起源の一つである．食品包装用ラップやそのラップでにぎったおにぎりからのノニルフェノールの検出も報告された．これは 1998 年に行われた調査だが，2003 年から 2004 年にかけて東京都が同じような調査を実施した[2]．対象としたのは，菓子や冷菓の食品包装容器 15 試料である．試験は，食品疑似溶媒である n–ヘプタン，20％エタノール，4％酢酸，水 90 ℃の 4 条件で行われた．ノニルフェノールは中程度の疎水性をもっている化学物質であるため，油に溶けやすい性質がある．食品包装容器からは，酢酸や水 90 ℃ではあまり溶出しなかったが，n–ヘプタンやエタノールには溶出した．とくに，油脂性食品疑似溶媒である n–ヘプタンの溶出液からは，菓子・冷菓などの食品包装容器 15 製品中 10 製品からノニルフェノールが検出された[2]．では，包装容器からノニルフェノールが検出された食品自体にはノニルフェノールは含まれているのだろうか？　食品包装容器のうち，もっとも高濃度で検出されたものはラクトアイスの包装容器の 2,800 ng/cm^2 であった．この容器に包まれていたラクトアイスからは，140 ppb のノニルフェノールが検出された[3]．このような

製品に関しては行政指導による対応がとられた．経産省も自主規制するように指導しており，国内のプラスチック製品におけるノニルフェノールの使用については減少してきている．

一方，プラスチック製品中のノニルフェノールについて，世界的にこのような規制・指導が行われているわけではない．海外のプラスチック製品には含まれている可能性は十分にあり得る．近年は安価な輸入プラスチック製品が販売されていることもあるため，筆者らの研究グループで2009年に独自に調査を行った．その結果，ジッパーつきの食品用保存袋，使い捨て手袋等からノニルフェノールが有意に検出された．検出頻度は，日本製：2/25，中国製：9/25，タイ製：6/7である．日本製のものは，食品用保存袋と使い捨て手袋から検出されたが，いずれも1 cm^2 あたり1 ngと低濃度であった．一方，中国製品は食品用保存袋や手袋のほか，コーヒーのインサートカップやフードカバーからも検出され，その濃度は1 cm^2 あたり数～40 ngと日本よりもやや高かった．さらにタイ製品の6製品はすべて食品用保存袋で，数 ngから100 ngを超える濃度まで幅広く検出された．

興味深い点は，1998年の調査ではポリプロピレン（PP）製のプラスチックからの溶出が多かったが，2009年の調査ではポリエチレン（PE）製品から検出されることが多かった点である．どのような製品にノニルフェノールを添加するかは時代とともに変化をしている可能性がある．しかし，製品だけみていても判別することはできない．

10.2　ペットボトルキャップ

プラスチック製品中に添加剤由来のノニルフェノールが含まれていることが明らかになり，注目されたものがある．ペットボトルのキャップだ．ペットボトル本体はその名のとおりポリエチレンテレフタレート（PET）である．PETには有機系の添加剤はほとんど含まれない．一方，キャップはPE製のものが多い．そしてこれには添加剤が含まれていることもある．そこで世界19カ国で購入したミネラルウォーター（日本のみ炭酸飲料・お茶含む）のペットボトルキャップを筆者らの研究室で分析した（図10.2）．その結果，ケニア，韓国，米国など12カ国のキャップから有意にノニルフェノールが検出された[4]．また，同じ国の製品でも検出されるキャップとそうでないものが混在していた．これらは，酸化防止剤あるいは剥離剤として添加されているノニルフェノール誘導体に由来するものと

10.2 ペットボトルキャップ

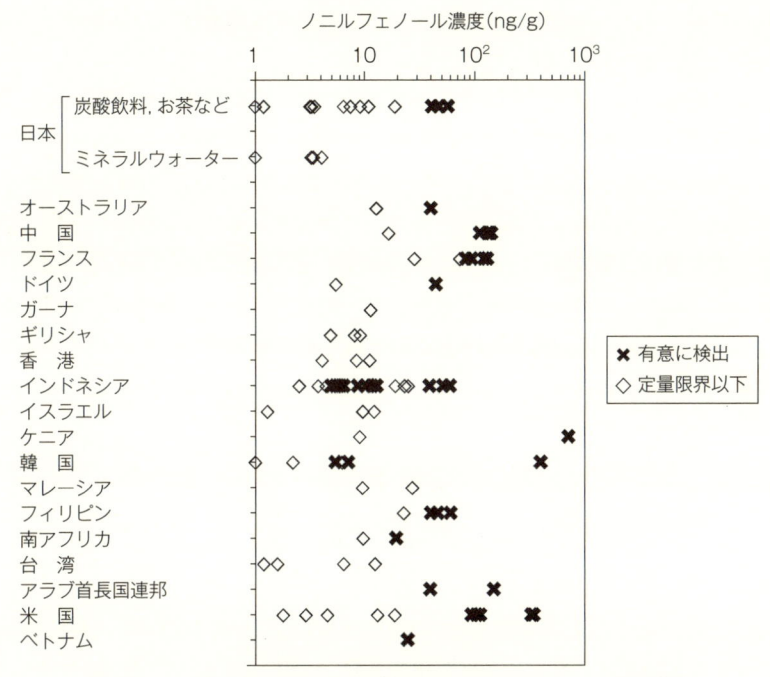

図 10.2 ペットボトルキャップ中からのノニルフェノールの溶出
高田秀重ほか, 海洋と生物, **215**, 580 (2014).

考えられた．日本のミネラルウォーターボトルのキャップからはノニルフェノールは検出されなかったが，炭酸飲料のボトルのキャップからは有意にノニルフェノールが検出された．内圧が高いのでキャップに密着性をもたせるため，より多くの添加剤が配合されるためと考えられる．

　製品に含まれるということは，それが廃棄されたものにもノニルフェノールが含まれる可能性がある．ペットボトルのキャップは，海岸でよく目にするプラスチックゴミである．そこで，海岸に漂着していたペットボトルのキャップのノニルフェノール分析を行った．試料として，沖縄県石垣島と長崎県奈留島で採取したキャップを用いた．これらの島は，中国や韓国などからのプラスチックゴミが大量に漂着しており，そのなかにペットボトルやそのキャップも含まれている．ペットボトルのキャップに刻まれているブランド名やロット番号をもとに，海岸に漂着した中国製のキャップと，近いロットの製品を中国で購入したものを分析してノニルフェノール濃度を比較した．比較の結果，海岸に漂着したキャップ

中のノニルフェノール濃度は製品に比べて2桁低く，海を漂っている間にノニルフェノールが海水中に溶出したことが示された[5]．

この研究からは，プラスチックの添加剤のうち，比較的疎水性の低い成分は海へ溶出している可能性があることが明らかになった．海を漂うプラスチックゴミが汚染物質の移動発生源になり，プラスチックを介して汚染物質が環境中に広がっていることを意味している．一方で，プラスチックからの有機化合物の溶出は，その有機化合物の疎水性が大きくなるほど遅くなるという報告もある[6]．海を漂ったり海岸に漂着したりしているプラスチックに疎水性の高い添加剤が溶け出しきらずに，残っている可能性もある．次の節では，プラスチックによる海洋汚染，とくに有害化学物質の負荷源としてのプラスチックについて述べる．

10.3　プラスチックによる海洋汚染

10.3.1　プラスチックゴミの海洋への広がり

現在，プラスチックによって海洋が汚染されている．日本，世界，どこの海岸においてもプラスチックゴミを見つけることができる（図10.3(a)）．海流の流れによってはゴミが流れ着きやすい海岸もあり，大量のレジ袋やプラスチック容器，ペットボトルのキャップなど大小問わず流れ着いている．日本の場合，大陸からの漂流物が流れ着きやすい西日本で多くみられる光景だ．プラスチックゴミは海岸に流れ着くだけではなく，海の上を漂流しているものも存在する（図10.3(b)）．海流の影響により，漂流しているプラスチックが集まってしまう場所が外洋にある．gyre（渦）とよばれる海流の流れの中心部が，北太平洋，南太平洋，北大西洋，

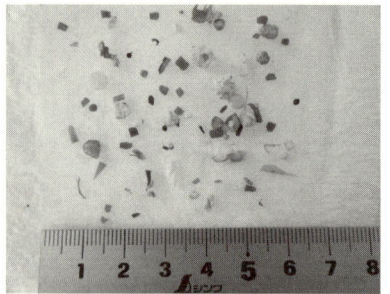

(a)　　　　　　　　　　　　　(b)

図10.3　漂着ゴミと漂流ゴミ
(a)西表島海岸(2015年)，(b)東京湾表層に浮かんでいたプラスチック(2014年)

南大西洋,インド洋にそれぞれ存在している.北太平洋のgyreのやや東側にある地域でプラスチックが多く漂流していることが観測されている(図10.4)[7].このような場所はプラスチック以外の物は分解されていくが,分解されにくいプラスチックはその場所でどんどん溜まっていくのである.

こうした海洋・海岸に存在しているプラスチックゴミは,生物が餌と間違えて誤飲してしまい消化管の中に蓄積されている場合がある.ベーリング海のハシボソミズナギドリの胃の中から,レジンペレット,プラスチックの破片(フラグメント),化学繊維,発泡スチロール,シート等,さまざまなプラスチックが検出された(図10.5).これはこの個体に限ったわけではなく,この海域のほとんどのハシボソミズナギドリの胃の中からプラスチックが検出され,むしろプラスチックを食べていないハシボソミズナギドリを入手することが困難なほどである.ハシボソミズナギドリに限らず,クジラやウミガメなど,200種以上の海洋生物の消化管中からプラスチックは検出されている.誤飲されたプラスチックは分解されないので,場合によっては消化管をふさいでしまって腸閉塞,栄養不足等が起こる可能性がある.また,このような物理的な障害だけではなく,プラスチックに含有される有害化学物質による化学的な影響が懸念される.

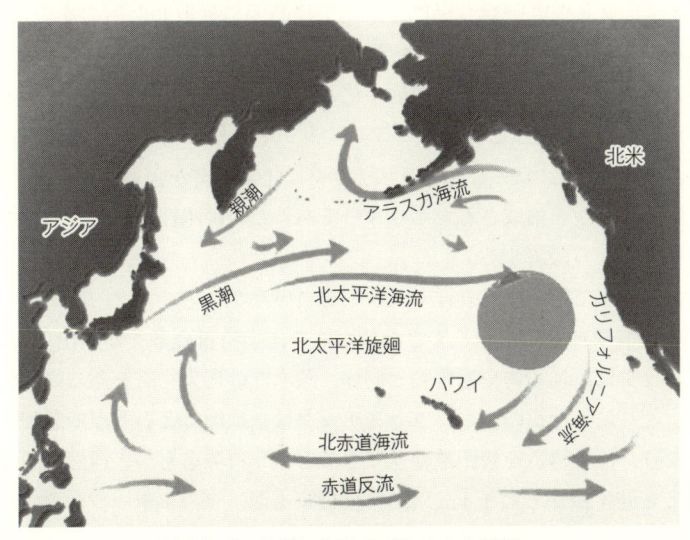

図 10.4　外洋におけるゴミのたまり場
C. Moore and C. Phillips, "Plastic Ocean", 口絵 p.7, Avery (2011).

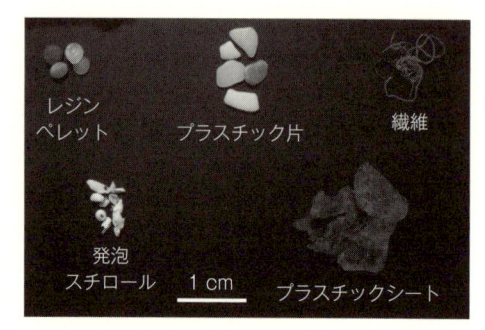

図 10.5　ハシボソミズナギドリの胃の中のプラスチック
西沢文吾氏, 山下 麗氏提供.

10.3.2　プラスチック中の化学物質

　海を漂うプラスチックには二つの種類の有害化学物質が含まれている．一つは，これまで述べてきたようなプラスチック製品にもともと添加されている添加剤やその分解産物である．もう一つの種類は，周辺の海水中から吸着されてくる疎水性の環境汚染物質である．筆者らのグループは，海に漂うプラスチックに疎水性の環境汚染物質が吸着することを 2001 年に米国の科学雑誌に発表した[8]．新品の PE 製ペレットを東京湾沿岸に浮かべて経時的に採取したものを分析すると，プラスチック中の PCB 濃度が日を重ねるごとに上昇しているのである．2 章で紹介した汚染マップはこの現象を逆手にとってモニタリングを行っている．それから 10 年以上が経過した現在，プラスチック中の化学物質による環境汚染への関心が高まってきている．なぜプラスチックに化学物質が吸着するのかというと，炭化水素の骨格から構成されたポリマーであるため疎水性が高く，疎水性の化学物質を海水中から吸着する．

　実際に，海岸で拾ったり外洋でネットを引いたプラスチック中の化学物質を測定すると，前章までに紹介してきた疎水性の化学物質の多くが検出されている．プラスチックは，堆積物や懸濁物と同様，疎水性の汚染物質を運ぶ媒体になるのである．とくに，比重の小さいプラスチックは水に浮くという点で懸濁物や堆積物と異なり，汚染物質を長距離輸送できるという特徴をもつ．自然の懸濁粒子は海に出ても発生源から数十 km 以内に堆積するが，プラスチックは数千 km 運ばれるものもある．実際に海岸に漂着したり海洋を漂流している数 mm～数 cm のプラスチック破片に含まれる汚染物質の分布を見てみよう（図 10.6 (a)）．疎水性

汚染物質の代表として PCB に注目する．全体としては，東京やロサンゼルスのような都市域の海岸で PCB 濃度は高く，遠隔地の海岸に漂着しているものや外洋を漂流しているもので PCB 濃度は低かった．漂着・漂流海域の PCB 汚染を反映していた．さらに，データを細かく見てみると，同じ海岸や海域で採取したプラスチック片間で PCB 濃度がオーダーレベルで大きく変動することがわかる．同じ海域で採取した試料でも濃度にばらつきがあるのは，プラスチックのサイズが数 mm～数 cm と堆積物や懸濁粒子に比べて大きいことによると考えられる．堆積物の場合は粒子の大きさは約数 μm で，表面のみで化学物質の吸着が起こる．しかしプラスチックは数 mm または cm 単位である．プラスチックの内部までに平衡が達するには 1 年～数年かかると考えられる．そしてプラスチック片は一片

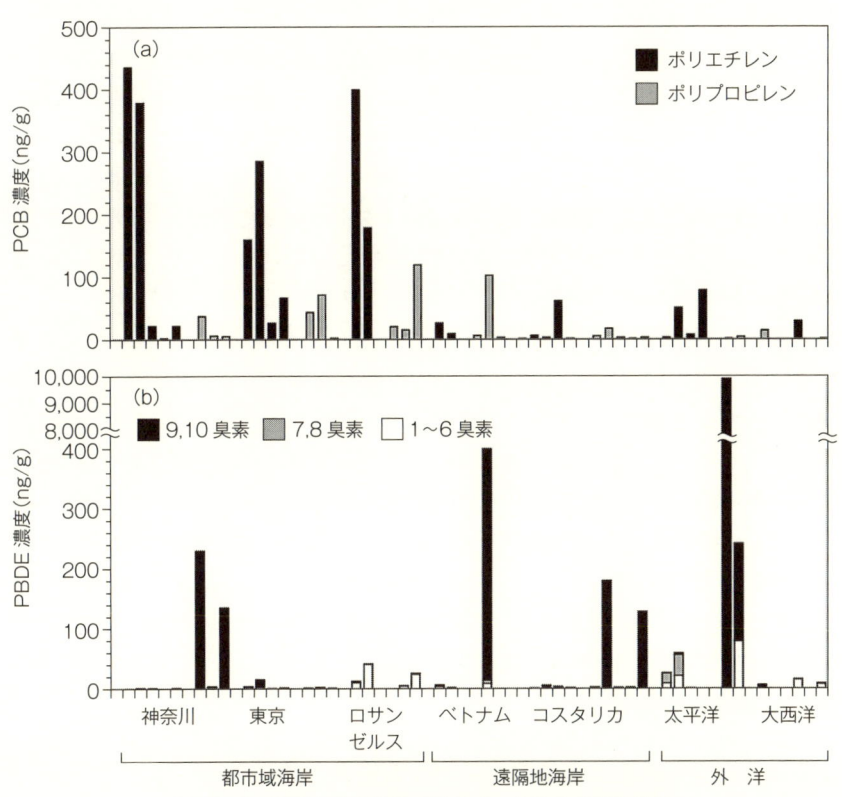

図 10.6 漂着および漂流プラスチック片中の汚染物質
(a)PCB，(b)PBDE．
高田秀重ほか，海洋と生物，**215**, 580(2014)．

一片輸送経路や輸送時間，すなわち滞留時間が異なってくる．PCBが高濃度の都市沿岸海域からPCB濃度が低い遠隔地へ漂流してくる場合，滞留時間が長いと脱着(溶出)されていくのでプラスチック片中のPCB濃度は低くなっていくが，滞留時間が短いと脱着されないまま輸送されてきて遠隔地でもプラスチック片中のPCBは高濃度となる．そのため，非都市域の海岸に漂着しているプラスチック片や外洋を漂流しているプラスチック片で，プラスチック片間で大きな濃度のばらつきがあるのだと考えられる．堆積物や懸濁粒子であれば，粒子も小さく吸脱着の平衡に要する時間も短いため，粒子と海水は平衡に達しているので，汚染域から運ばれた懸濁粒子でも遠隔地ではその周囲の濃度を反映し，すべての粒子で低いPCB濃度になるだろう．このように散発的に高い濃度の汚染物質が検出され，浮いて汚染物質を外洋まで運ぶ点が，プラスチックの汚染物質輸送媒体としての特徴である．

前述したように，プラスチックに含まれるもう一つの種類の化学物質は，添加剤である．図10.6(b)はプラスチック中のPBDEの濃度を示したものであるが，図10.6(a)のPCBとはまた異なった傾向が認められている．PCBはばらつきこそあれ，都市部の沿岸で採取したプラスチック中では濃度が高く，外洋に漂流していたプラスチックからは非常に低濃度で検出されていた．一方，PBDEの場合は，外洋を漂流していたものから，都市部沿岸のもの以上の濃度でBDE209が検出された．添加剤由来のBDE209を含むプラスチックが外洋に存在していたと考えることが理にかなっているだろう．PBDE以外にも，ノニルフェノールやビスフェノールAも外洋のプラスチックからは散発的に高濃度で検出された．添加剤はプラスチックが海を漂ううちに溶出するが，プラスチック片によってはその大きさや海流などの条件で，短い滞留時間で外洋に達するものもある．また，疎水性が高い物質ほどその溶出速度は遅くなるので，$\log K_{\mathrm{ow}}$も10以上と大きなBDE209は，溶出しきらずに，外洋や非都市域の海岸でも高濃度で検出されるプラスチック片がある．吸着由来，添加剤由来に限らず，散発的に高い濃度のものが遠隔地まで浮いて運ばれることが，汚染物質の輸送媒体としてプラスチックの特徴である[9]．

10.3.3 プラスチック中の化学物質の生物への移行

プラスチックに吸着または添加剤として含まれている化学物質は，生物に移行するのだろうか？　このような研究例は実に少ない．まず紹介するのは，図

10.5に示したベーリング海のハシボソミズナギドリの調査である[10]. この海鳥がプラスチック片を摂食していることは写真のとおりである. プラスチックに吸着しているPCBが海鳥の体内に移行している可能性を探るために，この鳥の胃の中から検出されたプラスチックの重さと脂肪中のPCB濃度を測定した. 試料とした鳥は混獲といって，魚を獲る網にひっかかり死亡したもので，許可を得て解剖している. 図10.7の

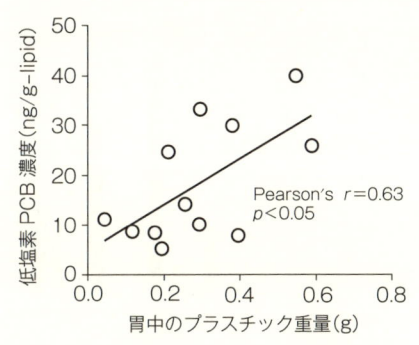

図10.7 ハシボソミズナギドリ胃中のプラスチック重量と低塩素PCB濃度の相関
R. Yamashita *et al.*, *Mar. Pollut. Bull.*, **62**, 2848 (2011).

横軸はそれぞれの鳥の胃の中にあったプラスチックの重さ，縦軸は低塩素PCBの濃度である. 両者の間には相関が認められている. すなわち，プラスチックを多く摂食すると，脂肪中の低塩素PCB濃度が上昇することを示している. このことは摂食したプラスチックに吸着していたPCBが海鳥に移行して脂肪に蓄積していることを示唆している. PCBは低塩素から高塩素まで測定したが，高塩素PCBと低塩素PCBを合算した総PCB濃度については相関が認められなかった. この理由は，PCBはこの海鳥のもともとの餌(魚など)を通しても海鳥に曝露されており，餌中のPCBには高塩素のものが多く，低塩素のものは少なかったためと解釈される. 含有量が少ないとはいっても低塩素PCBは餌にも含まれるので，胃の中のプラスチックとの相関は有意とはいえ，それほど高くない. 餌には含まれず，プラスチックだけに含まれる成分を測定すれば，もっと明確な結果が得られる. それを次に紹介しよう.

PCBを測定した同じハシボソミズナギドリの脂肪と胃の中のプラスチックと魚(この鳥の餌生物)についてPBDEの測定を行った(図10.8). 12個体中4個体の胃の中のプラスチックから高臭素のBDE209やBDE183が検出された. 難燃剤としてプラスチックに添加されている高臭素のPBDEが検出されたわけである. 同じ4個体の脂肪から，BDE209やBDE183が検出された. そして，餌の魚からはBDE209やBDE183は検出されなかった. 餌からは検出されないBDE209やBDE183が胃内プラスチックと同じ個体の脂肪組織から検出されたということは，これらの化学物質のプラスチックから脂肪組織への移行を示している[11]. プ

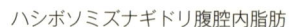

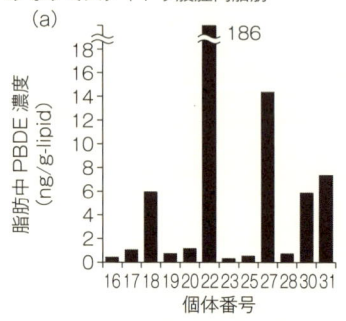

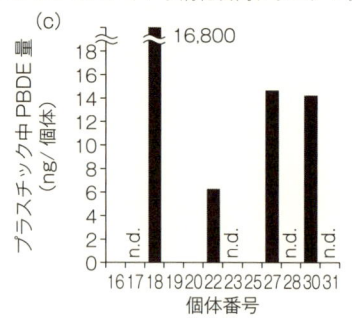

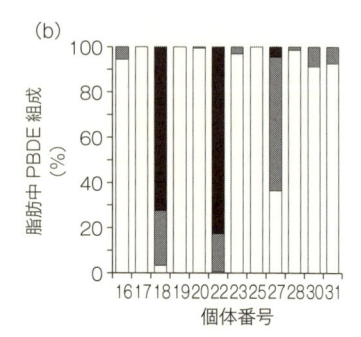

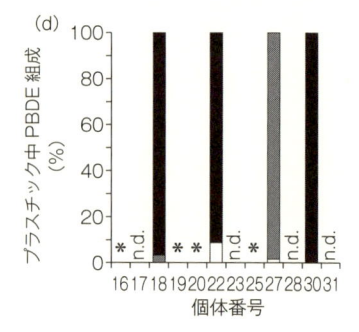

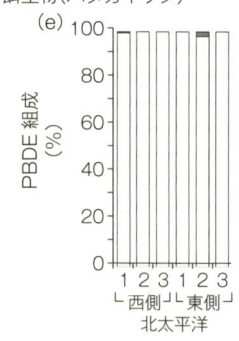

図 10.8 摂食プラスチックからハシボソミズナギドリへの PBDE の移行
(a)ハシボソミズナギドリ脂肪中 PBDE 濃度，(b)ハシボソミズナギドリ脂肪中 PBDE の相対組成，(c)摂食プラスチック中から検出された PBDE 量，(d)摂食プラスチック中 PBDE の相対組成，(e)餌生物の PBDE の相対組成．

K. Tanaka *et al.*, *Mar. Pollut. Bull.*, **69**, 219 (2013).

ラスチックから生物への化学物質の移行を示す画期的な証拠である．一方，魚からは BDE47 や BDE99 のような低臭素の PBDE が検出され，それらは 12 個体すべての海鳥から検出された．食物連鎖，餌経由での曝露・蓄積と考えられる．低臭素の BDE47 も高臭素の BDE209 も難燃剤としてプラスチックに配合されているにもかかわらず，なぜこのような違いが出るのであろうか？　4 章で述べたように，低臭素の同族異性体は生物濃縮しやすく，その一部では生物増幅も起こる．そのため BDE47 や BDE99 のような低臭素同族異性体は魚にも濃縮されている．一方，BDE209 や BDE183 のような高臭素同族異性体は生物濃縮しにくく，生物増幅は起こらない．そのため，魚からは検出されないのである．生物濃縮も受けにくい BDE209 や BDE183 のような高臭素同族異性体が海鳥の脂肪に移行する機構としては，イワシなど油分を多く含む魚類を餌としているため胃内にたまった油が溶媒として作用して，プラスチックからの高臭素同族異性体の溶かし出しと生物への取込みを促進していると考えられる[12]．

このように生物増幅の有無が野生動物へのプラスチック由来の化学物質の曝露の違いを生じるという可能性は，PBDE 以外の化学物質についても考えられる．食物連鎖とプラスチックからの寄与を比較した図を図 10.9 に示した．PCB も低臭素 PBDE もプラスチックにも含まれるが，生物増幅をする物質なので，食物

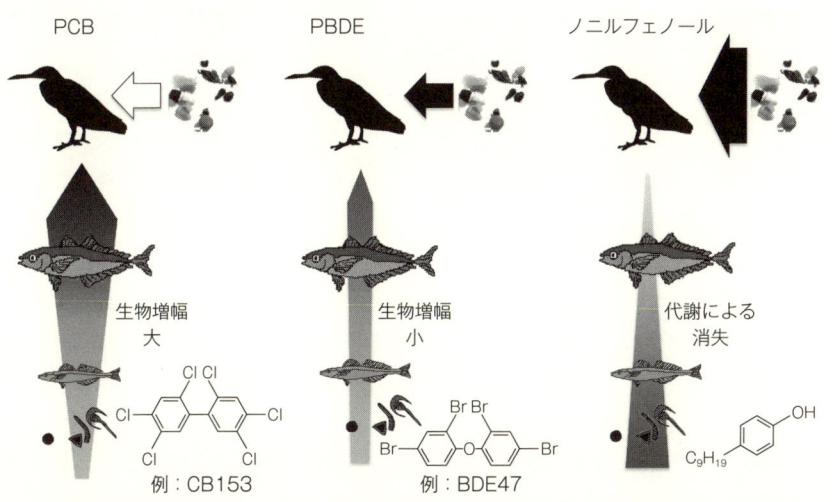

図 10.9　食物連鎖とプラスチックからの PCB，PBDE およびノニルフェノールの生物濃縮への寄与

連鎖経由(餌経由)の寄与が大きい.一方,高臭素 PBDE は生物増幅が起こらないので食物連鎖経由の寄与は相対的に小さく,プラスチックの寄与が大きくなる.実際の生物の測定から確かめられてはいないが,プラスチックに添加剤として含まれるノニルフェノールも,海鳥のような高次の生物への直接の曝露となる可能性が考えられる.ノニルフェノールが生物増幅しないからである.プラスチックと生物増幅,一見関係がなさそうだが,こんなところでつながっているのである.いずれにしても,このようなプラスチックを介した化学物質汚染の研究が現在まさに行われはじめたところである.

10.4 ゴミ埋立処分場の浸出水

プラスチックに関連する汚染は,プラスチックが海に到達しなければよい,というわけではない.陸上でもプラスチックに関連する汚染源がある.それがゴミ埋立処分場だ.『人類が消えた世界(原題:*The World Without Us*)』という書籍が 2007 年に刊行されベストセラーになった.もし突然,この世から人類が突然姿を消したらその後の世界がどんな風になっていくかを科学的に考察したノンフィクションである[13].そのなかにプラスチックがあげられ,海洋プラスチック汚染とともに熱帯アジアのゴミ埋立処分場での調査のことも触れられている.

熱帯アジアのゴミ埋立処分場については,本書でもこれまで化学物質の汚染源として紹介してきた.経済発展に伴い大量にゴミが発生するものの,都市で発生したゴミは分別をされずに処分場で積まれているだけで,ゴミの中の生ゴミが腐ることにより嫌気的な環境が形成され,そこに有機物も無機物も混在している.この中にはプラスチックも多い.熱帯アジア特有のスコールなど雨が降ることにより浸出水が発生する.

熱帯アジアのゴミ埋立処分場の浸出水からは高濃度の PBDE が検出されることは 4 章で述べたが,ノニルフェノール,オクチルフェノール,ビスフェノール A も高濃度で検出される[14].なかでもビスフェノール A の濃度は桁違いであり,1 L 中に数 mg の単位で検出される.これは日本の下水処理場で検出される濃度よりも数桁高い濃度である.ノニルフェノールとオクチルフェノールはプラスチックの添加剤が溶出してきたものと考えられる.ビスフェノール A も添加剤の寄与も考えられるが,ポリカーボネートやエポキシ樹脂等のポリマーが分解して,モノマーが生成し,溶出してきた可能性も考えられる.埋立地はゴミの分解によ

り熱をもっているうえに圧力もかかるため，ポリマーが壊れやすい環境になっていると考えられる．また，熱帯アジアのゴミ埋立処分場の浸出水からは女性ホルモンも検出された（図10.10）．なぜゴミ埋立処分場の浸出水から女性ホルモンが検出されるかというと，ゴミ埋立処分場にはゴミから有価物を取り出して生計を立てている人々が住んでおり，その屎尿に由来するという可能性等が考えられる．フェノール系内分泌攪乱化学物質と女性ホルモンを EEQ に換算して比較してみると，フィリピンやマレーシア，タイのゴミ埋立処分場の浸出水は天然の女性ホルモンよりもビスフェノール A のほうが内分泌攪乱への寄与が高くなる[14]．

周辺環境に影響が出るかを調べるために，マレーシアのクアラルンプール近くの埋立処分場で詳細な調査を行った．この埋立処分場は近くに小さな川が流れており，その先にある池に浸出水が入り込んでいる．高濃度のビスフェノール A（2,900 μg/L）を含む浸出水も池に入り，希釈されるが，それでもビスフェノール A の濃度は浸出水が流れ込む前の河川水（0.45 μg/L）よりも流れ込んだ後の池の水（12 μg/L）で濃度が高くなっていた[14]．この 12 μg/L という数字はどのような数値であろうか．ビスフェノール A の毒性試験で，淡水棲の巻貝の致死率について調べたものがある[15]．それによると，巻貝にビスフェノール A を曝露させると，遺伝子の損傷などは起こらないがそれによって女性ホルモンが誘導される．その

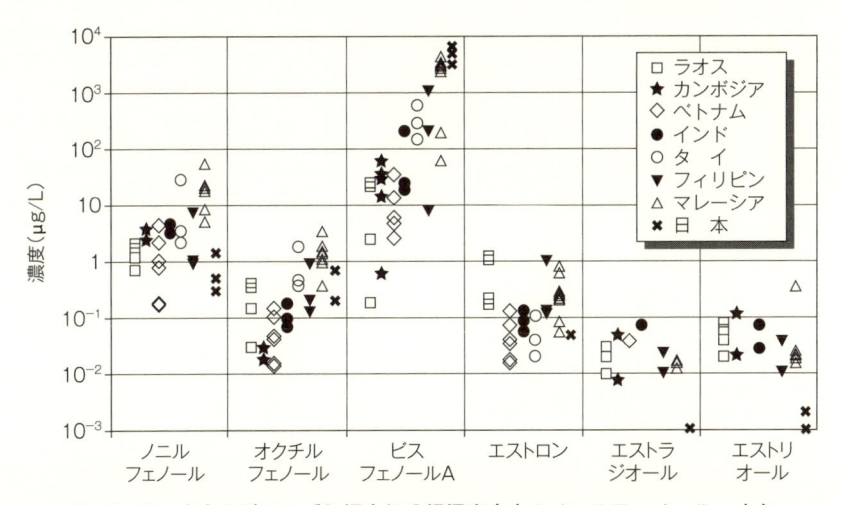

図 10.10 東南アジアのゴミ埋立処分場浸出水中のノニルフェノール，オクチルフェノール，ビスフェノール A および女性ホルモン濃度
E. L. Teuten *et al.*, *Phil. Trans. R. Soc. B*, **364**, 2031(2009).

結果，巻貝の産卵が活性化してエネルギーを消費しすぎて死に至ることが明らかになっている．その影響が出る濃度は 1 µg/L で，この池の濃度は，生物試験で影響が出た濃度よりも 10 倍以上高い値だ．ゴミ埋立処分場の浸出水が入り込む池は，プラスチック製品由来とされるビスフェノール A の毒性影響が出得るレベルにまで高まってしまったのである．

4 章で述べた浸出水の話も同様である．ゴミ埋立処分場の浸出水に BDE209 や BDE209 から脱臭素した PBDE が含まれているのも，プラスチック製品に添加されていたものが溶出したものである．環境汚染においてプラスチックは物理的な影響だけではなく，化学的にも重要な課題の一つなのである．

引 用 文 献

1) 磯部友彦ほか, 環境化学, **12**, 621 (2002).
2) 金子令子ほか, 東京都健康安全研究センター 研究年報, **57**, 273 (2006).
3) 安井明子ほか, 東京都健康安全研究センター 研究年報, **57**, 227 (2006).
4) 高田秀重ほか, 海洋と生物, **215**, 579 (2014).
5) J. Gabrys, G. Hawkins and M. Michael, "Accumulation: The Material Politics of Plastic", Routledge (2013).
6) S. Endo, M. Yuyama and H. Takada, *Mar. Pollut. Bull.*, **74**, 125 (2013).
7) C. Moore and C. Phillips, "Plastic Ocean", Avery (2011).
8) Y. Mato *et al.*, *Environ. Sci. Technol.*, **35**, 318 (2001).
9) H. Hirai *et al.*, *Mar. Pollut. Bull.*, **62**, 1683 (2011)
10) R. Yamashita *et al.*, *Mar. Pollut. Bull.*, **62**, 2845 (2011).
11) K. Tanaka *et al.*, *Mar. Pollut. Bull.*, **69**, 219 (2013).
12) K. Tanaka *et al.*, *Environ. Sci. Technol.*, in press.
13) A. Weisman, "The World Without Us", Thomas Dunne Books (2007)；邦訳：鬼澤 忍 訳, "人類が消えた世界", 早川書房 (2008).
14) E. L. Teuten *et al.*, *Phil. Trans. R. Soc. B*, **364**, 2027 (2009).
15) J. Oehlmann *et al.*, *Ecotoxicology*, **9**, 383 (2000).

11

合成医薬品・抗生物質類

　合成医薬品や抗生物質類は我々が日常的に使うことの多い化学物質として，pharmaceuticals and personal care products（PPCPs）と分類される．PPCPs には合成医薬品や抗生物質類のほかにも，日焼け止め，化粧品等広範な物質が含まれるが，本章では PPCPs のうち，合成医薬品や抗生物質類に絞って記述する．合成医薬品や抗生物質類がもともと生理活性をもつ化学物質なので，生物影響が懸念されること，薬としての服用・使用という共通の環境負荷経路をもつためである．

　我々が日常的に使用している薬が環境中に広がっているということを，想像したことはあるだろうか．図 11.1 に合成医薬品・抗生物質類の環境動態の概念図を示した．合成医薬品・抗生物質類は水溶性が高く，経口医薬品や抗生物質類は口から入ってきても，注射で投与されても代謝物あるいは未代謝物として屎尿を経由して下水へと入っていく．塗り薬のような皮膚に塗布する製品も，一部は吸収されるが大部分は排水管から下水へと洗い流されていく．そして，後述するように，その水溶性の高さから下水処理場での除去率が低い化学物質が多いために，下水処理水中でも多く検出されている．動物用に投与されている抗生物質類も糞便または屎尿に混入し畜産排水用の下水処理施設に行く場合もあれば，抗生物質類を含んだ堆肥として土壌にまかれる場合もある．こうして環境中へ放出された合成医薬品・抗生物質類は，表流水，地下水，はては海洋にまで広がっているのである．本章では，そんな合成医薬品・抗生物質類について述べていく．

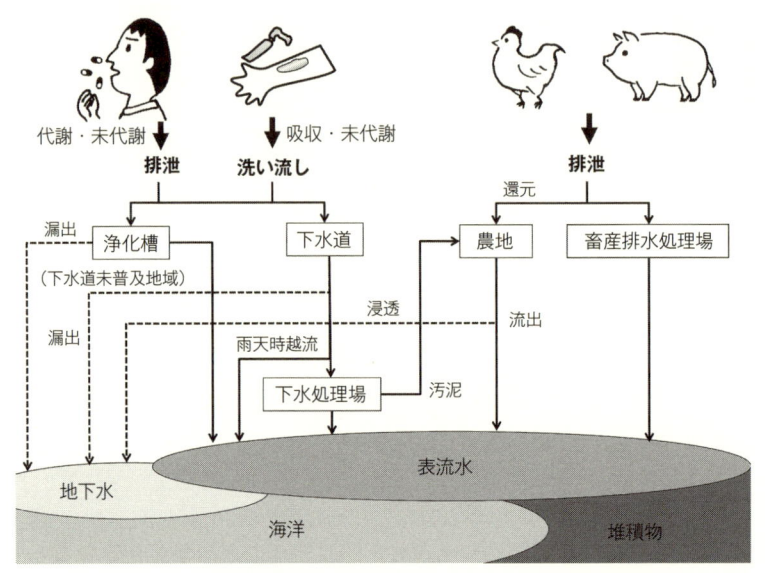

図11.1 合成医薬品および抗生物質類の環境への流入経路

11.1 種類と構造

　表11.1に，本章で触れる合成医薬品・抗生物質類の一覧を示した．合成医薬品は解熱鎮痛剤，殺菌剤，抗てんかん薬，鎮痒剤，昆虫忌避薬など，一概に医薬品といってもさまざまな種類がある．もちろんここに示した医薬品は数ある医薬品のうちのほんの一部でしかない．官能基に則ってみてみると，これらの化合物はカルボキシ基やフェノール基，アミド基をもっている．カルボキシ基をもつ化合物の水溶性が高いことは予想できるであろう．フェノール基はベンゼン環にヒドロキシ基が置換したものである．ヒドロキシ基が極性をもつため，ヒドロキシ基をもたないものに比べると親水性は高くなる．アミド基は非常に極性の強い官能基であり水溶性は高く，またアミド基の化学的安定性のために環境中での分解も受けにくい．カルボキシ基やヒドロキシ基をもつ合成医薬品の安定性は，官能基以外の部分で決まってくる．合成医薬品の $\log K_{ow}$ は成分によって異なるが，2～5と，PCBに比べると小さくかなり水溶性の高いものが多い（図11.2）．医薬品は体内で血液循環に乗り作用部位に移動する必要があるため，全般に水溶性が高いのである．この水溶性のため，身体から排出され水環境に出た場合は，粒子

表 11.1 本章で紹介する各合成医薬品および抗生物質類

一般名称	構造式	備考	一般名称	構造式	備考
イブプロフェン		解熱鎮痛剤	クロタミトン		鎮痒剤
ナプロキセン		解熱鎮痛剤	ジエチルトルアミド		昆虫忌避薬
ケトプロフェン		解熱鎮痛剤	スルファメトキサゾール		サルファ剤
ジクロフェナク		解熱鎮痛剤	スルファメタジン		サルファ剤
メフェナム酸		解熱鎮痛剤	エリスロマイシン		マクロライド系抗生物質
チモール		殺菌剤	クラリスロマイシン		マクロライド系抗生物質
トリクロサン		殺菌剤			
トリクロカルバン		殺菌剤			
カルバマゼピン		抗てんかん薬			

11 合成医薬品・抗生物質類

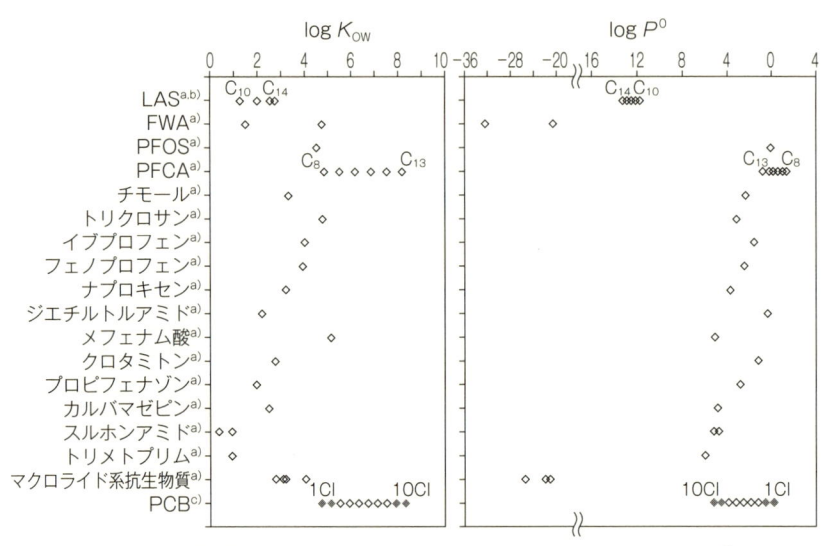

図11.2　親水性化合物のオクタノール–水分配係数(K_{OW})と蒸気圧(P^0)
LAS：直鎖アルキルベンゼンスルホン酸塩(C_{10}~C_{14})，FWA：蛍光増白剤，PFOS・PFCA：フッ素系界面活性剤，チモール～カルバマゼピン：合成医薬品，スルホンアミド～マクロライド系抗生物質：抗生物質類．
a) U. S. Environmental Protection Agency, "EPI-suite™ ver.4.11" (2012). b) V. C. Hand and G. K. Williams, *Environ. Sci. Technol.*, **21**, 370 (1987). c) H. P. H. Arp, C. Niederer and K. Goss, *Environ. Sci. Technol.*, **40**, 7298 (2006). d) M. D. Erickson, "Analytical Chemistry of PCBs, 2nd edition", CRC Press (1997).

に吸着するよりも水に溶けて動く物質が多い．

　抗生物質類は微生物によってつくられ，ほかの微生物等の生体細胞の増殖や機能を阻害する物質である．1928年にアオカビのまわりにブドウ球菌の増殖を妨げる物質が生成されていたことからペニシリンが発見された．特定の生物の作用を抑えることができることから，それ以降感染症などの治療や予防に用いられるようになった．近年では合成された抗生物質類(合成抗菌薬)も出てきている．抗生物質類の種類もさまざまあるが，本章で紹介するのはサルファ剤，マクロライド系抗生物質で，比較的古くから使われている抗生物質類である．このうち，サルファ剤は合成抗菌薬だが，本章では合成抗菌薬と抗生物質を抗生物質類と総称する．サルファ剤はスルホンアミドを共通部位としてもつ．抗生物質類はヒトだけでなく家畜にも使われ，抗生物質類全体の使用量はヒト用の2倍以上にも上っている．マクロライド系抗生物質はマクロライド環という環状構造をもっている点が特徴である．サルファ剤よりも価格が高く，ヒトへの使用が多い．抗生物

質類は一般的な医薬品類よりもさらに親水性が高く，$\log K_{OW}$ は -1〜2 である[1]．合成医薬品・抗生物質類のなかには水中でイオン化する成分もあり，それらの粒子への吸着は疎水性の相互作用だけでなく，電気化学的親和力も作用し，複雑なものになる．中性でのオクタノール-水分配係数から予想されるよりも粒子への分配係数が大きく，粒子との電気化学的親和性による吸着が起こっているような場合もある[2]．

11.2　合成医薬品・抗生物質類と下水処理場

河川や海域における合成医薬品・抗生物質類の分布は，下水処理における除去過程や除去効率に大きく支配される．そこで，下水処理における合成医薬品・抗生物質類の除去について調査した結果を示す[3,4]．東京都内の四つの下水処理場の下水処理場流入水および二次処理水について，1 時間ごと 24 時間分採水したものを混ぜた試料(コンポジット試料)を分析し，除去率を算出したものが図 11.3 である．除去率が 100% の場合は，その成分が完全に下水処理過程によって除去されていることを意味している．チモール(thymol)など揮発性の高い物質や

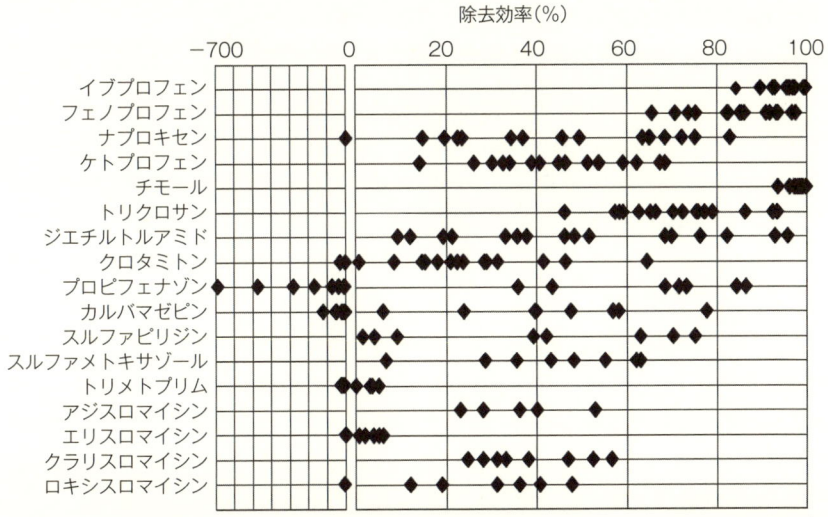

図 11.3　合成医薬品および抗生物質類の下水処理場の一次および二次処理における除去効率

N. Nakada *et al.*, *Water Res.*, **40**, 3300(2006)；森本拓也ほか，用水と廃水，**53**, 635(2011)をもとに作成．

イブプロフェン（ibuprofen）など微生物分解を受けやすい成分の除去効率は100%近い．しかし，クロタミトン（crotamiton）やケトプロフェン（ketoprofen），抗生物質類の多くの除去率は10〜80%程度と，化学物質の下水処理における除去率としては低いものである．下水処理場における一次処理は固形物や粒子を沈殿させる場のため，疎水性の低い合成医薬品・抗生物質類の除去はこの段階ではほとんど行われない．二次処理では，好気的な環境下で微生物分解をしやすい成分は除去されるが，微生物分解をしにくい成分は除去されない．また，マイナスの除去率になったものは，下水処理場流入水よりも二次処理水で濃度が高くなってしまったことを意味している．生体内に取り込まれた合成医薬品・抗生物質類のうち一部は，水溶性を高め尿として排出するために，代謝を受けて抱合体化する．このような抱合体は，流入下水に含まれていても単体としては検出することはできない．しかし，下水処理の過程で脱抱合体化が起こると単体の化合物として測定できるようになる．そのため，その化合物の濃度が下水処理によって増加したようにみえてしまうのである．

11.3 河川中における合成医薬品・抗生物質類

合成医薬品・抗生物質類は，実際に河川水中にどのくらい存在しているのだろうか．筆者らの研究室では，全国に109ある一級河川のうち，37河川を代表として選び，調査を行った[4,5]．測定した成分は，合成医薬品とサルファ剤・マクロライド系抗生物質類である．図11.4に一級河川中の合成医薬品・抗生物質類濃度を示した．鶴見川，多摩川，庄内川，大和川など，大都市圏の河川ではクロタミトンやカルバマゼピン（carbamazepine）などの合成医薬品や，クラリスロマイシン（clarithromycin），エリスロマイシン（erythromycin）脱水体の濃度が高い傾向がある．多摩川の中流・下流は流れている河川水の半分くらいが下水処理水であるように，大都市圏の河川は下水処理水を多く含んでいる．そのため，流域の下水道普及率が100%であっても下水処理場での除去効率が低い合成医薬品・抗生物質類の濃度が必然的に高くなってしまうのである．合成医薬品・抗生物質類濃度が高くない河川においても，含まれている合成医薬品・抗生物質類の種類や割合は大都市河川と類似しており，ヒトの下水に由来するものと推察される．なかでも，下水処理場での除去率が低いクロタミトンとカルバマゼピンは多くの河川から検出されており，各河川のクロタミトンとカルバマゼピンの濃度と流域の人

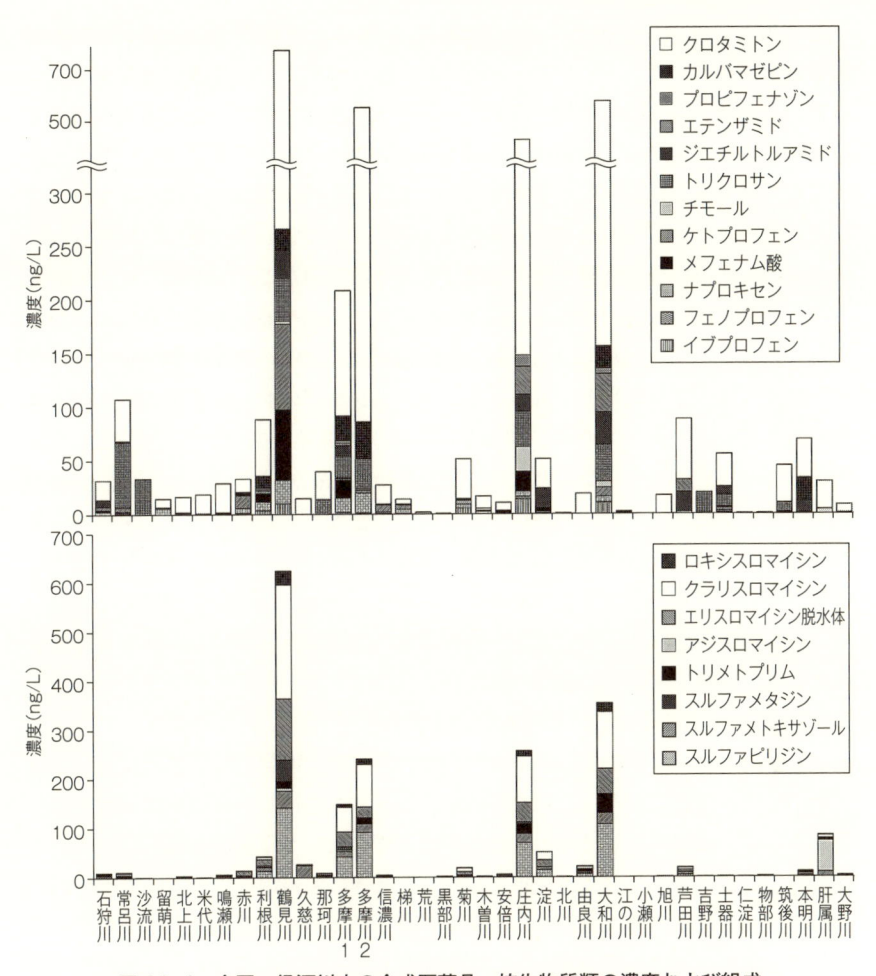

図 11.4 全国一級河川中の合成医薬品・抗生物質類の濃度および組成
N. Nakada *et al.*, *Environ. Sci. Technol.*, **42**, 6349 (2008) ; A. Murata *et al.*, *Sci. Total Environ.*, **409**, 5307 (2011).

口密度の関係の相関は高い．人口密度が上がるとクロタミトンやカルバマゼピンを使用する人の割合も増えるため，結果的に河川中のクロタミトンやカルバマゼピンの濃度も上昇するのである．このことから，クロタミトンとカルバマゼピンは人間活動の指標として扱うことができる物質ともいえる[4]．

図 11.4 にて，医薬品の濃度が低かったにもかかわらず抗生物質類の濃度が高

い肝属川という河川がある．その組成は，スルファメタジン(sulfamethazine)が大部分を占めていた[5]．スルファメタジンは都市河川水中にはあまり含まれておらず，家畜(おもに養豚)に用いられている合成抗菌薬である．この河川の流域では養豚がさかんであり，家畜由来の抗生物質類が水環境に負荷されていることが示された例である．しかし，日本全体としては抗生物質類はヒト用よりも家畜用に多く使われているにもかかわらず，家畜由来の抗生物質類の寄与が観測されるのは全国の河川のうち肝属川だけということは不思議なことである．そこで筆者らは，家畜由来の抗生物質類の環境中への広がりを調べるために，養豚がさかんに行われている別の地域(赤城山麓)の河川を調査した[5]．養豚場が流域に点在する河川からは，家畜由来とされるスルファメタジン等のサルファ剤が都市河川よりも多く検出された．さらに，河川水中の抗生物質類濃度を3時間ごと24時間測定したところ，抗生物質類濃度は夜中にもっとも高濃度になった．人間由来の成分であれば，人間が就寝する夜中に河川中の濃度が高くはならず，家畜排水の寄与が示唆された．抗生物質類の濃度と流量から1日に河川を流れる抗生物質類の量を計算すると，スルファメトキサゾール(sulfamethoxazole)は1日あたりたった2gと計算された．日本全体の抗生物質類の使用量やこの流域にいる家畜数を考えると，流域で家畜用に使用されているスルファメトキサゾールは1日あたり1,600gと推計される．この結果から，家畜用に使われた抗生物質類の大部分が河川に流出していないことがわかった．この差分は，堆肥として農地に還元され土壌中に保持されている，土壌を浸透して地下水へ移行しているなどの可能性が考えられる．家畜用として使われた抗生物質類の大半が平常時の河川に流出してこないことが，全国レベルで河川を観測したときに家畜用抗生物質類の寄与がほとんど観測されない理由である．土壌に保持されている家畜用抗生物質類は雨天時に表面流出で河川へ流出している可能性もある．雨天時も含めて抗生物質類の動態をより詳細にとらえていく必要がある．

11.4 毒　　性

ここで，合成医薬品・抗生物質類の毒性について確認しておこう．合成医薬品・抗生物質類はもともと特定の生理活性をもつような分子設計あるいは官能基の選択が行われているため，生物への影響が懸念される．とくに抗生物質類は，生物に対して作用する物質であることは自明であろう．本章で紹介した合成医薬品・

11.4 毒性

抗生物質類のなかで，ジクロフェナク(diclofenac)，イブプロフェン，ナプロキセン(naproxen)，カルバマゼピン，スルファメトキサゾール，エリスロマイシン，クラリスロマイシンの水棲生物への急性毒性試験における半数致死濃度はいずれも 10 mg/L 以上の値が報告されている[6〜8]．河川水中のこれらの成分の濃度は半数致死濃度よりも 5 桁以上低いレベルであり，日本の河川水の濃度で合成医薬品・抗生物質類による急性の影響が発現する可能性は低いと考えられる．しかし，日本の河川から検出された合成医薬品・抗生物質類のいくつかについては μg/L レベルでも慢性毒性が発現することが報告されている(図 11.5)．淡水性の緑藻の 1 種である *Pseudokirchnerriella subcapitata* の成長阻害試験の結果，トリクロサン(triclosan)，クラリスロマイシンの最低影響濃度はそれぞれ 400 ng/L[9]，2,000 ng/L[7]と報告されている．この最低影響濃度をアセスメント係数の 100 で割って算出した予測無影響濃度(PNEC)は，トリクロサン：4 ng/L，クラリスロマイシン：20 ng/L となる．全国一級河川のうちで大都市を流れる河川水中で観測されたトリクロサン濃度(20〜40 ng/L)とクラリスロマイシン濃度(50〜233 ng/L)と PNEC を比較してみると，どちらも河川水中濃度は予測無影響濃度を超える値となった．日本の都市河川におけるトリクロサンやクラリスロマイシンの濃度が特別高いというわけでなく，世界の他の地域でもこのレベルの濃度が観測されている[10,11]．

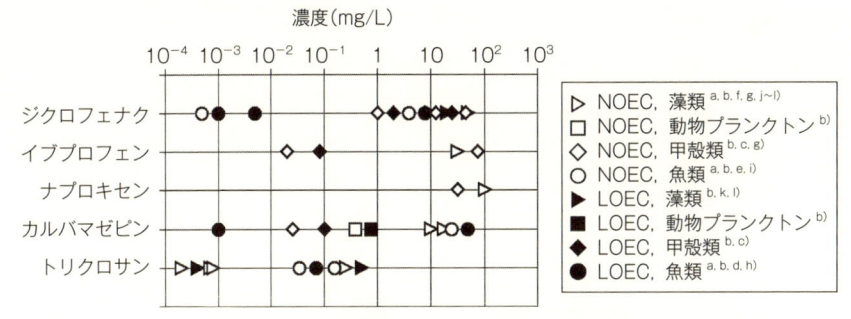

図 11.5　合成医薬品・抗生物質類の慢性毒性
NOEC：無影響濃度，LOEC：最小影響濃度．

a) D. R. Orvos *et al.*, *Environ. Toxicol. Chem.*, **21**, 1338(2002). b) B. Ferrari *et al.*, *Ecotoxicol. Environ. Saf.*, **55**, 359(2003). c) L. Heckmann *et al.*, *Toxicol. Lett.*, **172**, 137(2007). d) R. Triebskorn *et al.*, *Anal. Bioanal. Chem.*, **387**, 1405(2007). e) B. Hoeger *et al.*, *Aquat. Toxicol.*, **75**, 53(2005). f) B. Ferrari *et al.*, *Environ. Toxicol. Chem.*, **23**, 1344(2004). g) M. Cleuvers, *Ecotoxicol. Environ. Saf.*, **59**, 309(2004). h) J. Schwaiger *et al.*, *Aquat. Toxicol.*, **68**, 141(2004). i) H. Ishibashi *et al.*, *Aquat. Toxicol.*, **67**, 167(2004). j) R. Reiss *et al.*, *Environ. Toxicol. Chem.*, **21**, 2483(2002). k) L. Yang *et al.*, *Environ. Toxicol. Chem.*, **27**, 1201(2008). l) C. Ciniglia *et al.*, *J. Hazard. Mater.*, **122**, 227(2005).

このような汚染状況もふまえて，トリクロサンに関してはその毒性から業界の自主規制[12]や海外での自治体単位での規制[13]等がはじまっている．

毒性で考慮しなくてはいけないのは，相加効果や相乗効果である．河川水をはじめ環境中では複数の合成医薬品・抗生物質類が混在した状態であり，生物はそれらに複合的に曝露されている．前述の淡水性緑藻の成長阻害の実験ではトリクロサンとクラリスロマイシンの組合せで相加効果，トリクロサンとロキシスロマイシン (roxithromycin) の組合せで相乗効果が観測されている[9]．

抗生物質類に関して，慢性毒性のほかに考慮しなくてはならない特徴的な問題は耐性菌の誘導である．耐性菌とはその名のとおり，抗生物質に対して耐性をもった病原菌である．最近は，水環境中で観測されるような低濃度での耐性発現が懸念されている[14]ほか，抗生物質類を高濃度に含む熱帯・温帯の下水や畜産排水が巨大な耐性菌培養器として働く可能性も考えられる．洪水・氾濫による薬物耐性遺伝子の拡散や，地球温暖化に伴う感染症の拡大なども懸念されている[15]．

11.5　熱帯アジアにおける合成医薬品・抗生物質類汚染

合成医薬品および抗生物質類は，先進工業化国に限らず世界中で使用されている．そして，下水道の普及率の低いアジアの都市河川や市内運河には，未処理の

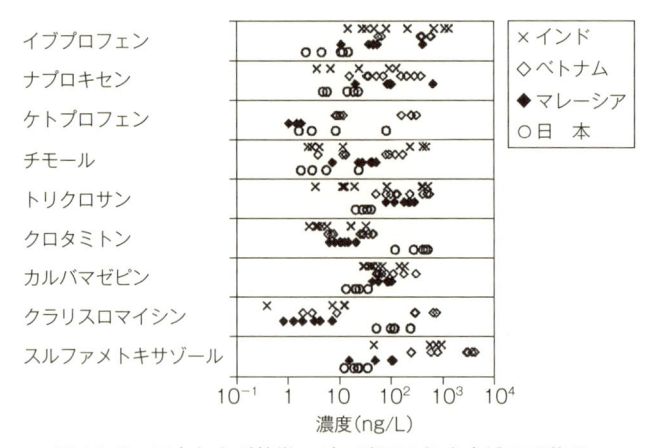

図 11.6　日本および熱帯アジア諸国の都市水域の医薬品・抗生物質濃度

高田秀重，水環境学会誌, **36**, 311 (2013).

11.5 熱帯アジアにおける合成医薬品・抗生物質類汚染

下水が多く流入している。図 11.6 に熱帯アジアの都市部の水環境における合成医薬品・抗生物質類濃度の一覧を示した[16]。それぞれ，ベトナム（ハノイおよびホーチミン市内河川），インド（コルカタ市内運河），マレーシア（クアラルンプール市内河川）である。国・地域により検出される医薬品・抗生物質類の濃度範囲は異なったが，特筆すべきは，熱帯アジアの都市河川では日本よりも 1～2 桁高い成分が多いことである。下水処理における除去率が約 90% と高いイブプロフェンとチモールについては，下水道の普及率が高い日本の河川水中濃度は低く，下水道の普及率が低く未処理の下水の流入が多い熱帯アジアの河川で高く，インフラの違いを反映していると考えられる。また，国・地域により使用されている医薬品類の種類の違いが河川水中の検出状況に反映されている成分もあった。とくに地域間で大きな違いがあった抗生物質類に着目してみよう。マクロライド系抗生物質のクラリスロマイシンとサルファ剤のスルファメトキサゾールを比べると，日本ではクラリスロマイシンの検出割合が高いが，熱帯アジアではスルファメトキサゾールの検出割合が高かった。この傾向は，ほかのマクロライド系抗生物質とサルファ剤についても同様に認められている[17,18]。世界各国の河川の抗生物質類濃度と国民所得との関係を解析した研究によると，低所得国ほど，サルファ剤濃度が高いことが明らかにされた[19]。低所得なことで下水道の普及が進んでいないことと，サルファ剤が低価格であるためである。

上記のように低所得国で濃度が高いサルファ剤は，世界的な規模で水環境にどの程度影響を与えるのであろうか？ アジアを代表する国際河川として，メコン川がある。チベットを源流として中国を流れ，ミャンマーとラオスの国境，タイとラオスの国境となり，さらにカンボジアとベトナムを抜けて南シナ海へと流れ着く。その距離は 4,350 km にものぼる。メコン川下流の河川水中からはスルファメトキサゾールが平均で 25 ng/L の濃度で検出されている。メコン川を一年間に流れる水量は 475 km^3 である。単純に試算すると，12 t のスルファメトキサゾールが一年間に南シナ海に流入していることになる。南シナ海の面積は 350×10^4 km^2 である。その表層水（200 m 以浅）の総量はおよそ 700×10^3 km^3 である。概算すると，南シナ海のスルファメトキサゾール濃度は一年あたり 0.02 ng/L ずつ増加していき，メコン川からの供給量が現在の濃度のまま 10 年続くと，南シナ海中のスルファメトキサゾール濃度は 0.2 ng/L になるだろう。スルファメトキサゾールは水溶性が高いため，粒子吸着による除去や海底への堆積プロセスは見込めない。太陽光の強い熱帯域では光分解による除去は考えられるが，下水処理場

での除去率の低いスルファメトキサゾールは環境中で残留しやすいだろう.

11.6 環境中での変化

11.6.1 光分解

下水処理場等から河川や沿岸海域へ放出された合成医薬品・抗生物質類はさまざまな変化を受ける．下水処理場では一次処理で粒子吸着しやすい成分が吸着・沈降により取り除かれ，二次処理で微生物分解されやすい成分が除去されるため，処理水中には基本的に微生物分解されにくい水溶性の成分が残る．そのため，河川や沿岸水域での合成医薬品・抗生物質類が受けるプロセスとして重要なものは光分解になる．実際に，下水処理水が主要な水源となっている河川の流下(距離 2.9 km, 流下時間 3 時間)に伴って，光分解を受けやすい合成医薬品のケトプロフェンが 90% 程度除去されることが観測された(図 11.7(a))[16]．一方，夜間にはほとんど除去されなかった(図 11.7(b))．室内における光分解実験においても，ケトプロフェンが光によって除去されることが明らかになっており，河川の流下過程での除去は光分解によることが示された．ただし，室内実験の結果から野外での光分解を予測するにはさらなる研究が必要である．

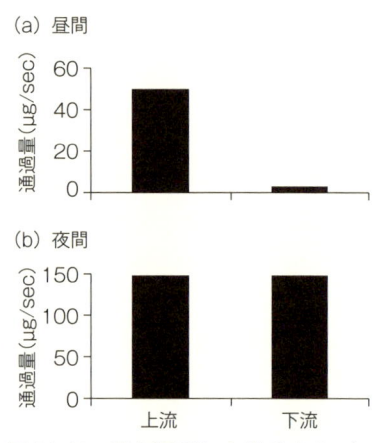

図 11.7 都市河川におけるケトプロフェンの通過量

11.6.2 雨天時越流と微生物分解

下水道が 100% 普及した流域では難分解性の水溶性成分だけが河川・沿岸域に放出されると考えられるが，合流式の下水処理区の場合は例外がある．1 章や 7 章, 9 章で紹介した雨天時越流である．晴天時には下水処理される易分解性の成分が雨天時には水域へ供給される．たとえば，合成医薬品のチモールは下水処理により 98% 除去されるため，下水処理水中の濃度は非常に低く 20 ng/L 以下である[20]．難分解性の成分のクロタミトンとの比をとると，0.007 である．この比は

生下水(未処理下水)中では0.24と2桁高い．雨天時越流が起きた場合に東京湾の運河地帯の水を採取して，合成医薬品・抗生物質類を測った結果，ポンプ所の近くで0.1~0.3のチモール/クロタミトン比が観測され，雨天時越流により易分解性の合成医薬品・抗生物質類が水域へ供給されていることが明らかになった．

雨天時越流は易分解性の成分のほかにも粒子吸着性が比較的強い成分も水域へ供給する．たとえば，比較的疎水性の高い殺菌剤のトリクロサン(log K_{ow}=4.8)とトリクロカルバン(triclocarban, log K_{ow}=4.9)等[1]が，雨天時越流下水が放出されるポンプ所周辺に堆積している(図13.2(c))．雨天時越流で下水処理を受けずに水域へと下水が流入し，疎水性の比較的大きなトリクロサンとトリクロカルバンは粒子に吸着しているため，供給源であるポンプ所周辺に沈降堆積しているのである．

11.6.3　河口域における除去

上記では水域へ放出された後の合成医薬品・抗生物質類が受ける作用である光分解，微生物分解，沈降・堆積について，典型的な例を紹介した．さらに，それらは複合的に作用している．その例を河口域での研究からみてみよう．河口は海水と淡水が混合する汽水域である．そのため，海水の割合が多くなれば塩分(salinity)も増加する．図11.8はmixing diagramといい，横軸に塩分，縦軸に合成医薬品・抗生物質類濃度を示したものである．図中の直線は，塩分が最小と最大のときの合成医薬品・抗生物質類濃度を結んだ直線である．一般的に，塩分濃度の増加に伴って化学物質濃度がこの直線に乗って減少するようであれば，その成分は保存的，すなわちなんの除去過程も受けずに単に海水により海に向かって濃度が減っている．下に凸の曲線関係が得られた場合は，河口域においてなんらかの除去を受けていると考えられる．つまり，下に凸の程度から除去の程度を知ることができる．除去機構としては，1章で述べたように，化学的分解(加水分解・光分解)，微生物分解，粒子吸着・凝集沈殿，揮発などが考えられる．光分解や微生物分解や揮発は水温や日照に支配され，季節変化をするので，この多摩川河口域での観測は冬，春，夏に行った[4]．

クロタミトン(図11.8(a), (b))やスルファメトキサゾール(図(c), (d))はどの季節でも保存的な挙動を示しており，除去作用を受けないことが示された．これらのほかにメフェナム酸(mefenamic acid)やクラリスロマイシンも除去を受けなかった保存的な成分である．mixing diagramにおいて下に凸，すなわち除去作用

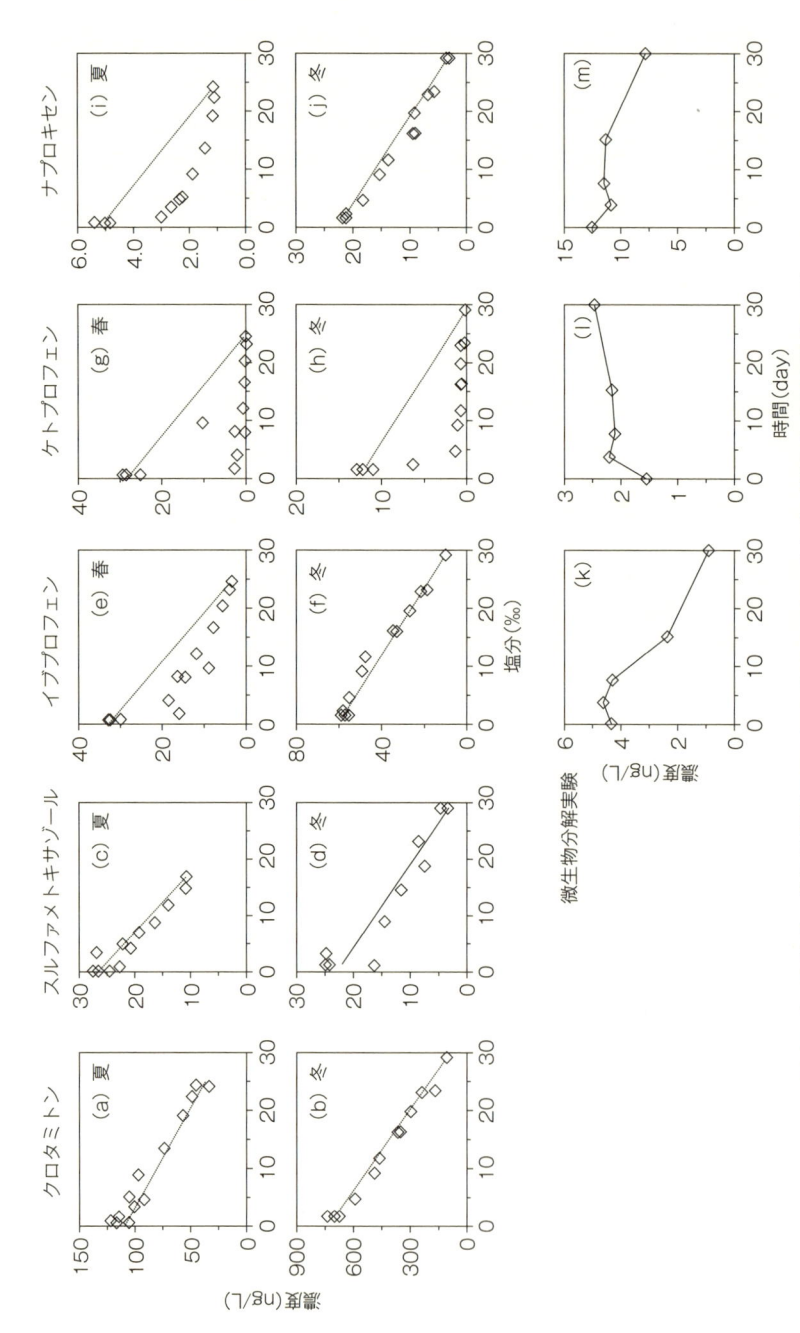

図11.8 医薬品・抗生物質類のmixing diagram(a~j)および微生物分解実験(k~m)
N. Nakada et al., Environ. Sci. Technol., **42**, 6350(2008).

を受けた成分はいくつも観測されたがそのおもな原因は二つある．一つは微生物分解であり，もう一つは光分解である．たとえば，イブプロフェンは春には除去が観測されたが(図(e))，冬には認められなかった(図(f))．春のイブプロフェンは，実測値と理論混合直線の差から50％程度の除去がこの河口域で起こっていると推定され，それは微生物分解により除去されたと考えられる．その根拠として，図(k)をあげよう．図(k)は，イブプロフェンの微生物分解実験の結果である．二次処理水を25℃の暗条件下で曝気し，経過日数ごとのイブプロフェン濃度を測定したところ，イブプロフェン濃度は日数の経過に伴って濃度が減少した[4]．つまり，イブプロフェンは微生物分解を受けやすい成分であることを意味している．冬は水温が低いため微生物の活性が低く，イブプロフェンは分解されず，保存的な挙動を示した．

また，ケトプロフェン(図(g), (h))や夏のナプロキセン(図(i))についてもmixing diagramにおいて下に凸，すなわち除去作用が観測された．これらの成分については，室内実験では微生物分解は確認されていない一方で(図(l), (m))，図11.7でも示したとおりケトプロフェンは光分解を受けやすい成分である．ナプロキセンもケトプロフェンほどではないが，光によって分解することが知られている[21]．このことから，ケトプロフェンとナプロキセンの除去は光分解により起こっていると考えられた．ただし，ナプロキセンは光強度が高い春の観測では76％が除去されたが，光の強度が弱い冬にはほとんど除去されていない(図(j))．一方，ケトプロフェンは光分解を受けやすいので，冬でも春でも100％の除去が観測された．

このように，季節別の環境中での観測と各種室内実験を組み合わせることにより，化学物質の環境中での動きを各素過程に分けて説明できる．この説明は半定量的なものであるが，観測と実験を工夫し，理論的な取り扱いも加味して，定量的に説明できるようにすることが環境汚染化学の将来の方向性の一つである．

11.6.4 湾内における挙動

難分解性であり，かつ水溶性の化学物質は水平輸送されやすい．そのため，合成医薬品・抗生物質類のうちで河口での除去や分解も受け難く，沿岸で粒子への吸着し難い成分は，海域に広く広がっていることが予想される．図11.9は東京湾の全域9地点の表層水中における夏季・冬季の7種の抗生物質類濃度である．夏季の抗生物質類濃度は10〜74 ng/L，冬季は16〜49 ng/Lであった．表層水に

11 合成医薬品・抗生物質類

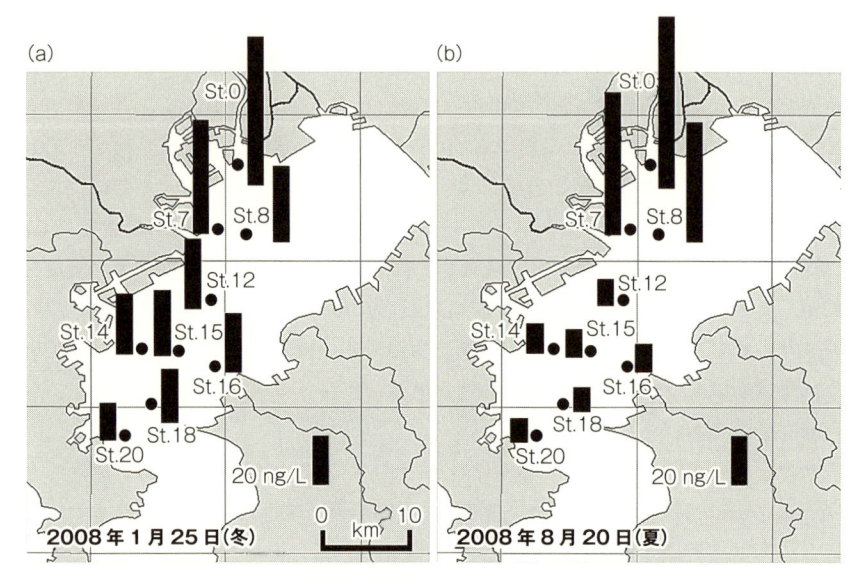

図11.9 東京湾表層水における抗生物質類濃度

おいて，冬季は抗生物質類が湾口まで広がっていたが（図11.9(a)），夏季は湾奥から湾口に向けて濃度が減少した（図11.9(b)）．抗生物質類の供給源（流域人口の多い河川）が集中した隅田川河口・荒川河口からの距離と抗生物質類濃度から，夏季と冬季の半減距離を計算することができる．半減距離とはその成分の濃度が半分に減少するまでの距離を表しており，濃度の減少が一次反応的に減少すると仮定して算出している．半減期（濃度が半分に減少するまでの時間）のアナロジーである．東京湾の海水中の抗生物質類の半減距離は成分によって差はあるが，夏季に短く（4～16 km），冬季で長い（10～65 km）傾向があった．夏季は水温が高く日射量も多いため，河口から湾口へと表層を移動していくうちに表層水中の抗生物質類が光分解や微生物分解を受けたものと考えられる．なお，抗生物質類は東京湾の底層の水からも検出され，その濃度は夏季よりも冬季のほうが高かった．湾や湖において，夏季は表層の水温が日射等によって上がることにより，底層の水温との密度の差が大きくなり成層する（成層期）．一方，冬季に水面が冷えてくると表層と底層の密度が均一になるために海水は垂直方向に循環できるようになる（循環期）．河口域の表層に供給された抗生物質類は，冬季には海水の循環作用によって底層にも到達したのであろう．底層の海水中に抗生物質類が存在してい

たことから，東京湾の堆積物を分析すると低濃度ながらもマクロライド系の抗生物質類が有意に検出された．

　これらの東京湾内における抗生物質類の動態から，陸域からの負荷に対する湾内での分解，滞留，堆積物への沈降，湾外への流出といった物質収支を試算すると，いずれの抗生物質類も堆積物への沈降は1%以下であった．しかし，そのほかの挙動は物質によって大きく異なった．例として，マクロライド系抗生物質であるクラリスロマイシンは，湾内で84%が分解，16%が湾外へ流出した．一方，スルファメトキサゾールは湾内における分解はわずか8%で，92%が外洋へと流れ出ている試算となり，外洋への抗生物質類の広がりが示唆された．

11.6.5　地下水中における挙動

　水溶性かつ難分解性の物質の特徴は，鉛直方向にも汚染が拡散することである．鉛直方向とは，すなわち地下水である．親水性が高い合成医薬品・抗生物質類は粒子に吸着しにくいため，下水が地下に漏出すると合成医薬品・抗生物質類は土壌を通過して地下水へ浸透する可能性がある．都市において下水が漏出する可能性はおもに三つある．一つ目は，東京のような下水道の普及が早かった地域では下水管の老朽化による漏出．二つ目は，個人の敷地内の下水管（個人管理）あるいはそれと公共の下水管（自治体管理）の接合部からの漏出．三つ目は，家庭用の浄化槽からの漏出である．個人の敷地内の下水管や浄化槽は管理が不十分になることが多い．また，経済的発展途上国では，地面に溝を掘っただけの下水溝を下水が流れているが，流れる下水の一部は地下へ浸透していく．家畜用の抗生物質類の場合は，堆肥に含まれているものが，それがまかれた農地から地下へと浸透していく．

　土壌を浸透する間にどの成分がどれくらい土壌中にトラップされるか，またトラップされずにさらに深い部分に流れていくかを調べる実験を紹介する．長さ20 cmの円柱（カラム）に土壌を詰め，その上から下水（二次処理水）を流したときに下から出てくる水を採水し，その水の成分を分析するというものである．疎水性が高く堆積物中からも検出されるトリクロサンの場合，土壌に吸着するため土壌カラムを通った水からは検出されなかった．イブプロフェンも土壌への吸着や土壌微生物のよる分解のため，カラム通過前後で90%以上が除去されていた．一方で，クロタミトン，ジエチルトルアミド（diethyltoluamide），カルバマゼピン等の成分は20%程度の除去率しか示さず，除去率は化合物間で大きな差異がみ

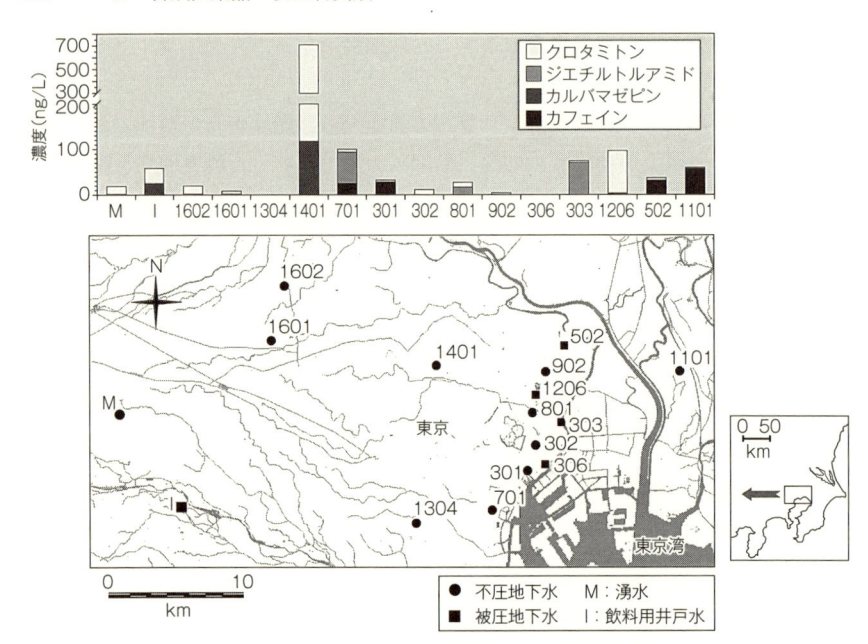

図 11.10　東京都の地下水における医薬品濃度

られた[22]．

　この実験の結果を踏まえて，実際に都内の地下水中の合成医薬品を測定した結果が図 11.10 である．トリクロサンやイブプロフェンは地下水中からは検出されず，土壌カラム実験でほとんど検出されなかったことと一致した．一方で，クロタミトンやカルバマゼピンのような疎水性が低い成分は，低いもので数 ng/L，高いもので河川水と同程度の数百 ng/L の濃度で検出された．その後同じ地域で 50 地点に対象地点を増やしたが，ほぼ同じ傾向・濃度範囲で合成医薬品が検出された[23]．同様に，抗生物質類についてはサルファ剤が地下水中から低濃度で検出された．しかし，比較的疎水性の高いマクロライド系抗生物質は土壌に吸着しやすいため検出されず，こちらも物性と整合性のある結果となった．

　本章では難分解性で水溶性の高い合成医薬品・抗生物質類の汚染が外洋や地下水まで広がることについて述べてきた．現在の下水処理でも除去できず，下水道の普及によっての解決はのぞめない．一方，合成医薬品・抗生物質類の多用も指摘されているが，病気の治療や健康に関わるものなので，使用は減らせたとして

も，完全にストップすることもできない．合成医薬品・抗生物質類汚染への対策を紹介する．日本の多くの下水処理施設では一次処理と二次処理を施し，塩素処理等で殺菌してから放流するが，一部の処理場では高度な下水処理法である砂濾過とオゾン処理を行っている．図11.11に，クロタミトン，トリクロサン，アジスロマイシン（azithromycin），スルファメトキサゾールの二次処理水，砂濾過水，オゾン処理水中の濃度を示した．トリクロサンは二次処理までの除去率は低かったが，砂濾過処理を施した水のトリクロサン濃度は二次処理水の半分ほどに，オゾン処理では10%以下にまで減少する．クロタミトンや抗生物質類は砂濾過ではあまり濃度は減らないが，オゾン処理を行うとほぼ完全に分解される．抗生物質類のアジスロマイシン，スルファメトキサゾールも同様である[24]．一つ留意すべきなのは，あくまでもその物質が壊れただけであって，分解産物がどれくらい残存しているか，また，それには毒性はないのか，といった点については十分に明らかにされていないことだ．オゾン処理は同時に下水処理水独特の臭いや色も

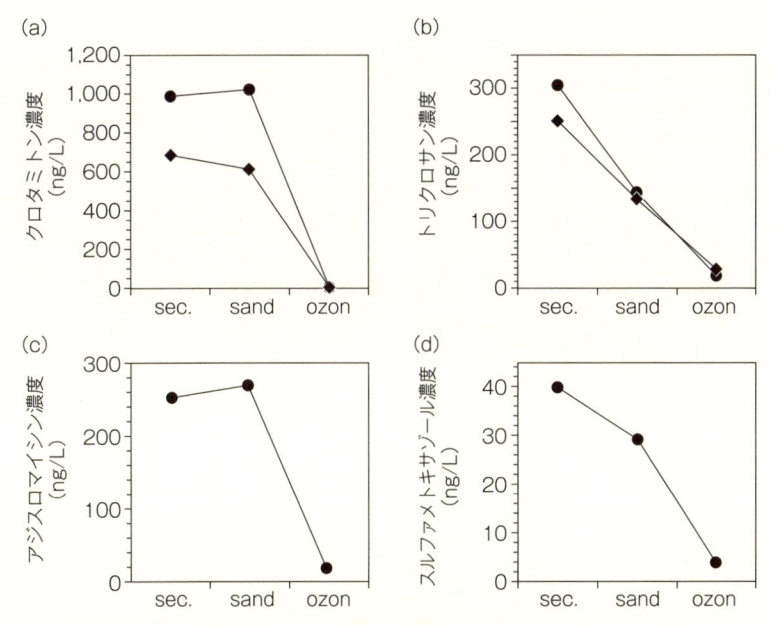

図11.11 合成医薬品および抗生物質類の高度処理における除去効率
(a)クロタミトン，(b)トリクロサン，(c)アジスロマイシン，(d)スルファメトキサゾール．
sec.：二次処理後，sand：砂濾過後，ozon：オゾン処理後．
N. Nakada *et al*., *Water Res*., **41**, 4377(2007)をもとに作成．

とれることが特徴である．オゾン処理は化学物質の処理技術としては効果的であるが，多くの電力を必要とするため，すべての下水処理施設にオゾン処理を導入することは難しい．東京都昭島市にある多摩川上流水再生センターでは，処理水の一部についてオゾン処理を行い，清流として玉川上水や野火止用水などの水路へ放流している．これらの水路は広く市民の憩いの場となっている場である．用途に合わせた下水処理水の利用と処理を行うことが重要である．

引用文献

1) U. S. Environmental Protection Agency, "EPI-suite™ ver.4.11"(2012).
2) H. Yamamoto et al., Water Res., **43**, 351(2009).
3) N. Nakada et al., Water Res., **40**, 3297(2006).
4) N. Nakada et al., Environ. Sci. Technol., **42**, 6347(2008).
5) A. Murata et al., Sci. Total Environ., **409**, 5305(2011).
6) M. Ishidori et al., Sci. Total Environ., **346**, 87(2005).
7) K. Fent, A. A. Weston and D. Caminada, Aquat. Toxicol., **76**, 122(2006).
8) 山本裕史ほか, 用水と廃水, **50**, 594(2008).
9) H. L. Yang et al., Environ. Toxicol. Chem., **27**, 1201(2008).
10) S. R. Hughes, P. Kay and L. E. Brown, Environ. Sci. Technol., **47**, 661(2013).
11) G. Bendoux et al., Environ. Sci. Pollut. Res., **19**, 1044(2012).
12) Johnson & Johnson, "Our Safety & Care Commitment, Triclosan"
    http://www.safetyandcarecommitment.com/ingredient-info/other/triclosan
13) J. Marty et al., "SF2192, Status in the Senate for the 88th Legislature (2013-2014)", Minnesota State Legislature
    https://www.revisor.mn.gov/bills/bill.php?f=SF2192&y=2014&ssn=0&b=senate
14) E. Gullberg et al., PLoS Pathog., **7**, e1002158(2011).
15) 鈴木 聡, 用水と廃水, **50**, 616(2008).
16) 高田秀重, 水環境学会誌, **36**, 308(2013).
17) S. Managaki et al., Environ. Sci. Technol., **41**, 8004(2007).
18) A. Shimizu et al., Sci. Total Environ., **452**, 108(2013).
19) P. A. Segura et al., Environ. Int., **80**, 89(2015).
20) 森本拓也ほか, 用水と廃水, **53**, 635(2011).
21) A. Y. Lin and M. Richard, Environ. Toxicol. Chem., **24**, 1303(2005).
22) 篠原裕之ほか, 環境科学会誌, **19**, 435(2006).
23) K. Kuroda et al., Environ. Sci. Technol., **46**, 1455(2012).
24) N. Nakada et al., Water Res., **41**, 4373(2007).

12

第3部　予防的対応

モニタリング

　モニタリングとは「monitor-ing」，すなわち監視することである．加速度的にその種類が増加し，その使用域が拡大し続ける大量の化学物質とつきあっていくには必要である．人為起源の化学物質のなかには人間や野生生物に悪影響を与えてしまうものもあるが，もともとは人間の生活を便利で安全で快適にするためにつくられたり発生したりするものであり，すべてを否定して生きていくことはできない．しかし，これらと共存をしていくためにどれくらいのリスクがあるのかを把握することが必要であり，そのための手段がモニタリングである．

　モニタリングの役割は，警察や消防と同じである．何かが起きたときに対する備えである．何も起こらないに越したことはないが，残念ながらある確率で事故・事件や火事が起こるため，警察や消防が必要である．化学物質の環境への漏出が起こらなければ，モニタリングも不要であるが，化学物質を使用する以上，環境への放出は起こり得るし，実際にすでに起きている．化学物質を我々が使用する以上はモニタリングが必要なのである．さらに，モニタリングは単なる監視という以上の役割ももっている．汚染状況の把握ができないと対策のしようがない．汚染された地域や汚染源の推定ができると発生源対策を講じることができる．面的なモニタリングとともに時系列でのモニタリングも不可欠である．たとえば，石油流出事故，震災による津波，原発事故等，何かが起こったとき，以前の状態がどうだったかはモニタリングを行っていないと，今がどういう状況か，それは昔と比べてどうなのか，事故や災害の後どうなったかを把握することがで

きない．また，汚染に対して対策を講じたさいに，その対策の効果を評価するためにも対策前後でのモニタリングは不可欠である．モニタリングを行うことはある汚染を支配する因子を探すことにもつながってくる．化学物質の環境動態は，実際に測ることのほかに数式を使ったモデリングによっても調べられているが，モデリングの計算結果はモニタリングの実測結果とすり合わせて検証する必要がある（これをバリデーションとよぶ）．環境汚染を調べるうえで，広く，継続的なモニタリングの意義はとても大きい．

日本では環境省が有害化学物質のモニタリングを継続的に行っており，その結果は1974年以降『化学物質と環境』（通称：黒本）にまとめられ毎年公表されている[1]．その内容は，水質・底質のモニタリングと指標生物のモニタリング，人体への曝露経路（大気，室内空気，食事）別の化学物質量の調査等である．2章で示した東京湾スズキ中PCB濃度変化（図2.9）も『化学物質と環境』のモニタリング結果である．一方，世界ではストックホルム条約にてPOPs (persistent organic pollutant, 残留性有機汚染物質) の世界規模モニタリングが求められている．化学物質のモニタリングには，『化学物質と環境』のように複数の定点における環境を経年的に測定するものもあるが，世界規模にそれらを実施するのはなかなか困難である．問題は，環境媒体中で微量に存在する汚染物質を検出するために，大量の試料が必要とされることである．この問題を解決するため，大気や水から汚染物質を濃縮している堆積物，生物などの環境媒体を用いる方法が有効である．それぞれの媒体には汚染物質の濃縮について特徴がある．モニタリング結果を解釈するさいは，それらの特徴を，たとえば，その媒体に汚染物質がどのように濃縮されているのか，環境中のどのような現象を反映しているのか，また平衡状態での測定なのか等を考慮する必要がある．本章では，少し工夫を凝らしたさまざまなモニタリング方法とその成果を紹介していく．

12.1 International Mussel Watch

二枚貝を用いたモニタリング方法はmussel watchとよばれる．musselはイガイ科の食用になる貝で一般的にはムール貝とよばれている．パエリアなどスペイン料理などで食べたことがある方もいるかもしれない．アジア圏でもミドリイガイとよばれる別の種類のイガイ類が食用にされている．このmusselを用いたモニタリングを，以下mussel watchとよぶ．musselは水中の汚染物質のモニタリング

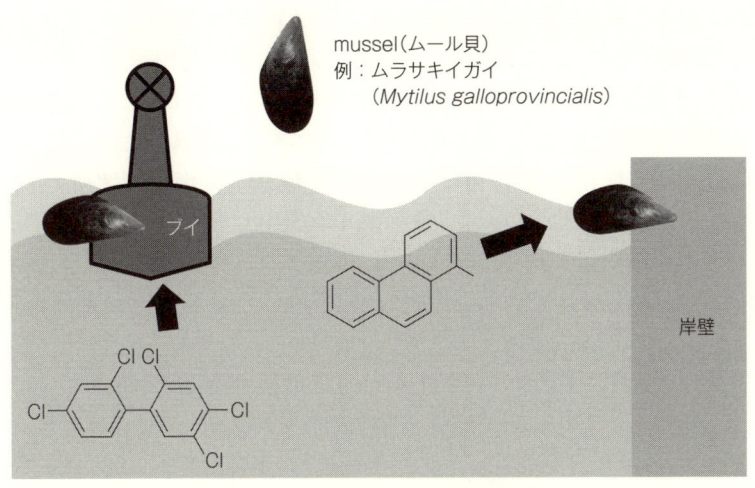

図 12.1 mussel watch の概念図

に使用されている．図 12.1 は mussel と汚染物質の関係を表した模式図である．mussel の生息域は潮間帯である．すなわち，潮が引くと海面の上，潮が満ちると海面の下で暮らしている．岸壁やブイ，岩場などの構造物に付着している．餌は海水中のプランクトンや有機物で，まわりの水を効率よく吸い込んで濾過をしている．その過程で，海水中から体内の脂質へ疎水性の汚染物質が蓄積される．1章で述べた生物濃縮を利用した疎水性汚染物質のモニタリングの典型である．二枚貝の濾過速度の速さ(1 時間に 1 個体で 1 L 程度)が鍵になっている．

　mussel を使ったモニタリングの利点は以下のとおりである[2]．① 近縁種を含めて世界中に広く分布している点．種の違いを考慮しなくてはいけない場合もあるが，生息域が広いために世界規模で汚染の程度を比較することができる．② 固着して生息している生物である点．魚のように泳いでどこかへ行くこともないため，その地点の汚染を反映することができる．③ まわりの水中に比べて 100〜10 万倍の汚染物質を濃縮する点．濃縮倍率は化学物質の疎水性によって変わるが，大量の水を採取し，研究室に運び，分析するよりも，mussel を少量採取して分析するほうが簡便である．④ mussel は汚染に対して抵抗性がある点．汚染物質の濃度が高い場所では，汚染に弱い生物では死滅してしまうが，mussel についてはこのような心配はない．⑤ 汚染物質を代謝する能力が低い点．そのため，生物中に蓄積しても積極的に排泄されることはなく，その地点の水と平衡濃

度で保たれる．魚や甲殻類だと代謝されてしまう可能性がある．⑥ 1地点に生息する個体数が多い点．分析のために採取をしても，その個体群を壊滅させることはなく，生態系へのインパクトは低い．⑦ 地域によっては食用にもしている点．食の安全の観点からも市民の関心を得やすいモニタリング媒体である．

　mussel watch は，1970 年代後半に米国西海岸 Scripps 海洋研究所の Edward Goldberg 博士の提唱ではじまった．その後，1980 年代に米国，フランス，スペイン，日本など先進工業化国での国レベルのモニタリングとして展開した．たとえば，米国の National Oceanic & Atmospheric Administration(NOAA) は 1984 年に National Status & Trerd Program を開始し，全国 200 地点でのムラサキイガイやカキの採取と汚染物質の分析，すなわち mussel watch をその後 30 年以上継続している．このような国レベルでの mussel watch を国際的なモニタリングに広げようという取り組みが 1990 年代から開始され，UNESCO の下に国際 mussel watch 委員会が設置された．国際ワークショップ等も開催され，発展途上国への技術移転と mussel watch の普及が進められた．その結果，1990 年代には中南米，アジアで International Mussel Watch が行われた．

　平面的なモニタリングはどこが汚染の高い地点かを把握することができるため，汚染源の推定を行うことが可能となる．図 12.2 は，東京湾の海上保安庁のブイに付着しているムラサキイガイを用いたモニタリング結果である[3,4]．海上保安庁では，2 年に一度ブイに付着している生物をはがして清掃を行う．そのなかにはムラサキイガイも含まれるので，それを試料として提供していただき，汚染物質の分析を行った．その結果，PCB 濃度が高いのは湾奥部であることが明らかになった．これはどこが汚染源でどこをきれいにしていけば東京湾の PCB 汚染が解決していくかの指針となる．また，単に「東京湾の魚貝類が汚染されている」というのではなく，より具体的に，「湾奥部の魚貝類は汚染されているが，湾口部の魚貝類はきれいである」ということがいえるようにもなる．

　また，モニタリングとしては経年的な変化を追うことも重要である．図 12.3 に東京湾の図 12.2 で示した海域から採取したムラサキイガイ中の PCB 濃度の推移を示す．1990 年代前半〜2000 年代前半まで PCB 濃度は半分程度まで減少してきた．2011 年と 2003 年の試料について，同じブイから採取したもの同士を比べると，PCB 濃度は，横ばいになっていることが読み取れる．長期間同じ地点でモニタリングをしているとこのようなこともわかるようになってくる．この変化をどのように考察したらよいかは，すでに 2 章「有機塩素化合物」を読んでいる方

12.1 International Mussel Watch　　207

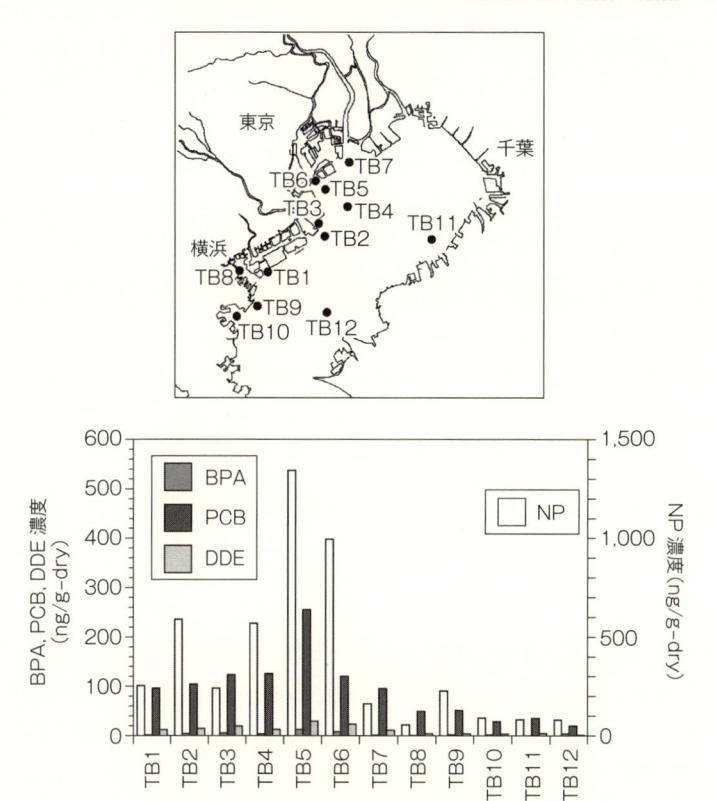

図 12.2　mussel watch によるビスフェノール A(BPA)，PCB，DDE，ノニルフェノール(NP)の面的モニタリング(2000 年)

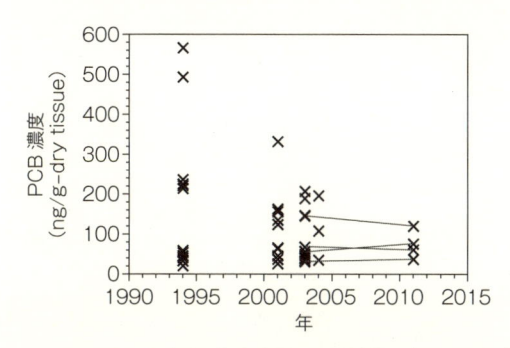

図 12.3　mussel watch による PCB の経時的モニタリング

なら，その鍵がPCBの発生源にあることはおわかりだろう．堆積物中に蓄積している過去に使用されていたPCBが堆積物の再懸濁や溶出等により海水中に回帰したものが汚染源となるレガシー汚染である．現在の東京湾では新たな漏出は考えにくいため，レガシー汚染が汚染源であることが推察される．そして東京湾ではレガシー汚染の低減が近年緩やかであることも示されている．

12.2 International Pellet Watch

　International Pellet Watch(IPW)のモニタリング結果はすでに2章で何度か紹介しているが，ここで改めてIPWとは何かを説明する．海岸には満潮線(high tide line)というものがある．満潮時の海岸線，すなわち波が一番高くまで達するところであり，そこには多くのゴミがたまっている．その中をよくみてみると，プラスチックのレジンペレットがある(図12.4)．プラスチックレジンペレット(以下ペレット)とは，プラスチック製品の中間原料である．図12.5に，ペレットが海に至る流れを示した．プラスチックは石油から合成されるが，世の中のプラスチック製品はいきなりその製品の形で合成されるわけではない．まずは，化学工場で石油から，レジンペレット(粒)の形で合成される．それを別な工場(成型工場)に運び，それぞれの工場で圧力と熱をかけて製品にしていく．この輸送や取り扱いの際には，ペレット自体が有害であるという認識がないため，取り扱いに注意が払われずこぼれてしまう．プラスチックのうちで主要なポリエチレン(PE)やポ

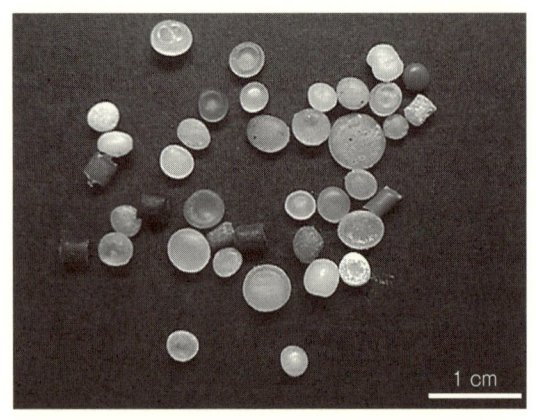

図12.4　海岸に漂着しているプラスチックレジンペレット

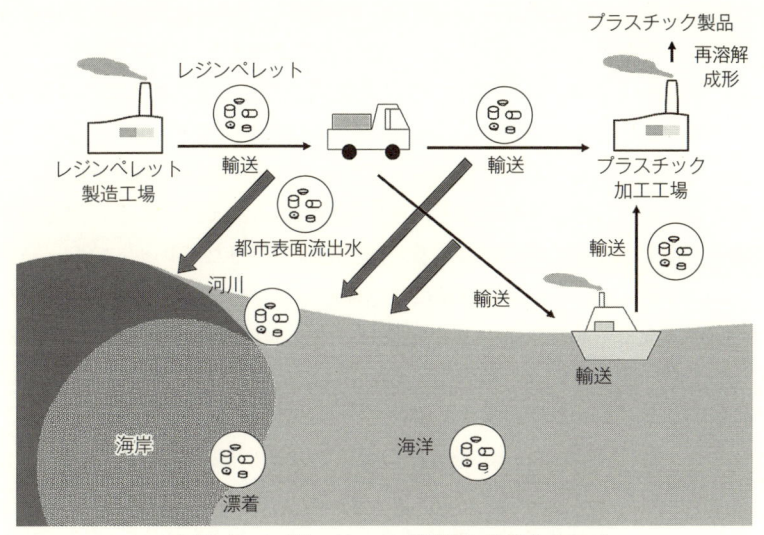

図 12.5 レジンペレットが海岸に漂着するまで

リプロピレン(PP)は比重が1以下なので水に浮くため，水路や河川を浮いて流れて，最終的に海まで運ばれているのである．その後，海を漂っているペレットの一部が海岸に漂着している．ペレットは炭化水素骨格から構成されたポリマーであり，非常に疎水性が高い物質である．そのため，ペレットが海洋を漂っている間にその海域の疎水性の汚染物質を吸着する．この性質を利用して世界規模のモニタリングを行っているのが IPW である．

IPW の利点は，採取と輸送が簡便なことである．砂浜で5粒のペレットを拾うと，約 0.1 g になる．これにはその海域の海水約 100 L 分の PCB が含まれている[5]．100 L を輸送したり分析したりするのは非常に労力がいる．また，海外から水試料を 100 L も輸送するのも手続き的に困難である．もう一つの利点は，市民参加がしやすいモニタリング手法であることである．ペレットは，砂浜に行けば誰でも拾うことができる．拾ったペレットはエアメールで誰でも送ることができる．IPW では，ホームページや学会，学術誌でのよびかけや，市民団体や NPO を通して試料が送られてきている．市民が参加できることから，モニタリングの範囲が大きく拡大できることが利点である．

送られてきたペレットは，まず素材で分別をする．PE や PP など，ポリマーの種類によって表面の化学的な特性が異なり，吸着性が異なる．そのため，分析に

用いる樹脂を統一する必要がある．既存の研究では，PE のほうが PP よりも吸着効率が高いことが明らかになっているため[6]，モニタリングには PE を用いている．

次に，分別された PE ペレットは，ある程度黄色くなっているものを使用する．石油から製造されたばかりのペレットは白いが，環境中に放出されるとだんだんと黄色く変色してくる．黄変度はペレットの海洋環境中の滞留時間を反映していると考えられる．これは，ペレットに添加されているフェノール系の酸化防止剤が環境中で酸化されたためと思われる．同じ海岸で拾ったペレットでも，一粒のペレットに吸着している化学物質濃度にはばらつきがある．その海域で滞留していた時間が異なるためであろう．たとえば，ある海域の海水中の PCB 濃度がペレットと平衡に達するには，数カ月〜1 年程度かかるとされている．環境中に長く存在していたペレットほど酸化を受けていると考えられるため，ある程度の黄色度のペレット（黄色度 40〜50）を分析に用いているのである．

そうして選別されたペレットは，5 粒 1 組にして 5 組をそれぞれ分析し，その結果の中央値をその地点を代表する値として使用している．分析値は，PCB の場合でだいたい 1〜2 桁のばらつきがある[7]．ペレットは一粒ずつ別々な経路でさまざまな漂流時間を経て採取された海岸に漂着しているため，なかには漂着海域とは離れた海域で高濃度（あるいは低濃度）の POPs に曝露されている場合がある．さらに，漂着海域で平衡に達するための十分な時間がないまま海岸に漂着している場合もあるため，このようなペレットはほかのペレットよりも極端に高濃度（あるいは低濃度）となる．こうしたペレットのばらつきの影響を受けにくくするための工夫として，中央値をとることにしている．このように，単に集めて分析すればいいわけではなく，分類して分析することで代表的な値を得ることができるのである．

ペレットを用いた世界規模のモニタリングの結果は，すでに図 2.2, 図 2.3, 図 2.5 に示している．PCB の場合，先進工業化国ではレガシー汚染を反映していること[7]，東南アジアやアフリカなどは全般に濃度は低いが，地域によって e-waste の影響があること[8,9]，人間活動から遠く離れた外洋の島でも低濃度で PCB が検出されていること[10]，等が明らかになった．ただし，このモニタリングの結果が妥当であると判断するためには，このモニタリング方法が信頼に足るものでなくてはいけない．そこで，mussel watch との比較をして，妥当性の検証を行った．図 12.6 はペレットと同じ地域で取った mussel とペレット中の PCB 濃度を比較したものである．両者の間には正の相関が認められている[11]．

ペレットへの汚染物質の吸脱着は可逆的で，漂着海岸の周辺を漂っている間に平衡に向かって汚染物質の吸脱着が進み，ペレット中の汚染物質濃度はその海岸周辺の濃度を反映するようになると考えられる．平衡とは，新しいペレットや薄い濃度の地域から濃度の高い地域に来たペレットが，海水からペレットに向かって吸着が起こって一定の状態になることである．同時に，汚染地域で汚染物質を吸着したペレットが汚染の少ない地域へと流れてきた場合はペレットから周辺海水へと汚染物質が脱着して一定の状態になること

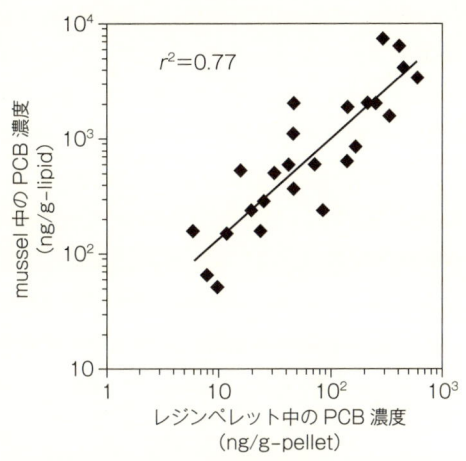

図 12.6 ペレット中 PCB 濃度と同じ地点の mussel 中 PCB 濃度の関係
レジンペレット中の PCB 濃度は各地点についての 5 組の分析の中央値.
高田秀重, ぶんせき, **1**, 33 (2015).

を意味する．この吸脱着する期間がどれくらいであるかは，モニタリングとして時間的な変化を追うためには明らかにしておく必要がある．図 12.7 は，米国西海岸サンディエゴの沿岸に新品の低密度ポリエチレン（low density polyethylene：LDPE）製のペレットを最長 12 カ月浮かべた吸着実験の結果である．3 塩素の PCB と 6 塩素 PCB で吸着量や吸着速度に違いはあるが，この実験からはペレットへの PCB をはじめとする POPs の吸着は数カ月～1 年程度で平衡に達することが明らかにされた[12]．

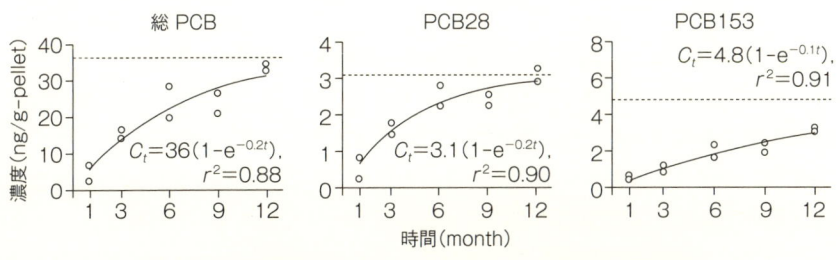

総 PCB: $C_t = 36(1-e^{-0.2t})$, $r^2 = 0.88$

PCB28: $C_t = 3.1(1-e^{-0.2t})$, $r^2 = 0.90$

PCB153: $C_t = 4.8(1-e^{-0.1t})$, $r^2 = 0.91$

図 12.7 低密度ポリエチレン（LDPE）への PCB の吸着実験
C. M. Rochman *et al.*, *Environ. Sci. Technol.*, **47**, 1649 (2013).

IPW は PCB, DDT, HCH などの POPs だけでなく, PAH を使った石油汚染のモニタリングなどにもその対象を広げており, より多くの問題提起につながっていくモニタリング手法といえよう. IPW は採取や輸送が簡便であることが利点と述べたが, それはペレットの採取には特殊な器具や訓練が不要で, 専門家でない方々が気軽に参加できるということにもつながっている. 実際に IPW へは世界中で約 20 の NGO や約 100 人の個人が参加している. 海洋のプラスチック汚染や POPs という目には見えない汚染を, 目に見える形にして市民の関心や理解を深めるうえでも, IPW は有用な取り組みである. とくに, 自らが試料採取者になり, 環境調査の主体となっている, またデータを通して世界の他地域とつながったり, 世界規模での調査の一翼を担っている, 参加している意識をもてる点が, ほかのモニタリングと比べたときの特徴となっている.

12.3 尾腺ワックスモニタリング

mussel watch や IPW は, 海域の海水や低次栄養段階の生物汚染状態を知るためのモニタリング手法であったが, 次に, 野生生物にどれくらい汚染物質が蓄積しているかを調べるためのモニタリング手法を紹介する. ここで紹介するのは, 海鳥を使ったモニタリングである. 海鳥は海洋生態系の最高次に位置し, 食物連鎖を通して POPs を高濃度に蓄積している. また, 極域から熱帯まで広く生息していることから, 世界規模のモニタリングの材料に適している. さらに, 海鳥は絶滅危惧種を多く含むため, 海鳥がどれくらい汚染物質に曝露されているかを継続的にモニタリングすることは野生生物の保全のために必要とされている. しかし, 血液や脂肪組織, 肝臓などの組織を用いた殺傷を伴うモニタリング手法では, モニタリングを行うこと自体が海鳥にダメージを与えてしまうという自己矛盾があった.

尾腺ワックスとは, 鳥類の尾脂腺(口絵 p.3 上段)とよばれる器官から分泌されるワックスである. 海鳥はそれを羽に塗ることで羽に撥水性を与え, 防水・防虫・保温効果を高めている. 脂, 撥水性, というキーワードから, この尾腺ワックスに疎水性の化学物質が含まれていることを予想できるだろう. 実際に, 尾腺ワックスと体内脂肪中の汚染物質濃度には相関関係が認められている(図 12.8)[13]. さらに, 尾腺ワックスは鳥類を傷つけることなく採取できるため, 同じ個体から経時的に汚染情報を取得できることが最大の利点である.

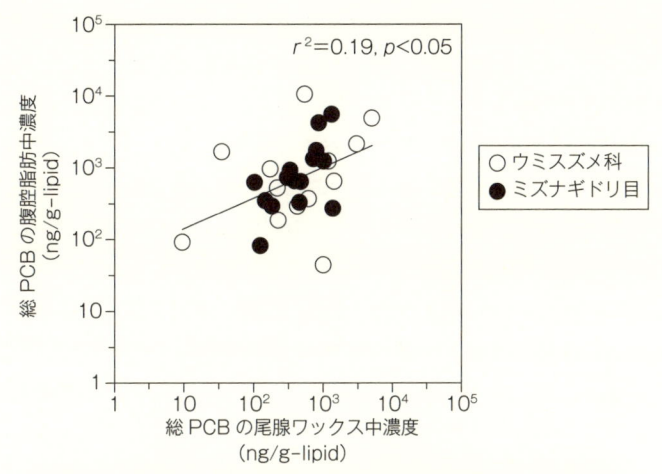

図 12.8 尾腺ワックス中 PCB 濃度と腹腔脂肪中 PCB 濃度の関係
R. Yamashita *et al.*, *Environ. Sci. Technol.*, **41**, 4905 (2007).

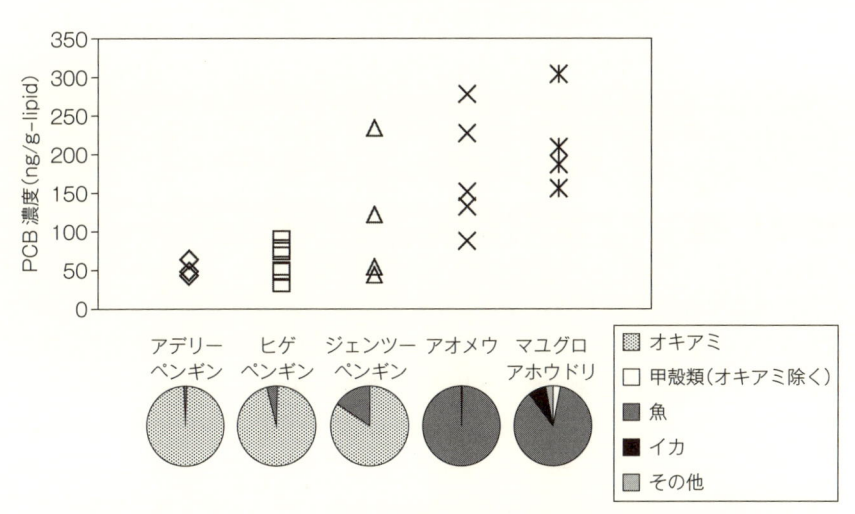

図 12.9 尾腺ワックスを用いた南半球の海鳥の PCB モニタリングと食性
海鳥の食性：T. D. Williams and J. N. Davies, "The Penguins", Oxford University Press (1995)；R. J. Casaux and E. R. Barrera-Oro, *Antarctic Science*, **5**, 335 (1993)；H. Weismarskirch *et al.*, *The Conder*, **90**, 214 (1988) をもとに作成.

亜南極に生息する海鳥の尾腺ワックスを用いた PCB 汚染のモニタリング結果を図 12.9 に示した．同じ地域に生息する種であっても，種によって汚染濃度に違いがあることがわかる．マユグロアホウドリとアオメウが相対的に高濃度であるのに対し，アデリーペンギンとヒゲペンギンが低濃度，ジェンツーペンギンは中程度の濃度でそれには幅があった．これらの違いは食性に起因すると考えられる．マユグロアホウドリとアオメウはおもに魚類を餌にする種である．それに対し，アデリーペンギンとヒゲペンギンはオキアミ食，ジェンツーペンギンはそのときに採れる餌によって異なるという食性の違いがある．魚類はオキアミより栄養段階が高いため，オキアミよりも PCB 濃度が高い．PCB の組成においても高塩素の同族異性体の割合が高いことが考えられる．そして，この傾向はそれらを食した海鳥にも反映されると考えられる．また，これらの種差や食性の違いも考慮して，地球規模でのモニタリングも行われはじめた．pellet watch や mussel watch は生態系の低次の汚染をモニタリングしているのに対して，尾腺ワックスモニタリングは生態系の最高次の生物のモニタリングである．両者を組み合わせることにより，三次元的なモニタリングが可能となる．

尾腺ワックスを使った POPs モニタリングの具体的な方法については文献[13]を参照されたい．

12.4　イチョウを用いた自動車排出ガスモニタリング

ここまで地球規模での海域，おもに水の中の汚染のモニタリングについて述べてきたが，有害化学物質は水の中だけでなく，大気中にも存在している．そのため，大気中の有機汚染物質のモニタリングも必要であるし，実際にさまざまな手法で行われている．本項で焦点を当てるのは，ディーゼル車の排出ガスである．ディーゼル車とは，ディーゼルエンジンを搭載した車で，ガソリンエンジンの車と構造が異なり，粒子状物質(PM)の排出量が多い．$PM_{2.5}$ という単語を近年多く耳にするようになったが，これは粒径 2.5 μm 以下の粒子を意味している．この粒子状物質は肺などの呼吸器に沈着して慢性呼吸器疾患を引き起こしたり，PAH を含んでいることから発癌性が疑われたりと，ヒトへの健康影響が懸念されている．こうした背景から，ディーゼル車は行政によって運行対策がとり行われた．東京都では 1999 年にディーゼル車対策として「ディーゼル車 NO 作戦」を開始した．2003 年には，東京だけでなく，周辺の埼玉，千葉，神奈川でも基準を満た

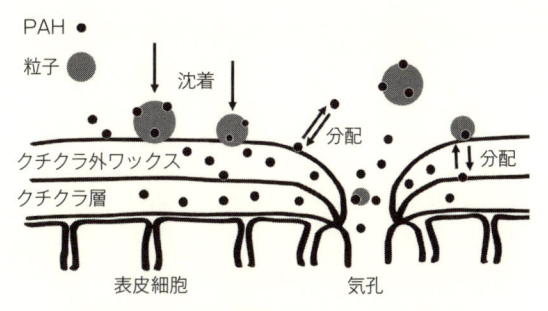

図12.10 葉の表面におけるPAHの動態

さないディーゼルトラック・バスの運行を禁止している．これによって，ディーゼル車排出ガスからのPMの排出は減少した．ディーゼル車排出ガスはPAHの発生源でもある．そこで，このディーゼル車排出ガス対策がPMだけでなく沿道大気中のPAH汚染の低減にもつながったかどうかを調べるために行ったモニタリング例を紹介しよう．

大気試料の採取はエアーサンプラーという吸気型の装置を用いることが多いが，電源を要したり設置場所が難しかったりする．そこで筆者らのグループが提案したのが，街路樹の葉を用いたモニタリングである．街路樹の葉には，いくつかの経路でPAHが蓄積している．図12.10にPAHと葉表面の模式図を示した．PAHを含む粒子のうちある程度の大きさの粒子は葉の表面に沈着・付着する．さらに小さい粒子は気孔を通して葉の内部に入る可能性も考えられる．ガス状のPAHは，葉のクチクラ層とその分泌物であるワックス層に分配している．とくに，PAHのような疎水性が高い物質は，油に分配しやすいため葉の油分であるこれらの層に蓄積しやすい傾向がある．こうした特性を生かして，街路樹の葉のPAHを測定して沿道環境を調べるモニタリングを行ったのである．

事前に，同じ道沿いの数種類の街路樹(イチョウ，ケヤキ，サクラ，ユリノキ，コブシ)から葉を採取し，そのPAHを測定した結果，イチョウがもっともPAHを高濃度に蓄積する傾向があることが明らかになった[14]．日本では沿道の街路樹としてイチョウがもっとも利用されている．なぜイチョウのPAH濃度が高いのかは完全には明らかにはできていないが，イチョウの葉の波打った構造が表面積を増やしている可能性がある．

イチョウをモニタリング媒体として利用するにあたり，もう一つ確認すべき点は，その媒体がその環境を反映しているかどうかである．そこで，イチョウの葉

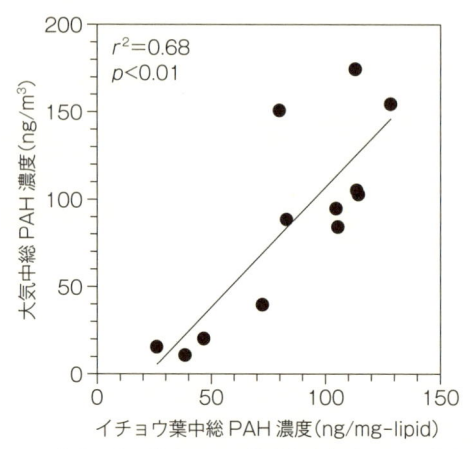

図 12.11 イチョウの葉中 PAH 濃度と大気中 PAH 濃度の関係
M. Murakami et al., Atmos. Environ., **54**, 14(2012).

を採取した地点にエアーサンプラーを設置して捕集した大気試料とイチョウの葉のPAHの関係を調べた結果が図12.11である．図が示すとおり，両者の間に良好な相関が認められ，イチョウの葉のPAHモニタリング媒体としての有用性が確認された[14]．さらにこのモニタリング手法は，市民参加が可能であるという利点も兼ね備えている．イチョウの葉の採取には研究者以外の方にも協力を得た．

図12.12は，2002〜2006年の5年間に東京都内10地点のイチョウから葉を採取してPAHを測定した結果である．調査期間を通して，都心に位置し交通量の多い幹線道路沿いの初台(渋谷区)や上馬(世田谷区)でPAH濃度はもっとも高かった(図12.12(a))．一方，東京農工大学のキャンパス内や都心から離れた高尾ではPAH濃度は一貫して低濃度であった(図12.12(a))．このような地域的傾向は大気中のPAH汚染への自動車走行の寄与があることをよく示している．一方，経年変化に注目すると，2002〜2006年にかけてPAH濃度の減少傾向は認められなかった．しかし，これだけで規制の効果がみられないと結論づけてはいけない．PAHの特徴は発生源によってその組成が異なることにある．ディーゼル車排出ガスとガソリン車排出ガス中のPAH組成を図12.13に示した．ディーゼル車排出ガス粒子は低分子のPAHを多く含んでいるのに対し，ガソリン車の排出ガス粒子は高分子PAHが多い[15]．そこで，イチョウ葉中のPAHについて高分子PAHに対する低分子PAHの比率をとり，その経年的な傾向をみてみた(図12.12(b))．自動車排出ガスのうち，ディーゼル車排出ガスの割合が多ければ低分子の

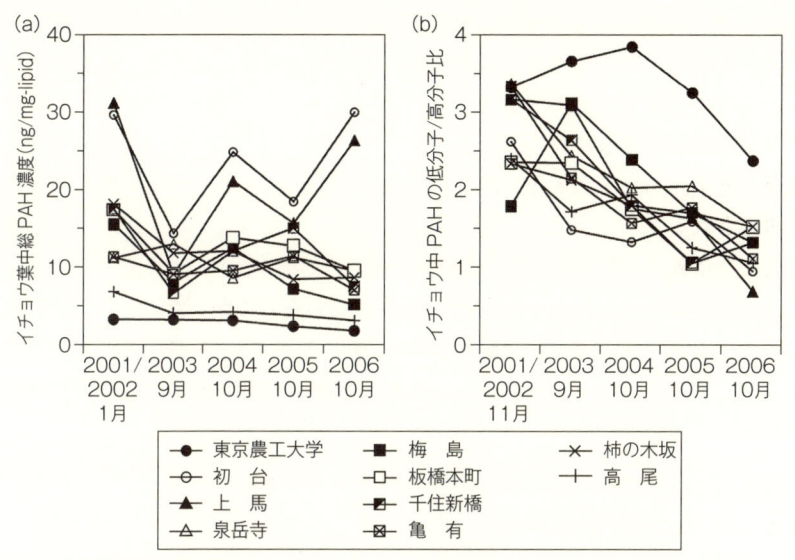

図12.12 東京都内におけるイチョウの葉を用いたPAHモニタリング
(a) イチョウ葉中総PAH濃度，(b) イチョウ葉中PAH低分子/高分子比
低分子PAHはアントラセン，フェナントレン，メチルフェナントレン，フルオランテン，ピレン，高分子PAHはベンゾ[a]アントラセン，クリセン，ベンゾ[b]フルオランテン，ベンゾフルオランテン，ベンゾ[e]ピレン，ベンゾ[a]ピレン，ペリレン，インデノ[1,2,3-cd]ピレン，ベンゾ[ghi]ペリレン，コロネンとした．

M. Murakami et al., Atmos. Environ., **54**, 15(2012).

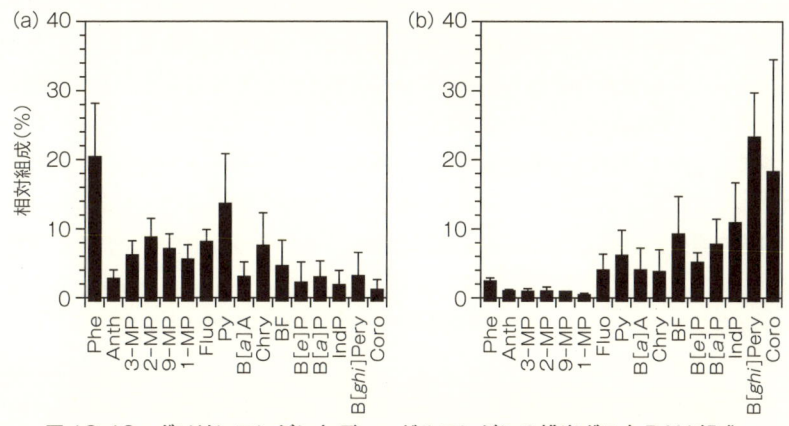

図12.13 ガソリンエンジンとディーゼルエンジンの排出ガス中PAH組成
(a)ディーゼル車排出ガス粒子，(b)ガソリン車排出ガス粒子．略号は図5.4参照．

R. Boonyatumanond et al., Sci. Total Environ., **384**, 426(2007).

PAHの割合も多くなる．ディーゼル車排出ガスの割合が低くなると，低分子のPAHの割合が低くなるため，低分子/高分子比も低くなってくる．図12.12(b)でイチョウ中の低分子/高分子PAH比が下がってきていることは，ディーゼル車排出ガスの排出割合の減少を意味しているのである．以上より，ディーゼル対策・規制の結果，2002～2006年の間に大気中の低分子PAH濃度は30～70%低減したと推定される[14]．

ここでは確かにディーゼル車排出ガス規制の効果が認められたが，このモニタリングの結果では，高分子のPAHの減少は認められなかった．そして，発癌性は低分子PAHよりも高分子PAHにおいて高いことは5章で述べた．ガソリン車排出ガス等のディーゼル車排出ガス以外のPAHの起源の特定と発生源対策が望まれるのである．

12.5　トンボモニタリング

ここまで疎水性の汚染物質を疎水性の媒体に濃縮してモニタリングする方法について述べてきた．最後に，界面活性剤を昆虫を使ってモニタリングするというユニークな手法について述べる．国立環境研究所が行っているトンボを用いたフッ素系界面活性剤のモニタリングである．

フッ素系界面活性剤は8章で述べたとおり，水に溶けやすいながらも生物濃縮性も併せもつ物質である．そのため，陸域においても食物連鎖の上位に位置する生物はフッ素系界面活性剤を体内に多く蓄積している傾向がある[16]．一箇所で複数の試料を集めやすいこと，全国的に広く分布していることからトンボを使ったモニタリングの検討が行われはじめた．検討によって，産卵場所を探すためにさまざまな場所を飛び回る雌個体や，飛行距離の長いウスバキトンボ，広い行動範囲をもつオオヤマトンボやギンヤンマなどの大型種の間ではフッ素系界面活性剤の組成や濃度が異なることが明らかになった．このような雌雄や種による生態の違いを考慮した結果，雄のノシメトンボ，シオカラトンボを第一候補とし，その他ショウジョウトンボ，コシアキトンボ，ナツアカネなどがモニタリング媒体には適当と判断された．

試料の採取は，研究者のネットワークや「トンボプロジェクト」と称したホームページを通じた呼びかけを通して一般市民の協力も得た．ホームページ上に掲載されている地点シートは昆虫採集をした子供でも記入できる仕様になっている．

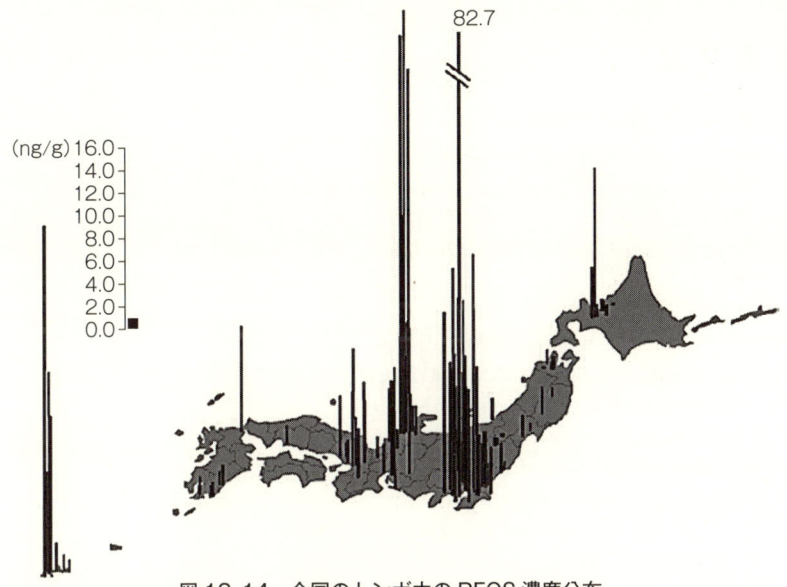

図 12.14 全国のトンボ中の PFOS 濃度分布
柴田康行, 高澤嘉一, 地球環境, **19**, 159 (2014).

　そうして得られたトンボ中のペルフルオロオクタンスルホン酸(PFOS)濃度分布を示したものが図 12.14 である．PFOS 濃度が高かった地域がいくつかあること，山際や田園地帯など沿岸域以外の汚染状況を把握できたこと，等興味深い結果となった．こうした地点の近くには廃棄物埋立処分場や焼却炉等がある割合が高く，廃棄物処理による汚染の広がりが認められた．陸水域におけるモニタリング手法は海域に比べて限られているため，このトンボを用いたモニタリングをほかの化学物質に適用するなど，今後の広がりが期待されている．

　以上，5 種類のモニタリングの例を紹介してきた．いずれも，疎水性の汚染物質や界面活性剤が疎水的なモニタリング媒体に濃縮される性質を利用したモニタリングである．近年では，パッシブサンプリングとよばれる，プラスチックシートや吸着剤等のモニタリング媒体を，水中や大気中に一定期間設置し，そこに蓄積された汚染物質を測定することによるモニタリング手法の発展が水環境，大気環境ともに著しい[17, 18]．いずれも疎水性の汚染物質を対象としたものが多い．極性の大きな汚染物質，とくにイオン性の汚染物質を対象にしたモニタリング媒体の開発が今後期待される．

引用文献

1) 環境省, "化学物質と環境"
   http://www.env.go.jp/chemi/kurohon/
2) J. W. Farrington *et al.*, *Environ. Sci. Technol.*, **17**, 490 (1983).
3) T. Isobe *et al.*, *Envirn. Monit. Assess.*, **135**, 423 (2007).
4) 竹内一郎, 田辺伸介, 日野明徳, "微量人工化学物質の生物モニタリング", 恒星社厚生閣 (2004).
5) 高田秀重, 地球環境, **19**, 135 (2014).
6) S. Endo *et al.*, *Mar. Pollut. Bull.*, **50**, 1103 (2005).
7) Y. Ogata *et al.*, *Mar. Pollut. Bull.*, **58**, 1437 (2009).
8) J. Hosoda *et al.*, *Mar. Pollut. Bull.*, **86**, 575 (2014).
9) C. S. Kwan *et al.*, *Sci. Total Environ.*, 470−471, 427 (2014).
10) M. Heskett *et al.*, *Mar. Pollut. Bull*, **64**, 445 (2012).
11) 高田秀重, ぶんせき, **1**, 29 (2015).
12) C. M. Rochman *et al.*, *Environ. Sci. Technol.*, **47**, 1646 (2013).
13) R. Yamashita *et al.*, *Environ. Sci. Technol.*, **41**, 4901 (2007).
14) M. Murakami *et al.*, *Atmos. Environ.*, **54**, 9 (2012).
15) R. Boonyatumanond *et al.*, *Sci. Total Environ.*, **384**, 420 (2007).
16) C. E. Müller *et al.*, *Environ. Sci. Technol.*, **45**, 8665 (2011).
17) R. G. Adams *et al.*, *Environ. Sci. Technol.*, **41**, 1317 (2007).
18) F. M. Jaward *et al.*, *Environ. Sci. Technol.*, **38**, 34 (2004).

13

分子マーカーの環境汚染化学への応用

13.1 潜在的リスクの把握手段としての分子マーカー

　ここまでさまざまな種類の化学物質による環境汚染について述べてきた．しかし，これまでに述べてきた化学物質は，人類が使用している膨大な数の化学物質のなかでほんの一部にすぎない．また，これから合成され，それに伴う新たな環境汚染が問題になる可能性もある．このような膨大な種類の既存そして新規の化学物質による環境汚染に対応するため，本書では化学物質の物性と環境動態の関連を定量的に理解することを目的にさまざまな環境汚染について述べてきた．化学物質の物性と環境動態の定量的な関連づけは，数値モデルとして表現され，汚染状況の再現や将来の汚染の予測にもつながりはじめている．数値モデルは究極的には実測なしでも環境汚染状況を推定できるという利点があるが，一方でまだモデルを構成する素過程についての我々の理解が不十分なことによる不確実性が伴う．そのようなモデル（演繹的なアプローチ）の不確実性を補う，実測的（帰納的な）アプローチが分子マーカー（molecular marker）を使った潜在的な汚染の推定である．分子マーカーとは「ある発生源に特異的に含まれ，かつ環境中で安定な化学物質」である．分子マーカーを環境中で測定することで，そのマーカーと同じ発生源から供給され，かつ物性が類似している化学物質の分布や動態を推定することができる．

13.2 疎水性の高い分子マーカー
13.2.1 アルキルベンゼン

　分子マーカーの一例として，まずは7章で紹介した直鎖アルキルベンゼン（LAB, 図7.3(b)）を取り上げよう．LAB は，直鎖アルキルベンゼンスルホン酸塩（LAS, 図7.3(a)）の原料である．親水基をもたない LAB は粒子吸着性が高く，下水処理場において効果的に除去される[1]．そのため，LAB は未処理下水のマーカーとなる．図13.1にあるように LAB は東京湾の隅田川・多摩川沖5 km の海底堆積物中に 2 μg/g の濃度で溜まっていることがわかる[2]．このことから，未処理の下水から供給された粒子ならびに疎水性の高い化学物質も東京湾まで運ばれ隅田川・多摩川沖5 km の海域に堆積することが予想される．LAB の測定から，未処理の下水由来の化学物質がどこに溜まるのかがわかるのである．たとえば，新規の汚染物質 X および LAB の未処理下水中濃度がそれぞれ 5 μg/L, 10 μg/L で，X と LAB の疎水性（K_{ow}）が同程度，両者とも水環境中で分解しない場合，隅田川・多摩川沖5 km の海底堆積物中の X の濃度は 1 μg/g であると予想される．ただし，X の水環境中での分解性が LAB よりも高ければ海底堆積物中の濃度は 1 μg/g よりも低くなる．分子マーカーとしては通常分解性の低い化学物質を用いるので，ほかの物質の濃度やリスクの推定という点では最大値の推定ということになる．分子マーカーをほかの汚染物質の分布・動態推定に用いる場合の鍵は，物性の類似性である．ここで示した例の場合は X が LAB と同程度の疎水性の高い物質なので，堆積物への蓄積が起こるが，疎水性の低い物質の場合は，粒子への吸着が弱く，堆積物中の濃度は上記の予測よりも低くなる．極端な例を考えると，新規汚染物質 Y の疎水性がきわめて低く，水溶性が高い場合には，その Y は粒子に吸着せずに水に溶けて輸送されるため，東京湾に堆積することはない．水溶性の汚染物質には水溶性の分子マーカーを用いる必要がある．疎水性のマーカー，水溶性のマーカーといっても，実際には疎水性の程度は連続的に変化するので，単純に疎水性，水溶性とは割り切れず，その間のものが存在するのだが，本章では，分子マーカーを高い疎水性の分子マーカー，中程度の疎水性の分子マーカー，低い疎水性（水溶性）の分子マーカーに分類し，その代表的なものについて汚染物質の動態解析に応用した例を紹介する．その前に分子マーカーとしての LAB の紹介をもう少し続けよう．

図13.1 に示した東京湾堆積物の調査は 1980 年代前半に行われた．その当時の東京湾流域の下水道普及率は 50% 程度（東京都区部だけでは 75%）であり，未処理下水に由来する粒子が河川を通して運ばれ，東京湾に堆積していた．東京湾流域の下水道普及率は年々上昇し，東京都では 1995 年に 100% の普及率に達している．ただし未処理の下水は東京湾へ流入しなくなったのかというと，そうではない．前述のとおり，東京都の多くの地域では合流式の下水道を採用しているので，雨天時越流によりポンプ所やはけ口から未処理下水が放出される．LAB を雨天時越流下水粒子のマーカーとして用いると，2000 年代になっても下水粒子がポンプ所周辺に堆積していることがわかる（図

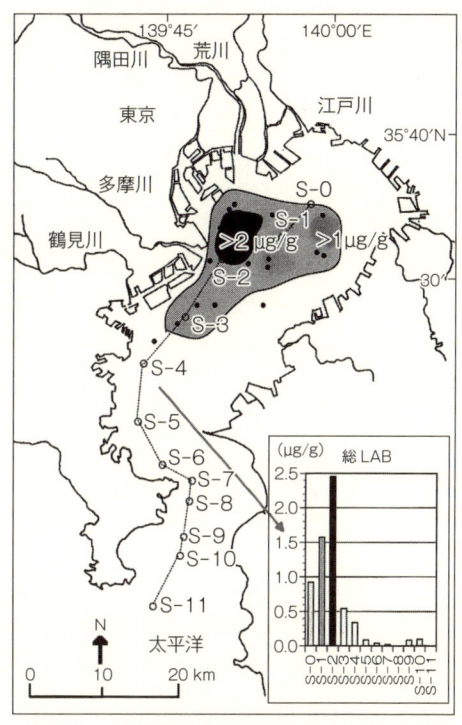

図13.1 東京湾の表層堆積物中の LAB の分布
R. P. Eganhouse Ed., "ACS symposium series: Molecular Markers in Environmental Geochemistry", p.182, ACS publications (1997).

13.2(a)）[3]．そして，ノニルフェノールやトリクロサンのような下水由来で粒子に吸着する汚染物質も LAB と同じパターンで堆積しており（図 13.2(b)，(c)），これらの汚染物質が雨天時越流により東京湾にもたらされていることを示している．

LAB は下水汚泥に高濃度に吸着されているので，投棄汚泥のマーカーとしても使用できる．大西洋の深海汚泥投棄海域（deep water dump site 106：DWDS 106）で深海底への汚泥の沈降・堆積の証拠として LAB の測定が行われた[4]．DWDS 106 はニューヨーク沖 106 海里（約 200 km）の海域で，ニューヨーク州やニュージャージー州等の大都市の下水処理場で発生した下水汚泥の投棄が 1988〜1992 年まで行われていた．水深が 2,000 m 以上あるので，海底への汚泥の蓄積はないと考えられて汚泥の投棄が行われたが，実際に海底の堆積物を採取し，汚泥の

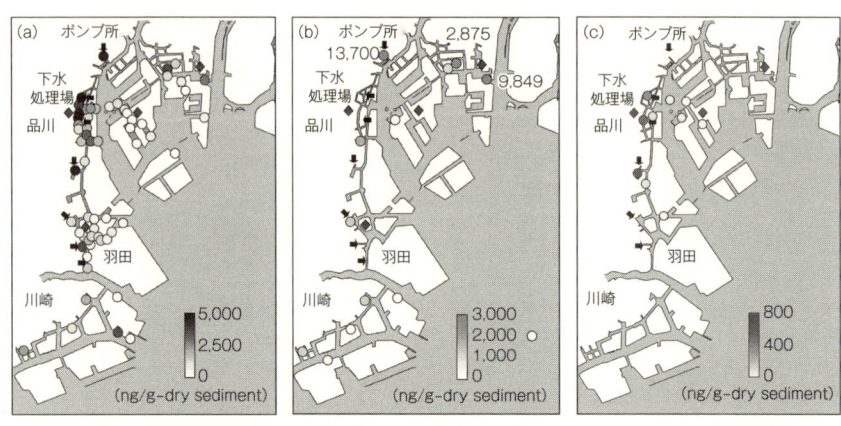

図13.2 東京湾沿岸域の堆積物中のLAB(a), ノニルフェノール(b)およびトリクロサン(c)の分布
(a), (b): 東京湾海洋環境研究委員会 編, "東京湾 人と自然のかかわりの再生", p.23, 恒星社厚生閣(2011).

マーカーのLABを測定してみると，確かに，投棄海域とそのすぐ西側でLAB濃度が高かった(図13.3(a)). 汚泥が海流により西に流れながら海底に達して，堆積していることが明らかになったのだ. さらに，LABのK_{ow}がPCBのK_{ow}と同程度であることから，DWDS 106での研究では，深海堆積物のPCBについて投棄汚泥由来のPCBとその他の起源のPCBの寄与の推定に応用された. 図13.3(b)に示すように，投棄海域とその周辺の堆積物中PCBの分布はLABの分布と類似しており，投棄汚泥由来のPCBの負荷が示唆された. しかし，汚泥投棄海域から離れたコントロール地点ではLABは検出されないがPCBが検出されており，大気経由の長距離輸送も含めて，汚泥投棄以外のPCBの寄与も示された[2]. このように分子マーカーは性質の類似した汚染物質の起源解析に応用できる.

日本の周辺海域でも下水汚泥の投棄が行われている海域があり，それらの海域でのモニタリングが環境省により行われている. 環境省のモニタリングのなかで，LABが分子マーカーとして使用され，汚泥粒子の堆積域の推定に活用されている.

LABはLAS系合成洗剤の生産開始以降水域へ負荷され，その歴史が沿岸域の柱状堆積物中に刻まれている. LASの生産開始以前は分解性の低い分枝型アルキルベンゼンスルホン酸塩(ABS, 図7.3(c))が使われていた. LASの原材料であるLAB同様に，ABSの原材料としてはTAB(図7.3(d))が用いられていた. TAB

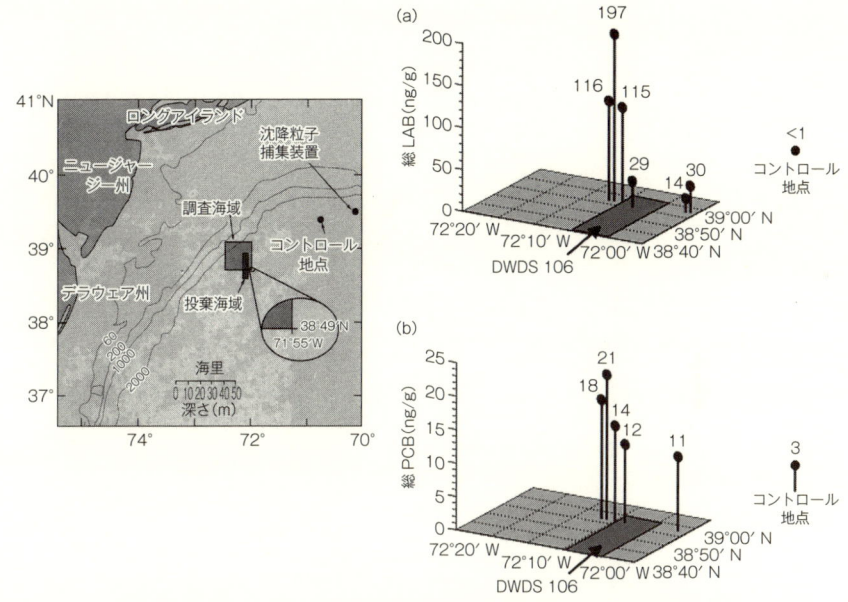

図13.3 ニューヨーク沖DWDSにおけるLAB(a)とPCB(b)の分布
H. Takada *et al.*, *Environ. Sci. Technol.*, **28**, 1062(1994)をもとに作成.

は柱状堆積物でLABが検出される深度よりも深い部分から検出されている(図13.4). LAB, TABの鉛直分布が生産の歴史を反映していることから, LAB, TABは堆積年代や堆積速度の推定手段, すなわち地質時計(geochronometer)としても使うことが可能である. LAB, TABだけでなく多くの分子マーカーは人工化学物質であり, 特定の年代に使用されているので, 地質時計として使える.

13.2.2 コプロスタノール

コプロスタノール(5β–cholestan–3β–ol)は糞便性ステロールともよばれ, 屎尿汚染の分子マーカーとして広く用いられている(図13.5). コプロスタノールは, 高等動物の腸内のバクテリアによりコレステロールが還元されることにより生成する. 腸内のバクテリアの作用により, 5位の水素が立体選択的にβの向きになるように還元されたものがコプロスタノールである. コレステロールの還元は堆積物中でも起こるが, その際には立体選択的ではなく, αの向きもβの向きのものも両方生成する. コプロスタノールは人間の糞便中に高濃度(mg/gのオーダー)で含まれ, 下水中の濃度も高濃度であり, 環境中でも比較的安定であることから,

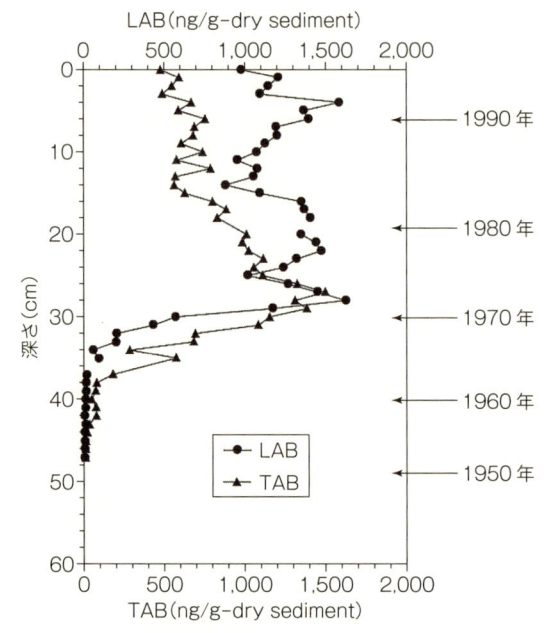

図 13.4　東京湾柱状堆積物中のアルキルベンゼンの鉛直分布

1960 年代後半以降，多くの河川，湖沼，河口，沿岸域において屎尿汚染の指標として広く用いられてきた[1]．LAB と同様に疎水性が大きく（log K_{ow} は 7 以上，図 1.9），粒子に吸着しやすく，下水処理により効率的に除去されるため，未処理下水，とくに糞便の水域への負荷を示すマーカーである．また，LAB と同様に雨天時越流や汚泥の海洋投棄海域の周辺で投棄汚泥のマーカーとしても応用されている．屎尿汚染の微生物学的なマーカーである糞便性大腸菌との関係も検討されている[5]．

　コプロスタノールは，陸上高等動物や海洋哺乳類等，ヒト以外の動物の糞便からの寄与もある．コプロスタノールだけでなく広くステロールに注目することにより，人糞とウシ，ブタ，ニワトリ等の陸上動物の糞をステロール組成の違いから区別する手法も提案されている．食性の違いからヒトと家畜では糞のステロール組成が異なり，ウシの糞はコプロスタノールとともにコレステロールとシトステロールの含有量が多く，ニワトリの糞にはコレステロールとシトステロールが多く含まれるがコプロスタノールは微量しか含まれない（図 13.6 上段）．これを，アジアの糞便汚染の起源推定に応用したところ，カンボジアではニワトリの

13.2 疎水性の高い分子マーカー　　*227*

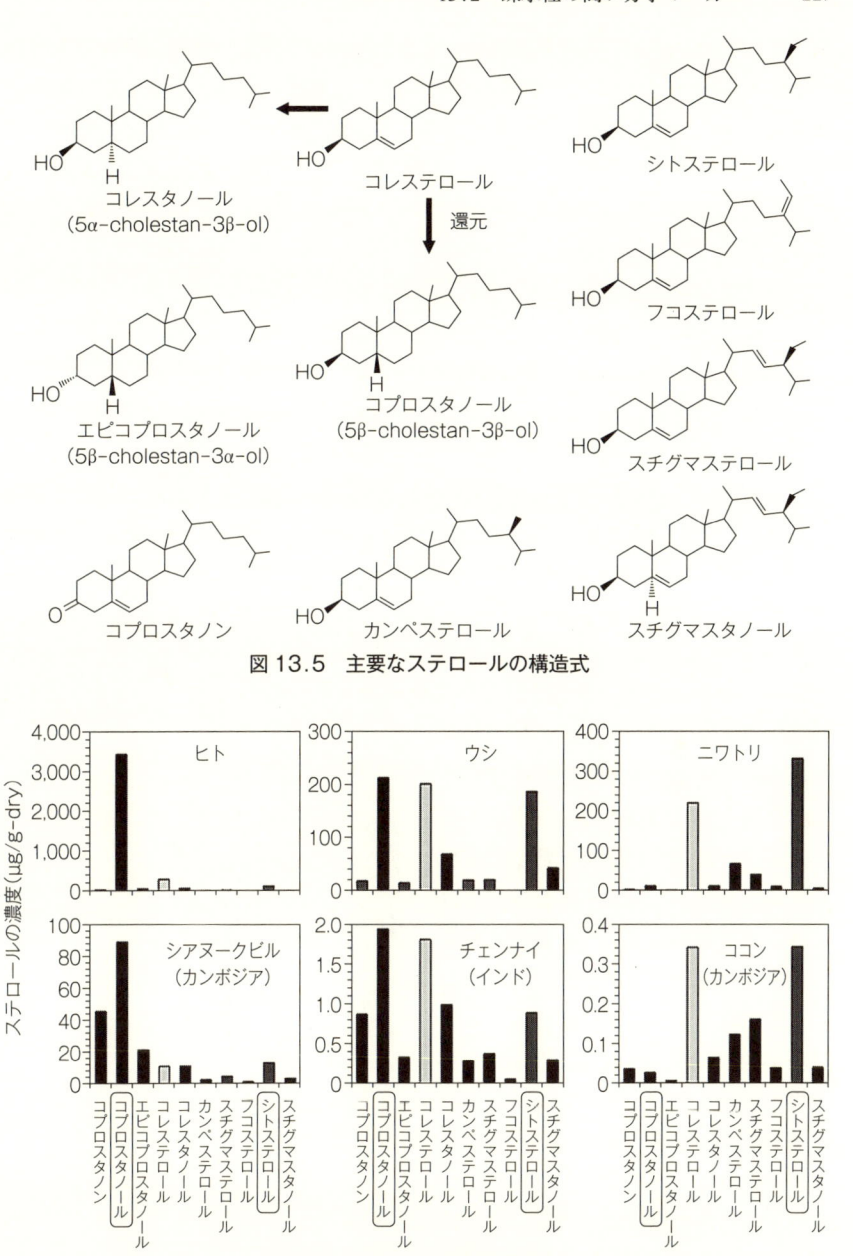

図 13.5　主要なステロールの構造式

図 13.6　アジア堆積物中および動物糞便中のステロールの組成
R. Leeming *et al*., *Water Res*., **30**, 2896 (1996)；高田秀重, 月刊海洋, **32**, 599 (2000) をもとに作成.

糞，インドではウシの糞が糞便汚染のおもな原因になっている地点が観測された(図13.6下段)．このような同族の化合物の相対組成を比較することから起源推定を行う手法をフィンガープリンティングとよぶ．ステロールのフィンガープリンティングは海外の調査だけでなく，日本国内の公共用水域への違法な屎尿の放流を摘発するために行政機関が利用したり，裁判の証拠として採用された場合もある．

13.2.3 石油バイオマーカー

石油汚染の汚染源の調査等の分子マーカーとして，ホパン(hopane, 図13.7)のようなバイオマーカーが使われることがある．実はバイオマーカーという言葉は分子マーカーという言葉よりも古くから使われており，「起源生物に固有な構造を含んでいる有機化合物」という非常に広い定義になっている．もともと石油生成機構の研究や石油探査などの分野で使われてきた．石油に含まれている有機化合物(おもに炭化水素)でその構造や構造の一部が石油の起源になっている生物やその棲息環境と関連するものがバイオマーカーとして使われてきた[6]．図13.7に示すホパンはその一例である．ホパンは五つの環をもつトリテルペノイド(イソプレン骨格6個から形成されている化合物)炭化水素である．炭素数30のものを中心に炭素数28〜35(以下，C_{28}〜C_{35}と表記)までの同族体と立体異性体を含む数十の同族異性体から構成される．バクテリアの細胞膜に含まれるバクテリオホパンテトロールという化合物が，地殻中の石油生成の過程で熟成作用を受けてヒドロキシ基が外れてホパンが生成される．同族異性体の組成は石油生成が起こった環境の条件や熟成度を反映して変化するため，ホパンの組成を詳しく調べることから石油の生成や熟成度などが研究されてきた[6]．ホパンは石油の産地や熟成度により特有な組成をもち，また環境中での分解に対して抵抗性があることから，1980

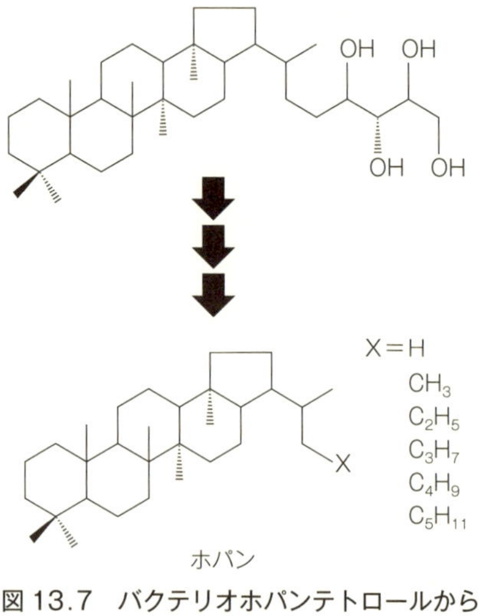

$X=H$
CH_3
C_2H_5
C_3H_7
C_4H_9
C_5H_{11}

ホパン

図13.7 バクテリオホパンテトロールからのホパンの生成

年代から石油汚染の研究に応用されてきた．たとえば，石油流出事故から 22 年経た後に海岸に残留している油中のホパンの測定から，流出した石油が特定された例もある[7]．

　ホパンを石油汚染の調査に応用した例として，マラッカ海峡におけるタールボールの起源推定を紹介しよう．マラッカ海峡は世界でもっともタンカーの航行の多い海路の一つであり，その大半は中東産の石油を輸送している．それらのタンカーの航行に伴う日常的な汚染と事故による石油汚染が頻発している．一方，海峡の両側のマレーシア，インドネシアともに海底油田をもち，原油の採掘・精製・輸送に伴う石油汚染も発生している．タンカー由来(中東起源石油)と海底油田由来(東南アジア産)の石油汚染の区別を行うことは汚染対策上重要な課題である．その区別にホパン組成の相違を利用することができる．図 13.8 に中東産石油(アラビアンライト)と東南アジア産石油(ミリ)のホパンのクロマトグラムを

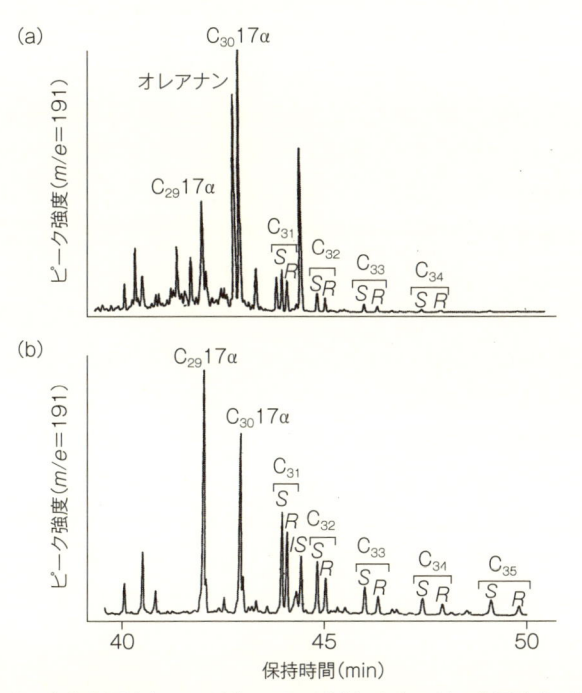

図 13.8 中東産石油(a：アラビアンライト)と東南アジア産石油(b：ミリ)中ホパンのクロマトグラム

P. M. Zakaria *et al.*, *Environ. Sci. Technol.*, **34**, 1192 (2000).

示す.原油中のホパンでは $C_{29}17\alpha$-ノルホパンと $C_{30}17\alpha$-ホパンが主要な成分で $C_{31} \sim C_{35}$ ホモホパンもそれに続く.中東産石油は $C_{29}17\alpha$ が $C_{30}17\alpha$ よりも多く,$C_{31} \sim C_{35}$ ホモホパンも相対的に多い点が特徴であった.これらの特徴は石油の生成環境(中東産石油が炭酸塩岩を基岩にもつ)に関連すると考えられている.一方,東南アジア産原油は,淡水(河川河口や湖)環境で生成したことを反映して $C_{29}17\alpha$ が $C_{30}17\alpha$ よりも少なく,$C_{31} \sim C_{35}$ ホモホパンも相対的に少ない.この二つの特徴を数量的に表すために $C_{30}17\alpha$ に対する $C_{29}17\alpha$ の比率(C_{29}/C_{30} 比)と

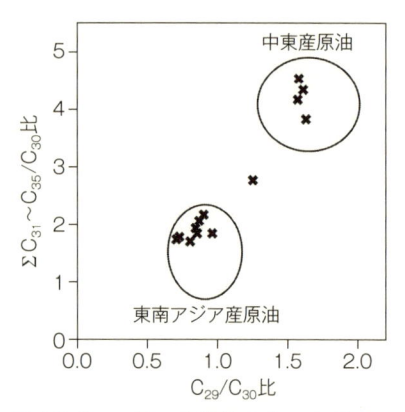

図13.9 マラッカ海峡のタールボール中の C_{29}/C_{30} 比と $\Sigma C_{31} \sim C_{35}/C_{30}$ 比のダイアグラム

P. M. Zakaria, T. Okuda and H. Takada, *Mar. Pollut. Bull.*, **42**, 1357(2001)をもとに作成.

$C_{30}17\alpha$ に対する $C_{31} \sim C_{35}$ ホモホパンの合計量の比率($\Sigma C_{31} \sim C_{35}/C_{30}$ 比)を計算し,ダイアグラムにプロットをすると,中東産石油と東南アジア産原油は図13.9 の丸で囲んだ二つのクラスターに明瞭に区別された[8].この図に,マラッカ海峡で採取したタールボール13試料中のホパンの C_{29}/C_{30} 比および $\Sigma C_{31} \sim C_{35}/C_{30}$ 比をあてはめてみる.すると,タールボールのうち4試料が中東産の石油に由来し,残りの試料は東南アジア産の石油に由来することが示された[9].

上述のホパン以外の石油バイオマーカーも石油汚染,おもに起源推定に利用されている.ホパンと同じトリテルペンである4環のステランも,石油の産地に依存して組成もさまざまで,かつ環境中で安定である.ステランもホパンと同じように起源推定に利用されている[10].ジテルペンのフィタン(phytane, 図13.10 (a)),プリスタン(pristane, 図13.10(b))などはクロロフィル a のフィチル側鎖に由来する炭化水素である.これらも石油汚染のマーカーとして使われた例が多い[6, 11].さらに,石油バイオマーカーだけでなく,生体関連で起源特異的で安定な化合物はバイオマーカーとして使われている.たとえば,リグニンは高等植物の木質部を構成する高分子フェノール化合物で土壌中に含まれるが,リグニンを海洋堆積物で測定することにより,陸起源粒子あるいは粒子吸着性の汚染物質の輸送が推定できる[12].また,分子マーカーは水環境の汚染を調べるためのものだけでなく,大気を介した汚染物質の輸送を調べるために使われるものもある.た

図 13.10　バイオマーカーの例
(a) フィタン, (b) プリスタン, (c) レテン, (d) 1,7-ジメチルフェナントレン.

とえば，PAH の仲間にレテン(retene, 図 13.10(c))や 1,7-ジメチルフェナントレン(1,7-dimethylphenanthrene)という化合物がある．これらの物質は針葉樹の樹脂成分アビエチン酸やピマル酸が燃焼するときに発生する物質[13]で，針葉樹林の森林火災の煙や森林火災により生成する PAH の分子マーカーとして応用されている[14, 15]．バイオマーカーのなかで汚染物質の分子マーカーとして利用されているものはごく一部にすぎない．今後，より多くの応用が広がることが期待される．

13.3　中程度の疎水性の分子マーカー

13.3.1　ベンゾチアゾールアミン

下水と並んで都市水域への寄与の大きい汚染物質負荷源が都市表面流出水，とくに道路排水である．N-シクロヘキシル-2-ベンゾチアゾールアミン

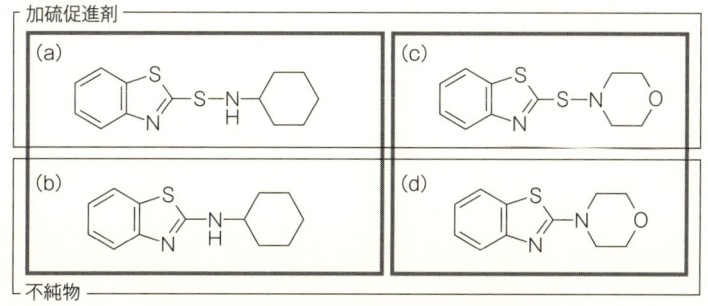

図 13.11　ベンゾチアゾールの構造式
(a) CBS, (b) NCBA, (c) 2-(モルホリノチオ)ベンゾチアゾール, (d) 24MoBT.

(N-cyclohexyl-2-benzothiazolamine：NCBA, 図13.11(b))は道路排水のマーカーである．NCBAは自動車のタイヤゴムの加硫促進剤(N-シクロヘキシル-2-ベンゾチアゾールスルフェンアミド；N-cyclohexyl-2-benzothiazolesulfenamide：CBS, 図13.11(a))に含まれる不純物である．CBSはタイヤの製造過程で加硫により消失していくが，NCBAは加硫に関わらないため，タイヤ中に残留し，タイヤの摩耗により，道路上の粉塵に混入する．雨が降ると道路粉塵は洗い流され道路排水となる．都市域では下水など道路排水以外の汚染源にはNCBAが含まれないことから，NCBAは道路排水の分子マーカーとして使うことができる．NCBAがタイヤ摩耗物として環境へ放出されることから，NCBAを河川の堆積物等で測定して，道路粉塵や道路排水中の粒子の寄与を推定する研究が行われてきた．たとえば，皇居の堀の一つ千鳥ヶ淵で柱状堆積物を採取し分析した結果，NCBAは1950年代に相当する層から表層(現在)に向けて増加傾向にあり，道路粉塵や自動車の交通に由来する環境負荷が経年的に増えていることが示された(図13.12)[16]．同じ柱状態堆積物中でのPAHの鉛直分布は1960年代にピークをもち，現在に向けて減少傾向にある．NCBAの増加と合わせて考えると，道路排

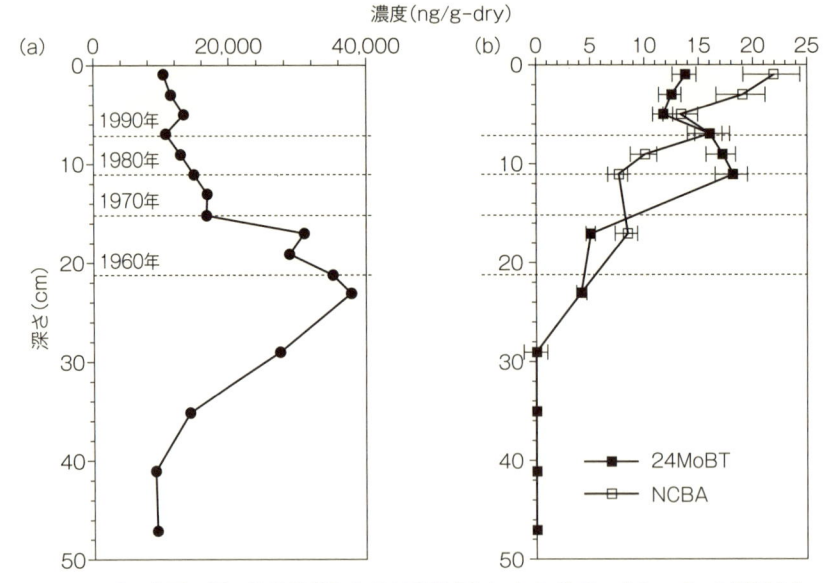

図13.12　皇居の堀の柱状堆積物中PAH濃度(a) およびベンゾチアゾール濃度(b)
H. Kumata *et al.*, *Environ. Sci. Technol.*, **34**, 250 (2000).

水由来のPAHの寄与が相対的に増えていると考えられる．また，東京都内の野川の表層堆積物とそこへ流入する高速道路排水中のNCBAとPAHを同時に測定することから，野川の堆積物中のPAHへの道路排水の寄与が14～30％程度であるという推定も行われた[17]．ただし，NCBAの log K_{ow} は4.83[18]（図1.9）であり，道路排水中（懸濁粒子量：数十 mg/L）では20％程度が粒子に吸着し存在し，大部分は溶存態として存在することを考えると，NCBAとPAHの比率による道路粉塵の寄与は過小評価，つまり河川堆積物中PAHへの道路排水由来のPAHの寄与はこの推定より大きい可能性がある．最近では，NCBAの溶存相への分配に注目して，道路排水に含まれる水溶性のフッ素系界面活性剤の寄与解析に応用された例もある[19]．

また，2-（モルホリノチオ）ベンゾチアゾール（2-(morpholinothio)benzothiazole，図13.11(c)）というもう一種の加硫促進剤に由来する2-モルホリノベンゾチアゾール（2-morpholinobenzothiazole：24MoBT，図13.11(d)）もタイヤ摩耗物，道路粉塵，道路排水に含まれ，それらの分子マーカーとして使われている．24MoBTはNCBAよりもさらに疎水性が小さく（log K_{ow} は2.42[20]，図1.9），堆積物へ適用した場合，粒子吸着性の汚染物質の寄与を過小評価してしまう可能性がある．

13.3.2　スチルベン型蛍光増白剤

7章で紹介したスチルベン型蛍光増白剤のDSBPとDAS1は，家庭排水に特異的に含まれ，微生物分解性が低いことから，下水の分子マーカーとしても用いることができる．下水処理水および処理水中の水溶性汚染物質の動きを追跡する手段となる．7章の図7.9に示した東京湾の表層海水中のDSBPの分布からは，下水処理水が東京湾奥西部から沖合千葉側へ広がっていく様子がよくわかる．またDSBPは溶存相に存在する一方，粒子相にも存在する（河川水中で2％程度，7章参照）ことから，堆積物中からも検出されるため，沿岸海域での堆積物の輸送機構に関する研究にも応用されている．東京湾から湾口を抜けて相模湾沖の太平洋に至る海域で，海底の堆積物中の蛍光増白剤を調べると，水深1,000 m以深の深海も含めて，DAS1が10～100 ng/g程度の濃度で確かに検出された（図13.13）．人間活動の影響が河川，内湾を経て，深海底まで及んでいることを示している．蛍光増白剤の唯一の分解経路は光分解であるが，水深10 m以深へは光は届かないので，堆積物にいったん取り込まれた蛍光増白剤は分解されず半永久的に残留する．また，LABと同様に蛍光増白剤も湖沼や沿岸域の堆積物中での鉛直分布

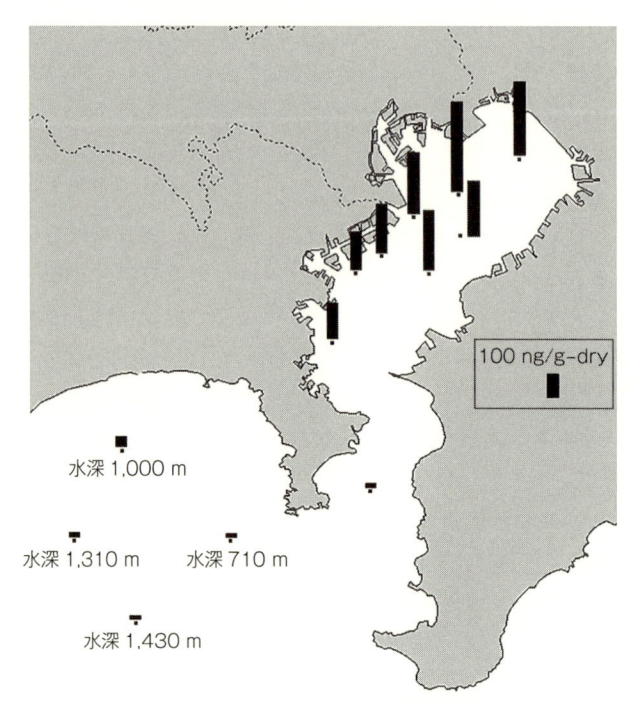

水深 1,000 m
水深 1,310 m
水深 710 m
水深 1,430 m
100 ng/g-dry

図 13.13　東京湾および相模湾の堆積物中 DAS1 濃度

が明らかにされ，それらが蛍光増白剤の成分の変化や流域の下水処理施設建設の歴史とよく対応することがわかってきた[21]．

13.4　水溶性分子マーカー

13.4.1　合成医薬品・抗生物質類

　分子マーカーは石油バイオマーカー，コプロスタノール，LAB などの疎水性のマーカーの研究から発展してきたが，1990 年代前半までは水溶性の有効な分子マーカーはなかった．1990 年代末から，合成医薬品・抗生物質類が河川水中から検出され，水溶性の分子マーカーとしての応用も始まった．11 章で紹介したように，合成医薬品の中でもクロタミトン，カルバマゼピン，ジエチルトルアミドなどは log K_{ow} が 3 より小さく，水溶性が高い．log K_{ow} が 3 以下であれば，河川水中では 99% 以上溶存相に存在する．クロタミトンとカルバマゼピンは下

水処理での除去率も低いので，下水および下水に含まれる水溶性成分のマーカーとしとらえることができる．日本全国の一級河川37河川中のクロタミトンやカルバマゼピン負荷量*と流域人口には高い正の相関が認められる(図13.14)．これらの合成医薬品は下水処理で除去されないので，下水道の普及にかかわらず，河川流域への下水の負荷と流域人口に相関が認められるわけである[22]．水中のこれらの医薬品濃度が高ければ，その水への下水の影響が大きいと考えることができる．

下水以外にも負荷源をもつ汚染物質の起源解析にこれらのマーカーを応用すると，その有用性はよくわかる．抗生物質はヒト用に使われるもののほかに家畜用のものの寄与もある．全国の一級河川20について，抗生物質濃度とクロタミトンの濃度の間には高い相関が認められる．このことは，一級河川水中の抗生物質はおもにはヒト用に使われているもので，家畜用の寄与は少ないということを意味している[23]．また，抗生物質も水溶性分子マーカーとして使えることを示している．フッ素系界面活性剤についても全国一級河川における濃度をクロタミトンと比べてみると，PFOSについてはクロタミトンと分布が類似しており，PFOSが都市排水経由で河川へ負荷されることがわかる．ほかのフッ素系界面活性剤のなかでもPFOAの場合はクロタミトン濃度が低い河川でもPFOA濃度が高い場合があり，PFOAは都市排水以外の起源があることがわかる(図13.15)[24]．

水溶性の分子マーカーは海域への陸源汚染物質の広がりを知るために使うこともできる．11章で述べたように，東京湾表層海水中の抗生物質のスルファメトキサゾールは湾奥から湾口への側線での濃度減少がきわめて緩やかで，濃度が半減するのに60 km以上の距離を要した．湾内，さらに湾外に陸起源の水溶性成分が広く拡散していくことが確認された．このことは疎水性の汚染物質とは対照的である．図13.2(a)でLABを使って例示したように，同じ下水由来でも疎水性

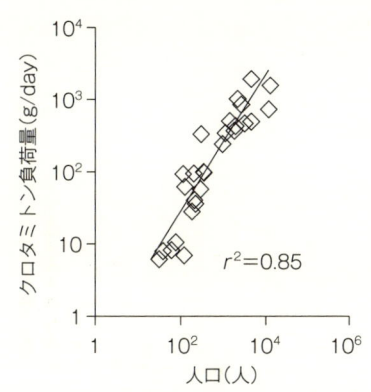

図13.14 全国一級河川中の1日あたりのクロタミトン負荷量と流域人口の関係

N. Nakada *et al.*, *Environ. Sci. Technol.*, **42**, 6349 (2008).

---

* 河川の下流部の地点での成分の濃度と河川水流量をかけたもの．その地点のその成分の通過量を意味する．

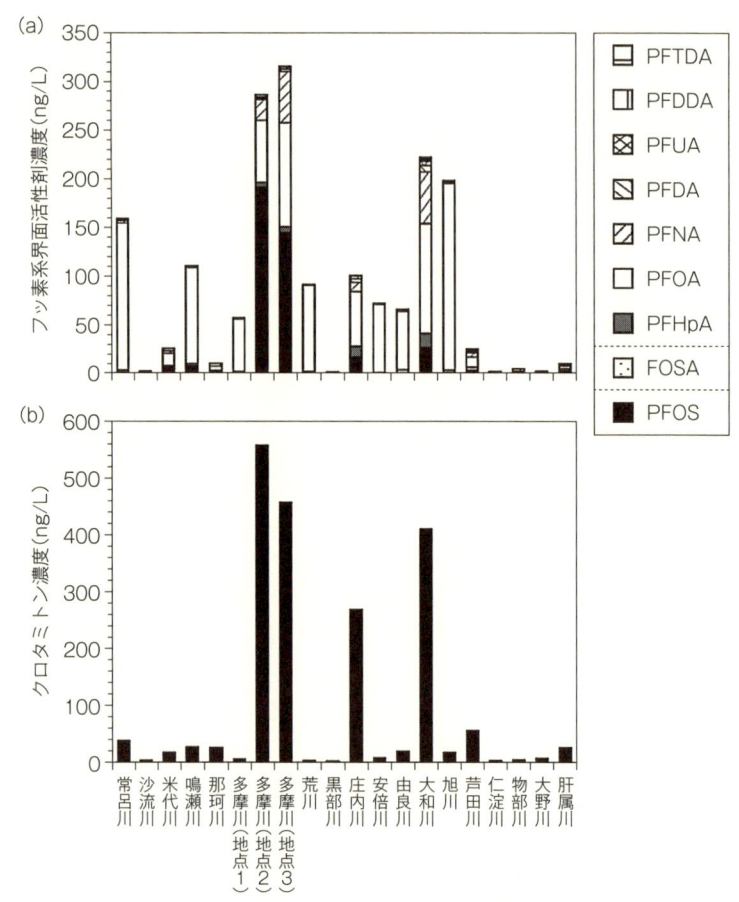

図 13.15　日本全国一級河川におけるフッ素系界面活性剤の分布(a)とクロタミトン濃度(b)

M. Murakami *et al.*, *Environ. Sci. Technol.*, **42**, 6569(2008).

の高い化合物は粒子に吸着・沈降し，堆積物に取り込まれるのに対して，水溶性の物質は堆積物へ取り込まれる除去過程がないので，水中を沖合へ広がっていくことが確認された．

　水溶性分子マーカーは地下水汚染の調査にも応用できる．疎水性が高いマーカーの場合は，土壌に吸着されて除去されるため，地下水汚染の調査には使えないが，水溶性マーカーは地下水汚染の調査に応用されている．11 章で述べたように，東京都内で 50 カ所の地下水について合成医薬品の測定を行い，19 地点か

らクロタミトンやカルバマゼピンが検出された[25]．東京のように古くから下水道が敷設された大都市では下水管網の老朽化による地下水への下水の漏水が懸念されており，これらの下水マーカーの検出は，実際に下水の漏水が起こっていることを示している．地下水の下水汚染については，次項で述べる合成甘味料をマーカーとしてより詳細な調査が行われた．

13.4.2 合成甘味料

　合成甘味料は，飲料や食品に甘味を付与するために加えられる合成化学物質である．その多くは体内で吸収されずに尿へ排泄され，下水に混入する．現在日本でおもに使われている合成甘味料はスクラロース(sucralose，1999年以降使用，図13.16(a))とアセスルファム(acesulfame，2000年以降使用，図13.16(b))である．いずれも水溶性が高く土壌への吸着性が低く，微生物分解を受けないことから，地下水への下水混入のマーカーとして使われている[26]．

　実際に，合成甘味料を用いて地下水への下水混入を調べた例を紹介しよう．東京都内の井戸水と湧水を70地点で採取・分析したところ，湧水27地点中23地点から，井戸水43地点中29地点から，アセスルファムが検出された(図13.17)[27]．このことから，地下水への下水の混入が広範囲で起こっていることが確認された．スクラロースは日本の下水処理水や二次処理水からはアセスルファムと同程度に検出されるが，分析感度が低いためか検出頻度は低かった．

　地下水中から検出されたアセスルファム濃度から，地下水への下水の混入率の推定を行うこともできる．アセスルファム濃度の中央値はそれぞれ湧水：284 ng/L，井戸水：62 ng/Lであった．一方で，下水中のアセスルファム濃度は約24,000 ng/Lである．地下水中のアセスルファム濃度を下水中のアセスルファム濃度で割ると，湧水，井戸水へ下水の混入率は，それぞれ1.2%，0.3%と計算することができる．

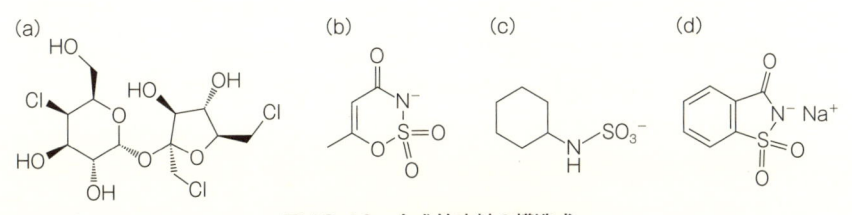

図13.16　合成甘味料の構造式
(a) スクラロース，(b) アセスルファム，(c) シクラメート，(d) サッカリン．

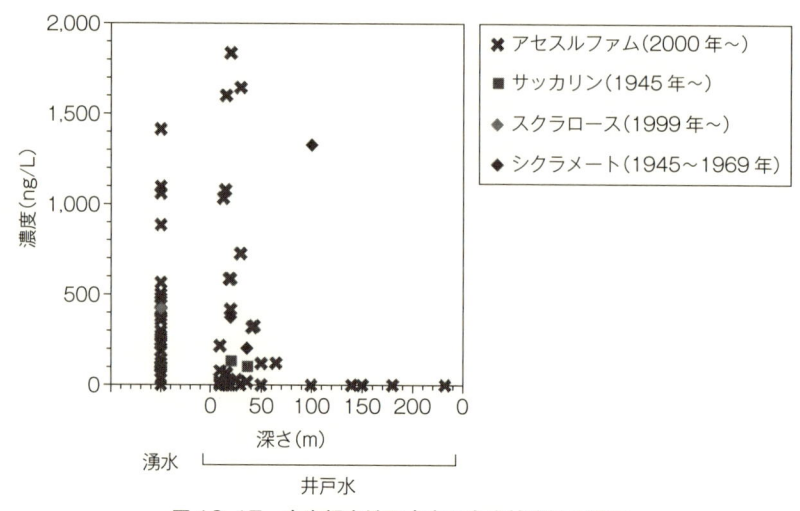

図 13.17　東京都内地下水中の合成甘味料の濃度
凡例中，かっこ内は使用年

　さらに，使用時期の違う成分を複数調べることで明らかになることもある．アセスルファムは湧水と深度 60 m 以浅の井戸から検出され，深度 100 m 以深の井戸からは検出されなかった．アセスルファム濃度は井戸の深さ，すなわち地下水の帯水層の深さに関係していると予想される．一見，地下深部への下水混入は起こっていないと考えられるが，アセスルファムが近年(2000 年以降)使用されはじめた合成甘味料であることを考慮する必要がある．実際に，アセスルファムは検出されなかった台東区の深度 100m の井戸(被圧地下水)からは，1969 年に使用禁止になったシクラメート(cyclamate，図 13.16(c))が比較的高い濃度(1,300 ng/L)で検出された．東京 23 区内のほかの深井戸(80 m 以深)からもシクラメートは検出されている．シクラメートは現在では下水からは微量にしか検出されないにもかかわらず，深井戸から検出されたのである．この事実が意味するところは，1960 年代に地下に浸透した下水がゆっくり下方に浸透し深部の帯水層に混入したということだ．このように，特定の使用年代をもつ物質を利用することで，地下水の涵養時期の推定にも使うことができる．
　合成甘味料は高感度な分析が可能なためサンプルの量も少なくて済み，分析操作も簡便であるため，高頻度，高分解能の分析が可能である．高頻度，高分解能で環境汚染物質やその輸送媒体となる水の動きを追うことにより，環境汚染物質

のモニタリングや動態把握に新たな視点を加えることが期待される.

　本章では，蛍光増白剤やアルキルベンゼンなど，いくつかの難分解性の人為起源有機化合物が環境中に半永久的に残留していることを紹介してきた．これらの化合物をマーカーとしてみる場合，マーカーそのものの毒性は問題としていない．マーカー自体が，現時点での環境中濃度でかつ現時点での毒性に関する知見から，個々の生物や生態系へ影響を及ぼしているとは考えられない．しかし，今後も影響が明らかになる可能性がないと断定することはできない．たとえば，9章で述べたように，フェノール系内分泌攪乱化学物質による環境汚染は1960年代からはじまっていたが，フェノール系内分泌攪乱化学物質の攪乱作用が明らかになったのは1990年代であり，その時点では汚染は進行してしまっていた．今回紹介した多くのマーカーは深海底や地下帯水層中に半永久的に残留する．将来それらの生物への影響がわかってからでは，対策は手遅れになってしまう可能性もある．予防原則的な立場からは，とるべき代替策がある場合，すなわちそれらの物質を使わなくてもすむのであれば，環境残留性のある化学物質の使用は極力避けるべきである．

引用文献

1) R. A. Mayers Ed., "Encyclopedia of Environmental Analysis and Remediation", pp.2883-2940, Wiley-Interscience (1998).
2) R. P. Eganhouse Ed, "Molecular Markers in Environmental Geochemisty", pp. 178-195, ACS Publications (1997).
3) 東京湾海洋環境研究委員会 編,"東京湾－人と自然のかかわりの再生", 恒星社厚生閣 (2011).
4) H. Takada *et al., Environ. Sci. Technol.*, **28**, 1062 (1994).
5) K. O. Isobe *et al., App. Environ. Microbiol.*, **70**, 814 (2004).
6) K. E. Peters, C. C. Wlaters and J. M. Moldowan, "The Biomarker Guide, volume 1： Biomarkers and Isotopes in the Environment and Human History, 2nd edition", Cambridge University Press (2005).
7) A. Wang, M. Fingas and G. Sergy, *Environ. Sci. Technol.*, **28**, 1733 (1994).
8) P. M. Zakaria *et al., Environ. Sci. Technol.*, **34**, 1189 (2000).
9) P. M. Zakaria, T. Okuda and H. Takada, *Mar. Pollut. Bull.*, **42**, 1357 (2001).
10) R. P. Eganhouse, "Molecular Markers in Environmental Geochemistry", pp.110-132, ACS Publications (1997).
11) M. Blumer and J. Sass, *Science*, **176**, 1120 (1972).
12) J. I. Hedges and D. C. Mann, *Geochim. Cosmochim. Acta*, **43**, 1809 (1979).

13) R. E. Laflamme and R. A. Hites, *Geochim. Cosmochim. Acta*, **42**, 289(1978).
14) T. Ramdahl, *Nature*, **306**, 580(1983).
15) B. A. Benner *et al.*, *Environ. Sci. Technol.*, **29**, 2382(1995).
16) H. Kumata, *et al.*, *Environ. Sci. Technol.*, **34**, 246(2000).
17) 山田淳也, 熊田英峰, 高田秀重, 日本地球化学会年会講演要旨集, 28(1999).
18) U. S. Environmental Protection Agency, "EPI-suite™ ver.4.11" (2012).
19) 高田秀重, 小池央朗, 環境化学討論会年会講演要旨集, 309(2013).
20) C. M. Reddy and J. G. Quinn, *Environ. Sci. Technol.*, **31**, 2847(1997).
21) R. P. Eganhouse Ed, "Molecular Markers in Environmental Geochemistry", pp.231-241, ACS Publications(1997).
22) N. Nakada *et al.*, *Environ. Sci. Technol.*, **42**, 6347(2008).
23) A. Murata *et al.*, *Sci. Total Environ.*, **409**, 5305(2011).
24) M. Murakami *et al.*, *Environ. Sci. Technol.*, **42**, 6566(2008).
25) K. Kuroda *et al.*, *Environ. Sci. Technol.*, **46**, 1455(2012).
26) I. J. Buerge *et al.*, *Environ. Sci. Technol.*, **43**, 4381(2009).
27) 高田秀重, 水環境学会誌, **36**, 308(2013).

索　　引

欧数字

2,4,5-T　*65*
2,4-D　*65*

ABS　*128*
absorption　*29*
acesulfame　*237*
activated sludge　*9*
AE　*129*
AhR　*61, 99*
aldrin　*43*
alkyl ethoxylate (AE)　*129*
alkylphenol ethoxylate (APE)　*129*
anthropogenic organic compound　*4*
APE　*129*
AP　*20*
aqute toxicity　*30*
arochlor　*45*
aryl hydrocarbon receptor (AhR)　*61, 99*
asphaltene　*116*

BBP　*161*
BCF　*14, 22*
benzo [*a*] pyrene　*99*
bioavailability　*77*
bioconcentration　*21*
bioconcentration factor (BCF)　*21*
biomagnification　*23*
bioremediation　*122*
bisphenol A (BPA)　*155*
BPA　*15, 20, 155, 161, 207*
BT　*15, 20*

builder　*125*
burial　*6*

CAS　*1*
Chemical Abstracts Service (CAS)　*1*
chlordecone　*43*
chlordene　*43*
chronic toxicity　*30*
CNP　*65*
Co-PCB　*59, 75*
combined sewer overflow (CSO)　*10*
congener　*44*
conjugation　*30*
contamination　*3*
coplanar PCB (Co-PCB)　*59*
crotamiton　*187*
cyclamate　*238*

DCHP　*158, 161*
DDA　*39*
DDD　*39*
DDE　*38, 207*
DDT　*4, 25, 37, 38*
DDTs　*15, 20, 23, 38*
desorption　*5*
dichlorodiphenyl acetic acid (DDA)　*39*
dichlorodiphenyldichloroethane (DDD)　*39*
dichlorodiphenyldichloroethylene (DDE)　*38*
dichlorodiphenyltrichloroethane (DDT)　*4, 38*
2,4-dichlorophenoxyacetic acid (2,4-D)　*65*
dieldrin　*43*
direct photolysis　*6*
dissolved organic matter (DOM)　*86*

distribution　29
DOM　86
dry deposition　5

e-waste　53, 84, 210
E1　155
E2　155, 164
E3　155
EEQ　162
elimination　30
endocrine disrupting chemicals　153
endrin　43
endsulfane　44
17β-estradiol(E2)　155
estradiol equivalent concentration(EEQ)　162
estriol(E3)　155
estrogen　155
estrone(E1)　155

fluorecent whitening agent(FWA)　126
fluorotelomer alcohol(FTOH)　142
FOSA　140
FTOH　142
FWA　126, 136

geochronometer　225
global distillation　16, 56
grass hopping 現象　17

HBCD　15, 20, 36, 79
HCB　25, 34
HCH　15, 16, 20, 23, 25, 35, 41
heptachlor　43
hexabromocyclododecane(HBCD)　79
hexachlorocyclohexane(HCH)　16, 41, 43
homolog　44
hopane　228
hydrophilic group　125
hydrophilicity　19
hydrophobic group　125
hydrophobicity　13, 19

indirect photolysis　6
International Mussel Watch　204

International Pellet Watch(IPW)　208
IPW　208
isomer　44
IUPAC　44

LAB　12, 15, 20, 128, 136
LAS　4, 15, 20, 127
LC_{50}　31
LD_{50}　31
legacy pollution　51
lethal concentration 50(LC_{50})　31
lethal dose 50(LD_{50})　31
linear alkylbenzene(LAB)　12, 128
linear alkylbenzenesulfonate(LAS)　4, 127
LOAEL　31
LOEC　31
LOEL　31
lowest observed adverse effect level(LOAEL)　31
lowest observed effect concentration(LOEC)　31
lowest observed effect level(LOEL)　31

metabolism　30
mirex　43
mixing diagram　195
molecular marker　221
MP/P 比　104
municipal wastewater　8
mussel watch　204

no observed adverse effect level(NOAEL)　31
no observed effect concentration(NOEC)　31
no observed effect level(NOEL)　31
NOAEL　31
NOEC　31
NOEL　31
non-point source　7
nonylphenol(NP)　155
nonylphenol ethoxylate(NPEO)　112, 156, 169
NP　155, 161, 207

NPEO　　*156, 169*

OCP　　*15, 18, 20*
octylphenol ethoxylate(OPEO)　　*157*
octylphenol(OP)　　*155*
OP　　*155, 161*
OPEO　　*157*
OPRC 条約　　*114*
organic carbon-water partition coefficient　　*26*
Our Stolen Future　　*153*

PAH　　*15, 18, 20, 95, 116, 214*
PBB　　*79*
PBDD　　*81*
PBDE　　*15, 20, 79, 176, 177, 179*
PCB　　*4, 15, 18, 20, 23, 25, 35, 44, 57, 75, 174, 176, 177, 179, 207, 210, 214, 224*
PCDD　　*15, 18, 20, 37, 59*
PCDF　　*15, 18, 20, 37, 59*
PCP　　*65*
pentachlorobenzene　　*43*
perfluorinated surfactant　　*140*
perfluoroalkylsulfonic acid(PFAS)　　*141*
perfluorocarboxylic acid(PFCA)　　*141*
perfluorooctane sulfonamide(FOSA)　　*142*
perfluorooctanesulfonic acid(PFOS)　　*141*
perfluorooctanesulfonic acid fluoride(PFOSF)　　*141*
perfluorooctanoic acid(PFOA)　　*141*
persistent organic pollutants(POPs)　　*35, 204*
petrogenic　　*95*
PFAS　　*141*
PFCA　　*142*
PFOA　　*141*
PFOS　　*37, 141, 219*
PFOSF　　*37, 141*
pharmaceuticals and personal care products(PPCPs)　　*183*
photolysis　　*6*
phytane　　*230*
PM　　*107, 214*
PNEC　　*31, 191*

point source　　*7*
pollution　　*3*
polybrominated biphenyl(PBB)　　*79*
polybrominated dibenzo-*p*-dioxin(PBDD)　　*81*
polybrominated diphenyl ether(PBDE)　　*79*
polychlorinated biphenyl(PCB)　　*4*
polychlorinated dibenzo-*p*-dioxin(PCDD)　　*59*
polychlorinated dibenzofuran(PCDF)　　*59*
polycyclic aromatic hydrocarbon(PAH)　　*4, 95*
POPs　　*35, 204, 210, 212*
PPCPs　　*183*
predicted no-effect concentration(PNEC)　　*31*
primary effluent　　*8*
pristane　　*230*
PRTR 法　　*133, 158*
pyrogenic　　*95*

raw sewage　　*8*
resin　　*116*
retene　　*231*
RoHS 指令　　*82*

secondary effluent　　*9*
sedimentation　　*6*
sewage　　*4, 8*
sewage sludge　　*9*
Silent Spring　　*38*
sorption　　*5*
SPC　　*130*
surfactant　　*125*

TAB　　*129*
TBBPA　　*79*
TEF　　*63*
TEQ　　*63*
testosteron　　*141*
tetrabromo bisphenol A(TBBPA)　　*79*
tetrapropylene-based alkylbenzene(TAB)　　*129*
TNP　　*157, 169*

toxaphene　44
toxic equivalent(TEQ)　63
toxicity equivalency factor(TEF)　63
2,4,5-trichlorophenoxyacetic acid(2,4,5-T)　65
tris(nonylphenyl)phosphite(TNP)　157, 169

vapor pressure　14
volatility　13

WEEE 指令　82
wet deposition　5

xenobiotic　30

あ　行

アスファルテン　116
アセスメント係数　134
アセスルファム　237
油処理剤　112
アルキルエトキシレート(AE)　129
アルキルフェノール(AP)　15, 156
アルキルフェノールエトキシレート(APE)　129
アルドリン　34, 43
アロクロール　45
アロマティックオイル　97
安全係数　134

異性体　44
一次処理水　8

雨天時越流　9, 194, 223
雨天時越流下水(CSO)　10, 136
『奪われし未来』　153

エアロゾル　28, 56, 101
栄養段階　54
エクソン・バルディーズ号事故　112
エストラジオール(E2)　155, 164
エストリオール(E3)　155
エストロゲン　155
エストロン(E1)　155

エンドスルファン　35, 44
エンドリン　34, 43

オクタノール-大気分配係数　14, 28
オクタノール-水分配係数　14, 19, 22, 27
オクチルフェノール(OP)　155, 157, 161, 180
オクチルフェノールエトキシレート(OPEO)　157
汚　染　3
汚染物質　3
オゾン処理　201

か　行

界面活性剤　125
海洋投棄　11
『化学物質と環境』　204
化学物質排出把握管理促進法(PRTR 法)　158
化審法　35
活性汚泥　9
カネクロール　45
カネミ油症　47
加硫促進剤　232
乾性沈着　5
間接光分解　6

起源推定(PAH の)　104
揮発性　13
吸　収　29
急性毒性　30, 117
吸　着　5, 29
吸着態　5

クロタミトン　185, 188, 192, 194, 196, 199, 201, 234
クロルデコン　35, 43
クロルデン　34, 43
クロルニトロフェン(CNP)　65

蛍光増白剤(FWA)　126, 128, 136, 186, 233
下　水　4, 8

下水汚泥　9
下水処理場　8

コア　50
合成甘味料　237
合流式下水道　10
コプラナーPCB(Co-PCB)　59
コプロスタノール　15, 20, 225, 227
ゴミ処分場　11, 84, 180
ゴミ処分場浸出水　12

さ 行

最小影響濃度(LOEC)　31
最小影響量(LOEL)　31
最小毒性量(LOAEL)　31
サルファ剤　186
残留性有機汚染物質(POPs)　35, 204

シクラメート　237, 238
ジクロロジフェニル酢酸(DDA)　39
ジクロロジフェニルジクロロエタン(DDD)　38
ジクロロジフェニルジクロロエチレン(DDE)　38
ジクロロジフェニルトリクロロエタン(DDT)　4, 37, 38
2,4-ジクロロフェノキシ酢酸(2,4-D)　65
湿性沈着　5
臭素化ダイオキシン(PBDD)　81
臭素系難燃剤　79
蒸気圧　14
女性ホルモン　160, 181
女性ホルモン等量濃度(EEQ)　162
人為起源有機化合物　4
親水基　125
親水性　19

推定係数　134
水溶性の汚染物質　26
ストックホルム条約　35, 204
砂濾過処理　201

生殖異常　159
生体異物　30
生物増幅　21, 23, 150, 179
　PBDEの——　87
　PCBの——　54, 87
生物濃縮　19
　PAHの——　108
　ノニルフェノールの——　166
　フッ素系界面活性剤の——　148
生物濃縮係数(BCF)　14, 21
生物利用性　77
石　油　4
石油起源PAH　97
石油流出事故　111
前駆物質
　ダイオキシンの——　66
　フッ素系界面活性剤の——　142

相加効果　191
相乗効果　191
疎水基　125
疎水性　13, 19, 26
ソフト化　129

た 行

第一相反応　30
ダイオキシン　4, 9, 18, 19
ダイオキシン類　15, 59
ダイオキシン類対策特別措置法　69
代　謝　29
耐性菌　195
堆　積　6
堆積年代　50
堆積物　29
第二相反応　30
耐容一日摂取量　72
多環芳香族炭化水素(PAH)　4, 15, 18, 95
脱　着　5
タールボール　114, 119

地質時計　225
窒素安定同位体比($\delta^{15}N$)　54
柱状堆積物　50

長期毒性　*117*
直鎖アルキルベンゼン(LAB)　*12, 15, 128, 136, 222*
直鎖アルキルベンゼンスルホン酸塩(LAS)　*4, 15, 127, 186*
直接光分解　*6*
『沈黙の春』　*38*

ディープウォーター・ホライズン原油流出事故　*113*
ディルドリン　*34, 43*
テストステロン　*141*
テトラブロモジフェニルエーテル　*36*
テトラブロモビスフェノール A(TBBPA)　*79*
添加剤　*168, 176*
点　源　*7*
点源汚染　*7*

投棄汚泥　*223*
同族異性体　*44*
同族体　*44*
トキサフェン　*35, 44*
毒　性
　　LAS の──　*133*
　　PAH の──　*97*
　　PCB の──　*47*
　　合成医薬品の──　*190*
　　抗生物質類の──　*190*
　　石油の──　*115*
　　ダイオキシン類の──　*61*
毒性等価係数(TEF)　*63*
毒性等量(TEQ)　*63*
特定汚染源　*7*
都市排水　*8*
都市表面流出水　*12*
トリー・キャニオン号事故　*111*
2,4,5-トリクロロフェノキシ酢酸(2,4,5-T)　*65*
トリスノニルフェニルホスファイト(TNP)　*157, 169*

な 行

ナホトカ号重油流出事故　*113, 118*
生下水　*8*
難燃剤　*79*
難分解性の汚染物質　*26*

二次処理水　*9*

燃焼起源 PAH　*95*

農地表面流出水　*12*
ノニルフェノール(NP)　*155, 156, 159, 161, 163, 165, 179, 180, 207, 223*
ノニルフェノールエトキシレート(NPEO)　*112, 156, 169*

は 行

バイオレメディエーション　*122*
排　泄　*30*
ハウスダスト　*84*
バクテリオホパンテトロール　*228*
発生源
　　PAH の──　*95*
　　PBDE の──　*84*
　　石油汚染の──　*114*
　　ダイオキシンの──　*65*
バラスト水　*114*
バリデーション　*204*
半数致死濃度(LC$_{50}$)　*31*
半数致死量(LD$_{50}$)　*31*

光分解　*6, 28*
　　間接──　*6*
　　合成医薬品の──　*194*
　　抗生物質類の──　*194*
　　直接──　*6*
ビスフェノール A(BPA)　*155, 158, 161, 165, 180, 207*
微生物製剤　*122*
微生物分解　*28*
　　LAS の──　*131*

索　引

尾腺ワックス　212
ビテロジェニン　159
非特定汚染源　7
ビルダー　125

ファーストフラッシュ　102
フィタン　230
フィンガープリンティング　228
フタル酸エステル　15, 20, 156, 158
フタル酸ジシクロヘキシル(DCHP)　158
フタル酸ブチルベンジル(BBP)　161
2-ブトキシエタノール　113
プラスチックレジンペレット　208
プリスタン　230
フルオロテロマーアルコール(FTOH)　142
分散剤　112, 118, 122
分枝型アルキルベンゼン(TAB)　129
分枝型アルキルベンゼンスルホン酸塩(ABS)　128, 224
分子マーカー　221
分布　29
糞便性ステロール　225

ヘキサクロロシクロヘキサン(HCH)　16, 35, 41
ヘキサクロロブタジエン　36
ヘキサクロロベンゼン(HCB)　23, 34, 44
ヘキサブロモシクロドデカン(HBCD)　36, 79
ヘキサブロモジフェニルエーテル　36
ヘキサブロモビフェニル　36
ヘプタクロル　34, 43
ヘプタブロモジフェニルエーテル　36
ペルフルオロアルキルスルホン酸(PFAS)　141
ペルフルオロオクタン酸(PFOA)　141
ペルフルオロオクタンスルホンアミド(FOSA)　140, 142
ペルフルオロオクタンスルホン酸(PFOS)　37, 140, 219
ペルフルオロオクタンスルホン酸フルオリド(PFOSF)　37, 141

ペルフルオロカルボン酸(PFCA)　141
ベンゾチアゾールアミン　231
ベンゾ[a]ピレン　96, 97
ペンタクロロフェノール(PCP)　36, 65
ペンタクロロベンゼン　36, 44
ペンタブロモジフェニルエーテル　36
ヘンリー定数　14
芳香族炭化水素受容体(AhR)　61, 99
抱合反応　30
ホパン　228
ポリ塩化ジベンゾ-p-ダイオキシン(PCDD)　37, 59
ポリ塩化ジベンゾフラン(PCDF)　37, 59
ポリ塩化ナフタレン　36
ポリ塩化ビフェニル(PCB)　4, 15, 18, 35, 44
ポリ臭素化ジフェニルエーテル(PBDE)　15, 79
ポリ臭素化ビフェニル(PBB)　79

ま　行

マイクロコズム　119
埋積　6
マイレックス　34, 43
マクロライド系抗生物質　186
マルポール 73/78 条約　113
慢性毒性　30

無影響濃度(NOEC)　31
無影響量(NOEL)　31
無毒性量(NOAEL)　31

メソコズム　121
面源　7
面源汚染　12

モニタリング　204

や　行

有機塩素系農薬(OCP)　15, 18, 38

溶存態　5, 26
溶存有機物(DOM)　86
予測無影響濃度(PNEC)　31, 191

ら行

粒子　26
粒子-大気分配係数　14
粒子-水分配係数　14
粒子吸着態　26
粒子吸着定数　28
粒子状物質(PM)　214
粒子中有機炭素-大気分配係数　14
粒子中有機炭素-水分配係数　14, 26
粒子中有機物　26, 29
リンデン　35, 41

レガシー汚染　51, 207, 210
レジン　116
レテン　231

著者略歴

水川 薫子（みずかわ・かおるこ）
東京農工大学 女性未来育成機構・農学研究院 環境資源科学科 助教（博士 農学）
2011年 東京農工大学大学院連合農学研究科（博士課程）修了．日本学術振興会特別研究員，東京農工大学 産学連携研究員，東京大学大気海洋研究所 特別研究員を経て，2013年より現職．

高田 秀重（たかだ・ひでしげ）
東京農工大学農学研究院 環境資源科学科 教授（博士 理学）
1984年 東京都立大学大学院理学研究科 修士課程修了．東京農工大学農学部 環境保護学科 助手，米国ウッズホール海洋研究所，東京農工大学農学部環境資源科学科 助教授を経て，2007年より現職．

環境汚染化学
有機汚染物質の動態から探る

	平成27年9月30日 発行
著作者	水 川 薫 子 高 田 秀 重
発行者	池 田 和 博
発行所	丸善出版株式会社 〒101-0051 東京都千代田区神田神保町二丁目17番 編集・電話(03)3512-3262／FAX(03)3512-3272 営業・電話(03)3512-3256／FAX(03)3512-3270 http://pub.maruzen.co.jp/

© Kaoruko Mizukawa, Hideshige Takada, 2015

組版印刷・有限会社 悠朋舎／製本・株式会社 星共社
ISBN 978-4-621-08968-2 C 3043　　　　Printed in Japan

JCOPY〈(社)出版者著作権管理機構委託出版物〉
本書の無断複写は著作権法上での例外を除き禁じられています．複写される場合は，そのつど事前に，(社)出版者著作権管理機構（電話 03-3513-6969, FAX 03-3513-6979, e-mail：info@jcopy.or.jp）の許諾を得てください．